轻质高强类蜂窝夹层结构创新设计及其力学行为研究

李 响 方子帆 著

中国水利水电出版社
www.waterpub.com.cn
·北京·

内 容 提 要

本书以创新设计的类蜂窝夹层结构的力学性能为主线，全面介绍了蜂窝夹芯结构的创新构型、结构优化、夹芯以及夹层结构的等效力学性能、蜂窝夹芯结构的振动特性以及冲击特性。

本书结构严谨、条理清晰、重点突出，适合对夹层结构创新设计、力学行为、轻量化技术、数值模拟技术等方面研究的相关学者和研究生学习参考。

图书在版编目（CIP）数据

轻质高强类蜂窝夹层结构创新设计及其力学行为研究/
李响，方子帆著. —北京：中国水利水电出版社，2020. 12
　ISBN 978-7-5170-9227-8

　Ⅰ.①轻…　Ⅱ.①李…　②方…　Ⅲ.①蜂窝结构—结构力学—机械设计—最优设计　Ⅳ.①TH122

中国版本图书馆 CIP 数据核字（2020）第 248517 号

书　　名	轻质高强类蜂窝夹层结构创新设计及其力学行为研究 QINGZHI GAOQIANG LEIFENGWO JIACENG JIEGOU CHUANGXIN SHEJI JI QI LIXUE XINGWEI YANJIU
作　　者	李　响　方子帆　著
出版发行	中国水利水电出版社 （北京市海淀区玉渊潭南路 1 号 D 座　100038） 网址：www. waterpub. com. cn E-mail：sales@ waterpub. com. cn 电话：(010) 68367658（营销中心）
经　　售	北京科水图书销售中心（零售） 电话：(010) 88383994、63202643、68545874 全国各地新华书店和相关出版物销售网点
排　　版	京华图文制作有限公司
印　　刷	三河市龙大印刷有限公司
规　　格	170mm×240mm　16 开本　15.75 印张　281 千字
版　　次	2021 年 2 月第 1 版　2021 年 2 月第 1 次印刷
印　　数	0001—1500 册
定　　价	79.00 元

前　言

　　《中国制造 2025》指出，以重点发展节能与新能源汽车、航空航天装备和新材料等十大领域作为行动纲领。在这种背景下，开发低成本、高效率、环境友好型、能源节约型的轻量化结构和新型结构材料具有重要的战略意义。

　　作为高效节能型复合材料结构的典型代表，夹层结构材料具有质量轻、比强度和比刚度高及稳定性好等众多优点，它将面板的高强度和高模量与夹芯的低密度和高刚性有机结合起来，使其有着重要的应用前景和使用价值。

　　迄今为止，关于夹层结构优化设计、力学性能、振动特性以及冲击特性等方面系统性的书籍很少。结合作者在夹层结构创新设计、数值模拟与优化设计等方面多年的研究基础，本书对方形、六边形、类方形和类蜂窝等多种夹层结构进行了整理研究，以便读者阅读学习。本书的主要内容为：第 1 章主要介绍了蜂窝夹层结构的概念及其研究现状。第 2 章论述了类方形、类蜂窝夹层结构的创新构型；对六边形、方形、类方形、类蜂窝夹芯结构和夹层结构进行优化设计并讲解其加工方法。第 3 章运用经典梁弯曲理论和基于能量方法对六边形、方形、类方形和类蜂窝夹芯结构的力学性能进行分析，建立四种蜂窝夹芯结构的力学等效模型，推导出蜂窝夹芯结构的等效弹性常数的计算公式；以蜂窝夹层结构整体为对象，分析推导了蜂窝夹层结构的强度和刚度公式。第 4 章研究了三种蜂窝结构的振动特性，为结构可靠性设计提供了新思路。第 5 章分析了类方形蜂窝、类蜂窝夹芯结构以及泡沫填充类方形/类蜂窝夹芯层在面内、面外不同冲击载荷作用下的力学行为；运用有限元软件 ANSYS/LS-DYNA，分析了四种结构胞元变形情况、压缩反力及能量吸收情况差异性，并与未填充结构进行对比分析；运用多目标粒子群算法对泡沫填充类蜂窝夹层结构的耐撞性进行多目标优化设计，分析耐撞性指标对蜂窝壁厚与冲击速度的敏感性问题。

　　本书的撰写得到了三峡大学学科建设项目的资助，同时得到三峡大学研究生课程建设项目"结构强度与可靠性"（SDKC201906）、三峡大学硕士学位论文培优基金（2020SSPY034）、国家自然科学基金青年科学基金项目（51305232）、机器人与智能系统宜昌市重点实验室（三峡大学）开放基金项目（JXYC00015）等的支持，在此表示感谢。

编者

2020 年 9 月

目　　录

第 1 章

绪　论

作为高效节能型复合材料结构的典型代表，夹层结构具有抗爆抗冲击性能、吸声隔震隔热、稳定性等众多优良性能，它将面板的高强度和高模量与夹芯的低密度和高刚性有机结合起来，使其在航空航天、汽车工业、轨道交通以及船舶制造中有着极其重要的应用前景和使用价值[1]。夹层结构主要包括面板层和夹芯层，它们之间通过胶黏剂黏结而成[2]，如图 1-1 所示。一般面板层较薄，采用高强度和高刚度材料，夹芯层采用密度较小的材料。夹芯是夹层结构的重要组成部分，目前主要包括蜂窝、泡沫、桁架等夹芯结构。根据材料的不同，夹层结构可分为金属夹层结构和非金属夹层结构。

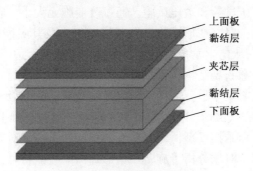

图 1-1　夹层结构三维模型

复合夹层结构由一个或多个外层和不同材料构成的夹芯层组成[3]。具有良好机械性能的材料通常用于外层，而具有较低强度性能的轻质材料用作内芯[3-4]。外层的面板是主要承载者，承受拉力或压力，而夹芯层则承受横向力。另外，夹芯层增加了结构的刚度，分离了外层并改善了阻尼性能[5-7]。夹层结构设计在满足最低强度和刚度要求下，达到实现轻量化的目的。一般夹层结构上、下面板厚度相同，夹芯厚度远远大于面板厚度。近年来，一些学者研究发现夹芯复合材料的表层和夹芯层使用的多种原材料使其机械性能（如强度和应力变形）比均质材料更为复杂[8-9]。对于经受三点弯曲试验的夹芯复合材料，主要的破坏模式是夹芯剪切破坏和表面压痕[10]。为了对静态失效载荷和模式作出准确的预测，Caprino 等试图考虑载荷点附近的局部挠度效应[11]。由于解决方案的复杂性，已构建了有限的故障模式图。在某些特殊情况下，由于夹层板制造过程中存在嵌入缺陷，面板可能剥离。脱胶降低了夹层结构的刚度和强度，因此它将在相对较低的载荷水平下破裂。然而，在通常的准静态载荷配置下，在许多夹芯梁试样中通常没有观察到这种类型的破坏[12-13]。

蜂窝夹层结构（图 1-2）是设计理论和制造工艺技术最为成熟的和应用最广的夹层结构类型之一，为促使夹层结构进一步的应用与推广，国内外学者对蜂窝夹层结构冲击特性进行了广泛且深入的研究。Qiao 和 Chen[14] 通过运用有限元模拟方法系统地研究了二阶分层蜂窝准静态破碎和两个方向动态冲击的破坏模式，提出了双尺度方法，得到了其在两个方向上准静态坍塌应力的解析表达式，将分析准静态坍塌应力模型扩展到动态破碎。卢子兴等[15] 基于内凹机制，将星型和双箭头蜂窝的微结构巧妙结合，提出了一种新型拉胀蜂窝模型（SAH），详细讨论了冲击速度和相对密度对 SAH 平台应力的影响规律，给出了平台应力的经验计算公式。Ivañez 等[16] 研究了铝蜂窝芯材的粉碎性能和吸能性能，研究了平压试验和边压试验，通过改变胞元大小、胞元壁厚和材料性能的仿真压缩试验，对其变形模式、夹芯压缩行为及其吸能能力进行了研究。2018 年，Yin 等[17] 从仿生学角度出发，提出一种基于六边形、Kagome 和三角形镶嵌式的分层蜂窝新型结构，采用有限元模拟仿真方法对其进行了面内冲击模拟试验，结果表明三角形分层蜂窝耐撞性能最佳，其能量吸收是常规蜂窝的2 倍以上。卢子兴和武文博[18] 在旋转三角形变形构型基础上，针对不同旋转角建立了对应的蜂窝结构模型，研究了旋转角和冲击速度对其变形模式以及平台应力的影响规律，对比分析了旋转三角形蜂窝的吸能特性；发现了在不同冲击速度下，通过与相对密度相同的正六边形蜂窝相比较，旋转三角形蜂窝具有更好的能量吸收能力。国内外已有许多学者运用有限元分析和实验法对不同类型的蜂窝结构进行了面外冲击特性研究。Zhang 等[19-20] 对层级蜂窝结构进行了大量冲击模拟试验，探索了相对密度、分层因子对冲击特性的影响。Ashab 等[21] 研究了加载角度和冲击速度对六边形蜂窝夹芯层在静态、动态面外压剪载荷作用下的平台应力、变形特征的影响，发现了蜂窝夹芯层的平台应力随加载角度增大而减小，随载荷速度增大而增大。樊喜刚等[22] 对六边形、三角形、Kagome 与四边形蜂窝的吸能特性进行了比较，基于最佳比吸能对六边形蜂窝进行构型，分析了不同梯度指数对蜂窝夹芯层吸能特性的影响，发现蜂窝壁厚或基体材料的屈服强度的梯度变化规律在某种确定条件下可以既降低初始峰值应力，又提升比吸能和压缩力效率。鄂玉萍将不同密度的聚氨酯泡沫以不同方式填充到胞元尺寸不同的蜂窝纸板中，对其在不同压缩速率下进行了准静态压缩实验，系统地研究了泡沫填充型蜂窝纸板的面外压缩性能及其影响因素。

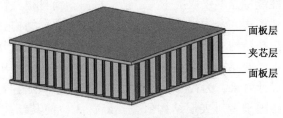

图 1-2　蜂窝夹层结构简图

夹层结构的应用研究一直以来受到国内外学者的热切关注。Zhang 等[23]提出了一种嵌入包层内微刚体的三明治结构应用于柔性光子器件，新型夹层检测表面的应变分布比传统夹层的应变分布大大降低，应变-光学耦合行为的影响也大大减弱，为实现生物传感检测的实际应用提供了一种有前景的方法。Kim[24]为验证极限强度设计公式对舰船结构的适用性，研究了具有弹性各向同性核心的金属夹芯板在平面内压缩和侧压力联合作用下的极限强度特性，总结了板芯厚度和侧压力幅值的变化对极限强度特性的影响。黄华等[25]提出一种在外侧构建保护壁类蜂窝胞元结构，应用于机床立柱结构，并与其传统立柱填充结构进行静、动力学分析及散热性能对比分析，发现类蜂窝填充结构质量更轻，抗变形、散热性更优。Shoja 等[26]使用数值模拟方法研究了复合夹层结构在很宽的频率范围内的导波能量传输，并探索了不同的潜在缺陷对导波能量传输的影响。张醒等[27]针对新一代运载火箭卫星整流罩全透波和减重要求，提出了玻璃纤维蒙皮-芳纶纸蜂窝非金属夹层结构卫星整流罩方案，通过透波试验和等效横梁载荷静力试验，对该结构的透波承载性能进行了考核，并在实际飞行中验证了该结构制作的卫星整流罩的性能。王显会等[28]对车辆底部防护蜂窝夹层结构进行爆炸冲击仿真研究，对比了单层纵向、横向布置与双层横向布置的防护性能，并分析了蜂窝夹层结构不同蜂窝结构的压缩变形、吸能、车身地板加速度和假人小腿垂直方向受力问题，最后通过实验对双层横向布置蜂窝夹层结构进行了验证。严银等[29]对 PET（聚对苯二甲酸乙二醇酯）、PMI（聚甲基丙烯酰亚胺）和 PEI（聚醚酰亚胺）三种泡沫芯材的工艺、力学性能和成本进行研究分析并阐述 PMI 的优势，然后根据相关标准和试验对该复合材料夹层结构进行分析，并通过仿真计算验证了该夹层结构应用在磁浮车体中的可行性。

随着不同应用领域对轻质和多功能材料需求的不断增加，新型复合材料已得到越来越广泛的使用[30-31]。从目前的研究情况来看，蜂窝夹芯层是蜂窝夹层结构的主要吸能介质，影响着夹层结构的吸能能力。由于蜂窝夹芯层内部存在孔隙，其各项性能特点不仅取决于夹芯结构材料，而且很大程度上依赖于芯层结构的胞元拓扑形式和结构排列方式。尤其在蜂窝夹层结构受冲击载荷作用下，胞元的空间拓扑结构对于夹层结构的能量吸收特性影响十分显著。针对现有夹层结构的特点，要结合实际应用需要，合理利用夹层结构良好的力学性能，达到预期的设计效果，为社会创造巨大的经济效益。随着复合材料制备技术的不断发展，各国学者对夹层结构研究不断深入，使其结构和性能更加优异，不同夹层结构的应用在未来将更加广泛。

第 2 章

类蜂窝夹层结构的创新构型及其优化设计

2.1 引　言

作为结构材料和功能材料，先进的复合材料广泛应用于航空航天、汽车、船舶和公共交通等领域。复合材料夹层结构是复合材料的一种特殊结构，它主要包括面板层和夹芯层，并通过胶黏剂黏结而成。一般面板层较薄，采用强度和刚度比较高的材料，夹芯层采用密度比较小的材料。夹层结构具有质量轻，弯曲刚度与强度大，抗失稳能力强，耐疲劳，吸音和隔热等优点。夹层结构示意图如图 2-1 所示。

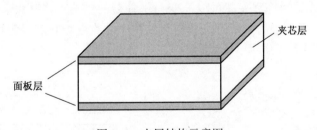

图 2-1　夹层结构示意图

1849 年夹层结构概念第 1 次被提出[32]。夹层结构第 1 次成功的工程应用是第二次世界大战期间的蚊式轰炸机，用以减轻飞机的质量[33]，自此夹层结构引起了全世界的广泛关注。目前出现的包括 Kagome、X-core 等夹层结构在内的多种新型夹层结构[3]，引起了国内外许多研究者的兴趣并进行了深入研究。

蜂窝夹层结构最早起源于仿生学，因其截面类似于蜜蜂蜂窝而得名。蜂窝夹层结构是设计理论和制造工艺技术最为成熟和应用最广的夹层结构类型之一，通过六边形蜂窝的启发，其他拓扑结构的蜂窝也相继出现，主要分为菱形蜂窝、矩形蜂窝、五角形蜂窝等。

2.2 类蜂窝夹层结构的创新设计

2.2.1 类方形蜂窝夹层结构创新构型

类方形蜂窝由六边形蜂窝演变而来，在自然界中，蜜蜂的蜂窝构造精巧实用且省材，其蜂房由大小相同的正六边形蜂房孔组成，受力均匀，结构稳定。因此研究人员将该结构应用于普通均质板，制作出六边形孔洞夹芯结构。蜂窝结构因其比强（刚）度高、耐疲劳性强、相比普通均质材料质量轻，备受研究者和工程技术人员的青睐[34]。图 2-2 所示为六边形蜂窝夹芯胞元结构。

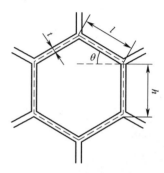

图 2-2　六边形蜂窝
夹芯胞元结构

对传统六边形蜂窝夹芯胞元结构进行研究发现，当传统的六边形蜂窝夹芯的特征角 $\theta = 0°$ 时，传统六边形蜂窝夹芯可以演变为一种新的结构，将其命名为类方形蜂窝夹芯结构。此时类方形蜂窝夹芯胞元结构中的直壁板长度是斜壁板的 2 倍，即 $h = 2l$，如图 2-3 所示[35]。

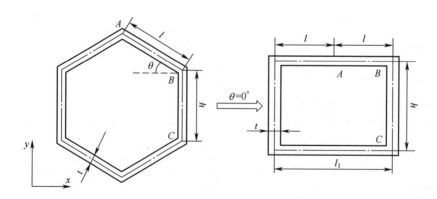

图 2-3　六边形蜂窝夹芯演变成类方形蜂窝夹芯

■2.2.2　类蜂窝夹层结构创新构型

　　基于对六边形蜂窝夹层结构的研究，并从仿生学和创新构型的角度出发，发现通过优化排列六边形和四边形夹芯胞元，并设计合适的六边形和四边形组合胞元结构可以形成一种新型蜂窝夹层结构，该新型蜂窝夹层结构在等效力学性能相同的情况下，相对于六边形蜂窝来说，拥有更小的等效密度，使其拥有更高的轻量化程度。因此将该新型蜂窝夹层结构命名为类蜂窝夹层结构[36]。类蜂窝夹芯胞元结构示意图如图 2-4 所示。

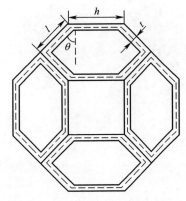

图 2-4　类蜂窝夹芯胞元结构示意图

2.3　蜂窝夹层结构的优化设计

■2.3.1　六边形类蜂窝夹层结构的优化设计

　　任丽丽[37]对正六边形蜂窝夹层板选取胞元壁厚 t、胞元边长 l 和面板厚度 H_f 作为设计变量，同时考虑夹芯层材料参数波动对结构的影响，采用直积表设计和双响应面法对六边形蜂窝夹层结构进行了抗撞性优化设计，选取侧重于均值或标准差的权重系数在 [0，1] 之间[38]，得到了最优的胞元尺寸参数。于辉等[39]对六边形蜂窝夹层板的抗爆炸冲击性能进行了优化设计，为研究六边形蜂窝夹层板的抗爆抗冲击性能，共设置 36 个工况进行水下爆炸分析。流场边界设置无反射边界条件，以消除反射冲击波对结构的影响。冲击波阶段的压力采用 Geers 和 Hunter[40]的估算公式进行模拟，并将冲击波压力时历曲线离散，利用 ABAQUS 自带的程序进行入射冲击波加载，在未考虑气泡脉动影响情况下，模拟非接触爆炸中冲击波压力对结构的损伤。六边形蜂窝夹层板模型和工况示意图如图 2-5 所示。

　　由对比分析可知，六边形边长为 0.02 m、夹层比例为 64% 的夹层板背爆面变形最小，最大变形约为 0.045 m[41-43]。各夹层板背爆面的变形大小关系为：0.02 m-64%<0.06 m-58%<0.04 m-60%<0.08 m-56%。

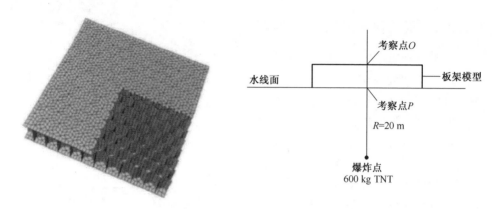

图 2-5　六边形蜂窝夹层板模型和工况示意图

在爆炸载荷的作用下，夹层板的塑性应变能逐渐增大，在达到最大值后保持不变。各夹层板塑性应变能的大小关系为：0.02 m-64%<0.06 m-58%<0.04 m-60%<0.08 m-56%。虽然 0.08 m-56% 的蜂窝夹层板塑性应变能最大，但是它的变形也最大，若要对比夹层板缓冲爆炸载荷的能力，还应对比它们的比吸能，即单位位移下吸收的能量[44-47]。综合考虑夹层板的变形和比吸能可知，尺寸为 0.02 m-64% 的夹层板的抗冲击性能最强。

曹舒蒙[48]对蜂窝夹芯承载-防热一体化结构，通过优化总质量最小和优化模型的最低温度两种不同的优化设计目的，最终得到满足相应要求的热防护系统的优化设计方案。

2.3.2　方形蜂窝夹层结构的优化设计

为获得更优性能，众多学者对方形蜂窝夹层结构进行了构型设计。白兆宏等[49]分析优化了方形蜂窝夹层板的防护性能，保持方形蜂窝夹层板的总质量和上下面板的长、宽不变，通过改变方形蜂窝夹层的壁厚和夹层中的方形的边长，优化方形蜂窝夹层板的力学性能。

2.3.3　类方形蜂窝夹层结构的优化设计

Li 等[50]对类方形蜂窝进行多目标优化设计，以找到具有最大比吸能（Specify Energy Absorption，SEA）和最低峰值应力的金属蜂窝优化结构为目标，对金属蜂窝的孔长度和壁厚进行优化设计，得到峰值应力接近 3 MPa 时，六角形蜂窝具有比方形蜂窝更高的 SEA。但是，当厚度小于 0.1 mm 时，六边形蜂窝的峰值应力值远低于方形蜂窝的峰值应力值。当峰值应力限制在

1.21 MPa时，方形蜂窝比六角形蜂窝可节省 16.8% 的体积。

■ 2.3.4　类蜂窝夹层结构的优化设计

类蜂窝夹芯结构相比于正六边形蜂窝夹芯结构来说，在等效力学性能相同时，拥有更小的等效密度，表明其轻量化程度更高。目前类蜂窝夹芯结构各尺寸参数均为经验取值，未能反映其最优力学性能，因此以类蜂窝夹芯结构为研究对象，以面内 x 方向等效力学参数进行优化。经研究发现，类蜂窝夹芯结构力学参数与 t/l、h/l 的相关性相对于 l、h、t 更高，因此在优化胞元尺寸参数 l、h、t 的基础上，将 t/l、h/l 作为优化对象，即选取 t/l、h/l、θ 作为设计变量。其中，t 为胞元壁厚，l 为胞元六边形边长，h 为胞元正方形边长，θ 为六边形边与竖直方向夹

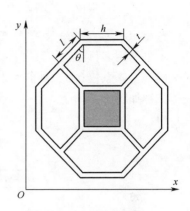

图 2-6　初始类蜂窝夹芯胞元结构示意图

角。图 2-6 所示为初始类蜂窝夹芯胞元结构示意图。

为了得到类蜂窝夹芯结构的最优尺寸参数值，选取 t/l、h/l、θ 作为设计变量。依据作者及其课题组前期研究工作，得到类蜂窝夹芯结构等效力学参数如下所示：

$$E_c = E_s \frac{t^3}{l^3} \frac{1}{\sin^2\theta + (t^2/l^2)\cos^2\theta + (h/l)(t^2/l^2)} \tag{2-1}$$

$$\rho_c = 4\rho_s(t/l) \frac{h/l + 1}{(h/l + 2\sin\theta)(h/l + 2\cos\theta)} \tag{2-2}$$

$$v_c = \frac{h/l + \cos\theta}{h/l + \sin\theta} \frac{\sin\theta\cos\theta(1 - t^2/l^2)}{\sin^2\theta + (t^2/l^2)\cos^2\theta + (h/l)(t^2/l^2)} \tag{2-3}$$

式中，E_s 为夹芯材料的弹性模量；ρ_s 为夹芯材料密度。

1. 优化数学模型

为保证结论的普遍性，本书对具有代表性的三角形至十二边形展开研究。类蜂窝夹芯结构为薄壁结构，其壁厚 t 相对于边长 h、l 取值较小，因此综合考虑类蜂窝夹芯结构力学性能指标，优化数学模型如下所示：

$$\begin{cases} \max f_1 = E_c;\ f_2 = G_c \\ \min f_3 = \rho_c;\ f_4 = v_c \end{cases} \tag{2-4}$$

$$\begin{cases} \text{s. t.} \ \ 0.005 \leqslant t/l \leqslant 0.01 \\ \qquad 0.5 \leqslant h/l \leqslant 2 \\ \theta = 90° - \dfrac{(n-2) \times 90°}{n} \quad (n = 3 \sim 12) \end{cases} \qquad (2\text{-}5)$$

2. 优化流程及算法设置

本书采用多目标遗传算法进行优化设计，为得到最佳优化解，参数设定为最优前端个体系数 0.5、种群大小 100、最大进化代数 200、停止代数 200，其具体流程如图 2-7 所示。

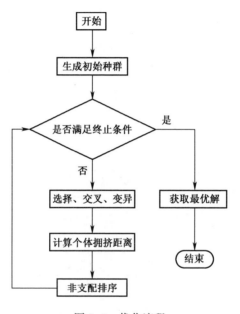

图 2-7　优化流程

图 2-8 所示是 t/l、h/l 采用初始值，θ 改变对力学性能的影响。

由图 2-8 可知，夹芯结构的等效弹性模量随着 θ 的增大而减小，并且在 $\theta > 30°$ 后，其变化趋势逐渐减缓；等效密度随着 θ 的增大先变小后增大，并且在 $\theta = 45°$ 发生转折，此时等效密度能取到最小值。泊松比变化规律与等效弹性模量较为相似，都是随着 θ 的增加而逐渐减小，但泊松比的递减曲线比等效弹性模量更为平缓。而夹芯结构的等效剪切模量与 θ 呈正相关，且增长率随 θ 的增大呈上升趋势。

图 2-9 所示是 θ、h/l 采用初始值，t/l 改变对目标函数的影响。

由图 2-9 可知，夹芯结构的等效弹性模量随着 t/l 的增大而增大，且增长

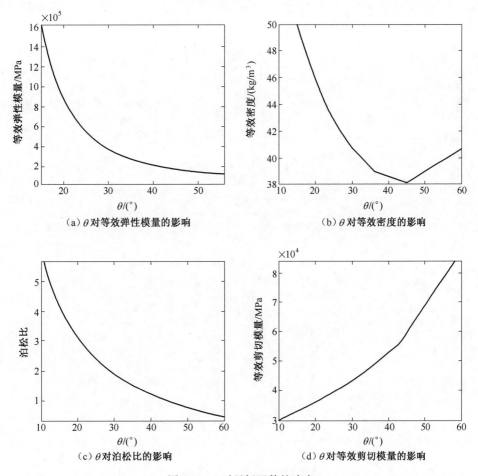

（a）θ 对等效弹性模量的影响　　　　　　　（b）θ 对等效密度的影响

（c）θ 对泊松比的影响　　　　　　　（d）θ 对等效剪切模量的影响

图 2-8　θ 对目标函数的响应

率逐渐上升。等效密度与 t/l 基本呈线性相关，并随着 t/l 的增大而逐步增大。泊松比虽然随着 t/l 的增大而减小，但其变化范围较小，均在 0.99 ~ 1 之间，表明 t/l 的改变对泊松比几乎没有影响。等效剪切模量随着 t/l 的增加而逐量微小增加。

图 2-10 所示是 θ、t/l 采用初始值，h/l 改变对目标函数的影响。

由图 2-10 可得，夹芯结构的等效弹性模量和泊松比基本呈线性相关，并且均在小范围内变化，表明 h/l 的改变对夹芯结构的等效弹性模量和泊松比的影响可忽略不计。而随着 h/l 的增大，等效密度和等效剪切模量都相应减小，其中等效密度的下降率趋于稳定，而等效剪切模量的下降率是逐渐减小，表明 h/l 的增长对等效剪切模量的影响逐渐减小。

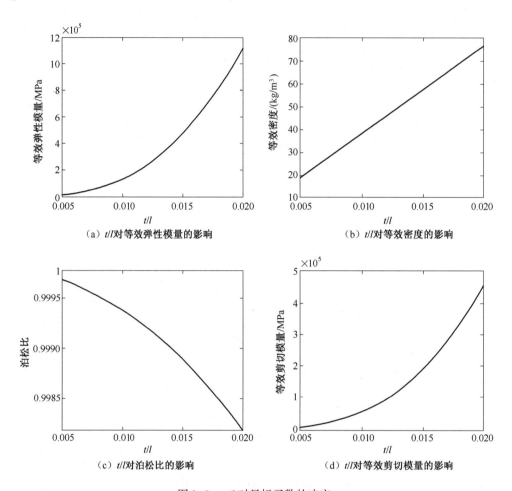

（a）t/l对等效弹性模量的影响　　（b）t/l对等效密度的影响

（c）t/l对泊松比的影响　　（d）t/l对等效剪切模量的影响

图 2-9　t/l 对目标函数的响应

　　图 2-11 所示为 t/l、h/l、θ 协同作用时对等效弹性模量的响应面。如图 2-11（a）所示，在 t/l、h/l 协同作用时，无论 t/l 较大或者较小，都对等效弹性模量的影响很小，并且 t/l 在两者中起主导影响因素，随着 t/l 的增大夹芯结构等效弹性模量也逐步增加，其增长率呈上升趋势。由图 2-11（b）可知，当角度较小时，t/l 对等效弹性模量的影响较大，随着其增长而增大，而当角度逐渐增大时，t/l 对等效弹性模量的影响减小，等效弹性模量趋于稳定值。当 t/l 较小时，角度的变化对等效弹性模量影响较小，当 t/l 较大时，等效弹性模量随着角度 θ 增大而减小，并且下降率呈逐渐减小趋势。如图 2-11（c）所示，夹芯结构的等效弹性模量在角度和 h/l 的协同作用时，角度起主要

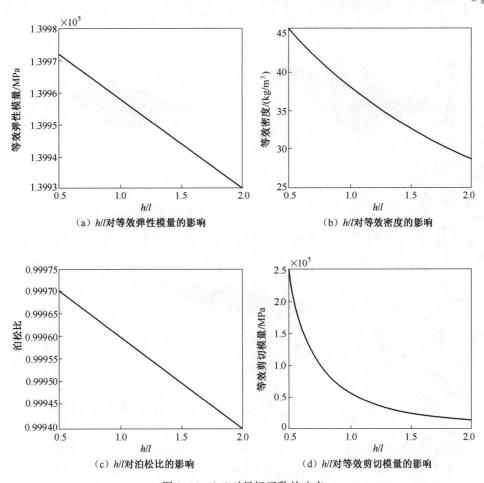

（a）h/l 对等效弹性模量的影响　　　　　　（b）h/l 对等效密度的影响

（c）h/l 对泊松比的影响　　　　　　（d）h/l 对等效剪切模量的影响

图 2-10　h/l 对目标函数的响应

作用，h/l 的影响很小。结合图 2-11（a）~ 图 2-11（c）可得，t/l 对等效弹性模量影响最为显著，其次为角度 θ，h/l 对其影响最小。

图 2-12 所示为 t/l、h/l、θ 协同作用时对等效密度的响应面。从图 2-12（a）可得，当 h/l 较小时，等效密度随着 t/l 的增大而增大，并且其增长趋势逐渐上升，当 h/l 较大时，等效密度随着 t/l 的增长逐渐减小。由图 2-12（b）可知，无论 t/l 取何值，等效密度均随角度 θ 的增大而先减小后增大，在 $\theta = 45°$ 时取到最小值。从图 2-12（c）可知，等效密度随角度 θ 的增加而先减小后增大，并随 h/l 的增大而减小。

图 2-13 所示为 t/l、h/l、θ 协同作用时对泊松比的响应面。由图 2-13（a）可知，当 h/l 较小时，泊松比随 t/l 的增大而缓慢减小，当 h/l 增大时，

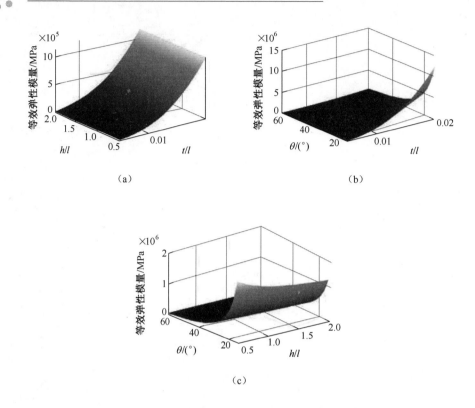

图 2-11 t/l、h/l、θ 协同作用时对等效弹性模量的响应面

泊松比的下降率逐渐增大。当 t/l 较小时，泊松比基本不随 h/l 的增大而改变，t/l 较大时，泊松比随 h/l 的增大而迅速下降，但总体上说，t/l、h/l 的改变使泊松比在小范围内波动，影响并不明显。从图 2-13（b）~图 2-13（c）可得，泊松比相对于 t/l、h/l 来说，对角度的变化更为敏感，随着角度 θ 的增大而逐渐减小，并且下降率呈减小趋势。

图 2-14 所示为 t/l、h/l、θ 协同作用时对等效剪切模量的响应面。从图 2-14（a）~图 2-14（b）可知，h/l 对等效剪切模量的影响比 t/l 稍大，而当角度 θ 和 t/l 协同作用时，它们对等效剪切模量的影响大致相同，都是随其增加而增大。但同时取较小值时，等效剪切模量的变化较小，敏感性较低；同时取较大值时，等效剪切模量增长更为明显，增长率呈上升趋势。由图 2-14（c）可得，在 h/l 较小时，等效剪切模量随角度 θ 的增大而增大，在 h/l 逐渐增大时，等效剪切模量随角度变化的增长率逐渐降低，而当角度 θ 从小到大变化时，h/l 的影响逐渐增大，等效剪切模量的下降率呈逐渐增大趋势。

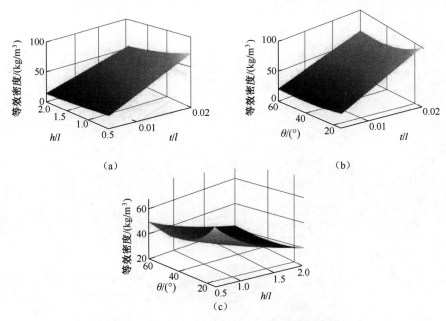

图 2-12　t/l、h/l、θ 协同作用时对等效密度的响应面

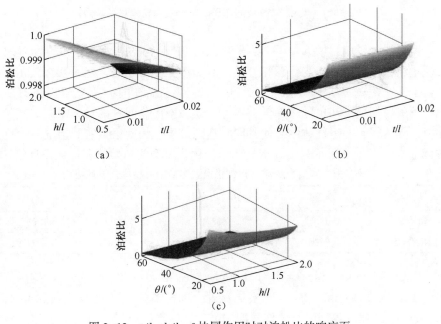

图 2-13　t/l、h/l、θ 协同作用时对泊松比的响应面

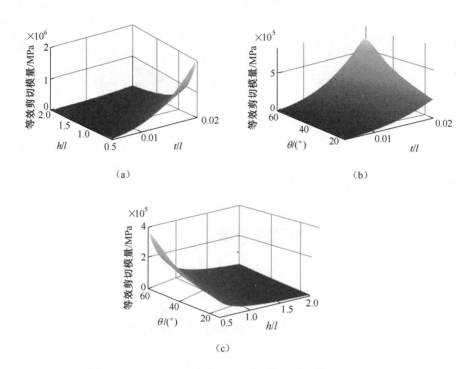

图 2-14 t/l、h/l、θ 协同作用时对等效剪切模量的响应面

经上述分析，当增大 t/l 和角度 θ 时，夹芯结构的等效弹性模量和等效剪切模量增大，泊松比减小，意味着其承载和形变能力越好，然而其等效密度会大幅上升，使夹芯结构质量急剧上升，但当增大 h/l 时，等效密度虽有所减小，等效剪切模量却也随之降低。综上所述，该优化问题的目标函数之间相互冲突，无法得到一组优化结果使其同时达到最优，因此根据实际情况对最优解进行选取。表 2-1 所示为类蜂窝夹芯结构优化模型的初始值和优化设计值。

表 2-1　类蜂窝夹芯结构优化模型的初始值和优化设计值

结果	E_c/MPa	ρ_c/(kg/m³)	v_c	G_c/MPa
初始值	0.140	38.1	0.9996	0.0562
优化设计值	0.283	56.9	0.837	0.3179

由表 2-1 可知，当 $t/l = 0.0134$、$h/l = 0.6932$、$\theta = 45°$ 时，夹芯结构的等效弹性模量增加了 102.14%，泊松比减小了 16.27%，等效剪切模量增加了 465.66%，虽然等效密度有些许程度的增大，使整体质量上升，但总体上该结构的力学性能得到了优化，其承载及形变能力得到了较大幅度的提高。

　　将响应面分析法和多目标遗传优化算法相结合，以类蜂窝夹芯结构的 t/l、h/l、θ 作为变量，对其等效弹性模量、等效密度、泊松比、等效剪切模量进行优化设计，得到如下结论：

　　（1）t/l 对等效弹性模量影响最为显著，其次为角度，h/l 对其影响最小。

　　（2）在角度为 45°时，等效密度能取到最小值，并且角度和 t/l 对其影响相对于 h/l 更大。

　　（3）采用多目标遗传算法对夹芯结构进行优化设计，使其在小幅增加等效密度的情况下，增大等效弹性模量 102.14%，增大等效剪切模量 465.66%，降低泊松比 16.27%。

　　王创[51]为了克服现有非均匀类蜂窝结构设计方法设计效率低的不足，提供了一种非均匀类蜂窝结构设计方法。该方法首先建立类蜂窝胞元的拓扑形式，选取胞元壁厚作为设计变量，采用均匀化理论预测类蜂窝胞元的材料等效性能，建立胞元壁厚与材料弹性常数之间的函数关系。然后在优化过程中引入材料用量约束，以结构整体刚度最大为目标，进行结构优化得到设计结果。该方法能够直接获得各蜂窝胞元的壁厚，避免了采用密度映射函数计算所有拓扑微单元对蜂窝胞元的影响，可以简化计算流程，提高设计效率，最终实现类蜂窝结构的非均匀设计。非均匀类蜂窝结构如图 2-15 所示。

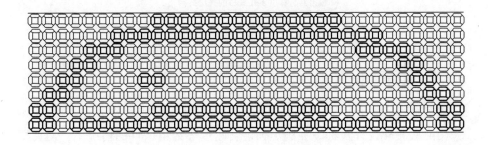

图 2-15　非均匀类蜂窝结构

　　肖密[52]提供了一种具有梯度多孔夹芯的夹层结构拓扑优化方法，其中结合梯度多孔夹芯自身的特征及特点，通过对夹层结构的各层切片进行优化，并以较低的计算成本充分发掘夹层结构的多尺度设计空间，同时保证夹层结构的中间夹芯所含多个梯度微结构之间的连接性，充分发挥材料潜力，提升夹层结构的力学性能，实现拓扑优化过程。图 2-16 所示为一种具有梯度多孔夹芯的夹层结构拓扑优化方法的流程。

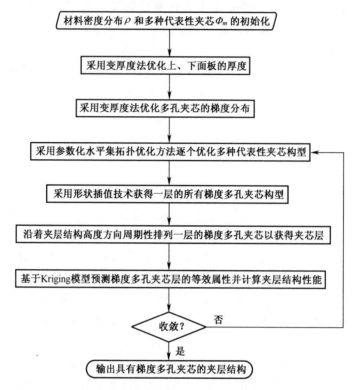

图 2-16　一种具有梯度多孔夹芯的夹层结构拓扑优化方法的流程

▌2.3.5　夹层结构轻量化设计

夹层结构轻量化设计要求如下：

（1）轻量化设计目标。在满足强度、刚度等约束条件的情况下，使夹层结构质量 W 最小。

（2）轻量化设计约束条件。强度约束（面板层弯曲强度 σ_{fmax}、面板层剪切强度 σ_{fs}）；刚度约束（弯曲刚度 D、扭转刚度 K）。

（3）轻量化设计参数。①面板层材料属性，如弹性常数（E_f、G_f、υ_f 等）、密度（ρ_f）；②夹芯层材料属性，如等效弹性常数（E_c、G_{cxy}、υ_c 等）、等效密度（ρ_c）；③夹层结构各层厚度，如 t_f、c。

（4）轻量化设计任务。①确定在质量最小时的面板层和夹芯层厚度比例；②确定在质量最小时面板层和夹芯层质量比例；③求出在质量最小时的面板层、夹芯层的厚度值和夹层结构的最小质量。

下面介绍基于强度约束和刚度约束的承载夹层复合材料夹层结构的轻量化设计方法。

1. 基于强度约束的承载夹层复合材料夹层结构的轻量化设计方法

在夹层结构的设计过程中，必须满足屈服强度要求，否则将导致失效。由于面板层是夹层结构的主要的承载者，因此在夹层结构轻量化设计过程中重点关注面板层受到的强度约束（弯曲强度和剪切强度），而忽略夹芯层受到的强度约束。下面将分别以面板层的弯曲强度和剪切强度作为约束条件进行夹层结构的轻量化设计。

（1）基于弯曲强度约束的夹层结构轻量化设计方法。当夹层结构只受到弯曲载荷或者弯曲时，面板层弯曲强度将成为夹层结构轻量化设计的重要指标。根据夹层结构面板层的弯曲强度为 $\sigma_{f\max} = M_{\max}/(t_f c)$，因此可以得到

$$t_f = \frac{M_{\max}}{\sigma_{f\max} c} \tag{2-6}$$

夹层结构质量表达式为

$$W = 2\rho_f t_f + \rho_c c \tag{2-7}$$

其中，$W_f = \rho_f t_f$，$W_c = \rho_c c$。

将式（2-6）代入式（2-7）可得

$$W = \rho_c c + \frac{2M_{\max}\rho_f}{\sigma_{f\max} c} \tag{2-8}$$

夹层结构和一般实体结构区别在于中间增加了夹芯层，因此可以通过设计合适的夹芯层结构和改变夹芯层的厚度以达到减轻质量的目的。以夹芯层的厚度 c 作为自变量，夹层结构质量 W 作为因变量，在面板层受到最大弯矩 $M_{\max}$ 的条件下，以弯曲强度 $\sigma_{f\max}$ 作为约束条件，对式（2-8）进行求导：

$$\frac{\partial W}{\partial c} = \rho_c - \frac{2M_{\max}\rho_f}{\sigma_{f\max} c^2} = 0 \tag{2-9}$$

根据式（2-7）和式（2-9），可以得到 $\rho_c c = 2\rho_f t_f$，$W_c = 2W_f$。

可见，在弯曲强度约束条件下，当满足下列等式时，夹层结构质量最轻：

$$\begin{cases} \dfrac{t_f}{c} = \dfrac{\rho_c}{2\rho_f} \\[2mm] \dfrac{W_f}{W_c} = \dfrac{1}{2} \end{cases} \tag{2-10}$$

（2）基于剪切强度约束的夹层结构轻量化设计方法。当夹层结构受到扭转载荷或者扭矩时，夹层结构各层将受到面内剪切力，其面板层剪切强度将成

为夹层结构轻量化设计的重要指标。当夹层结构受到剪切载荷 P 时，夹层结构面板层剪切强度为 $\sigma_{fs} = P/(2t_f c)$（P 为正值），则有

$$t_f = \frac{P}{2\sigma_{fs}c} \tag{2-11}$$

将式（2-11）代入式（2-7）可得

$$W = \rho_c c + \frac{P\rho_f}{\sigma_{fs}c} \tag{2-12}$$

以夹芯层的厚度 c 作为自变量，夹层结构质量 W 作为因变量，在面板层受到最大剪切力 P 的条件下，以剪切强度 σ_{fs} 作为约束条件，对式（2-12）进行求导：

$$\frac{\partial W}{\partial c} = \rho_c - \frac{P\rho_f}{\sigma_{fs}c^2} = 0 \tag{2-13}$$

根据式（2-11）和式（2-13），可以得到 $\rho_c c = 2\rho_f t_f$，$W_c = 2W_f$。

可见，在剪切强度约束条件下，为了保证夹层结构质量最轻，必须满足下列等式：

$$\begin{cases} \dfrac{t_f}{c} = \dfrac{\rho_c}{2\rho_f} \\ \dfrac{W_f}{W_c} = \dfrac{1}{2} \end{cases} \tag{2-14}$$

从上述两个结论可以看出，在夹层结构轻量化设计过程中，当受到弯曲强度约束或者剪切强度约束时，为了使夹层结构质量最轻，都必须满足 $\rho_c c = 2\rho_f t_f$ 和 $W_c = 2W_f$。

2. 基于刚度约束的承载夹层复合材料夹层结构的轻量化设计方法

与强度约束不同，刚度特性与材料属性和结构形状尺寸紧密相关，而与所受到的外载荷的大小没有太大关联。因此在进行夹层结构轻量化设计过程中，往往在满足强度约束的前提下根据刚度约束来确定轻量化设计的最终方案。下面将针对夹层结构分别受到弯曲刚度约束和扭转刚度约束的轻量化设计方法进行研究。

（1）基于弯曲刚度约束的夹层结构轻量化设计方法。当夹层结构面板层厚度远远小于夹芯层厚度时，夹层结构厚度 $d \approx c$，可以得到单位宽度夹层结构弯曲刚度 D 为

$$D = \left(\frac{E_{f1}E_{f2}t_{f1}t_{f2}}{E_{f1}t_{f1} + E_{f2}t_{f2}} \right)c^2 + \frac{E_{f1}t_{f1}^3}{12} + \frac{E_{f2}t_{f2}^3}{12} \tag{2-15}$$

考虑到面板层厚度 t_{f1}、t_{f2} 远小于夹芯层厚度 c，式（2-15）可以进一步简化为

$$D = \frac{E_{f1}E_{f2}t_{f1}t_{f2}}{E_{f1}t_{f1} + E_{f2}t_{f2}}c^2 \tag{2-16}$$

为了研究的方便，定义夹层结构上、下两面。

板层刚性比例 a 为

$$a = \frac{E_{f2}t_{f2}}{E_{f1}t_{f1}} \tag{2-17}$$

将式（2-17）代入式（2-16）可以得到

$$D = E_{f1}t_{f1}c^2 \frac{a}{1+a} \tag{2-18}$$

忽略胶黏剂质量后的夹层结构质量的一般表达式为

$$W = \rho_{f1}t_{f1} + \rho_{f2}t_{f2} + \rho_c c \tag{2-19}$$

由式（2-17）可得 $t_{f2} = aE_{f1}t_{f1}/E_{f2}$，代入式（2-19）可得

$$W = \rho_{f1}t_{f1} + \rho_{f2}\frac{aE_{f1}t_{f1}}{E_{f2}} + \rho_c c \tag{2-20}$$

同时根据式（2-18）可以求得 $t_{f1} = \dfrac{D(1+a)}{E_{f1}ac^2}$，代入式（2-20）可得

$$W = \frac{D}{E_{f1}}\left(\rho_{f1} + \rho_{f2}\frac{aE_{f1}}{E_{f2}}\right)\frac{1+a}{ac^2} + \rho_c c \tag{2-21}$$

夹层结构的质量 W 是夹层结构的弯曲刚度 D 和夹芯层厚度 c 的函数。以夹芯层的厚度 c 作为自变量，夹层结构质量 W 作为因变量，以弯曲刚度 D 作为约束条件，对式（2-21）进行求导：

$$\frac{\partial W}{\partial c} = 0 \tag{2-22}$$

经过整理可以得到

$$c^3 = \frac{2D}{E_{f1}}\left(\frac{\rho_{f1}}{\rho_c} + a\frac{E_{f1}}{E_{f2}}\frac{\rho_{f2}}{\rho_c}\right)\frac{1+a}{a} \tag{2-23}$$

将式（2-18）、式（2-19）和式（2-23）整合后可以得到如下关系：

$$\frac{\rho_c c}{2(\rho_{f1}t_{f1} + \rho_{f2}t_{f2})} = \frac{W_c}{2(W_{f1} + W_{f2})} = 1 \tag{2-24}$$

由式（2-24）可以看出，当以弯曲刚度 D 作为轻量化设计约束条件时，为了使夹层结构质量最轻，夹芯层质量 W_c 是上、下面板层质量（$W_{f1} + W_{f2}$）的 2 倍。

当夹层结构的上、下面板层具有相同性质，即

$$
\begin{cases}
t_{f1} = t_{f2} = t_f \\
\rho_{f1} = \rho_{f2} = \rho_f \\
W_{f1} = W_{f2} = W_f \\
E_{f1} = E_{f2} = E_f \\
a = 1
\end{cases}
\tag{2-25}
$$

则有

$$
\begin{cases}
D = \dfrac{E_f t_f c^2}{2} \\[2mm]
W = \dfrac{4D}{E_f} \dfrac{\rho_f}{c^2} + \rho_c c \\[2mm]
W_c = 4W_f
\end{cases}
\tag{2-26}
$$

此时可以求得夹芯层厚度 c 、面板层厚度 t_f 和夹层结构最小质量的表达式为

$$
\begin{cases}
c_{\text{opt}}^B = 2 \left(\dfrac{\rho_f D}{\rho_c E_f} \right)^{\frac{1}{3}} \\[3mm]
t_{f,\text{opt}}^B = \dfrac{2D}{E_f \left(c_{\text{opt}}^B \right)^2} \\[3mm]
W_{\text{opt}}^B = \dfrac{4D}{E_f} \dfrac{\rho_f}{\left(c_{\text{opt}}^B \right)^2} + \rho_c c
\end{cases}
\tag{2-27}
$$

式中，c_{opt}^B 为弯曲刚度约束下夹层结构质量最轻时夹芯层的厚度，mm；$t_{f,\text{opt}}^B$ 为弯曲刚度约束下夹层结构质量最轻时面板层的厚度，mm；W_{opt}^B 为弯曲刚度约束下夹层结构最小质量，kg/m²。

当给定具体的弯曲刚度值（$D =$ 常数）时，夹层结构质量 W 和夹芯层厚度 c 之间的关系如图 2-17 所示。

（2）基于扭转刚度约束的夹层结构轻量化设计方法。当面板层厚度 t_f 远远小于夹芯层厚度 c 时（$t_f \ll c$），K 可以简化为

$$
K \approx \frac{G_f t_f c^2}{2} + \frac{G_{cxy} c^3}{12}
\tag{2-28}
$$

因此面板层厚度 t_f 可以表达为

$$
t_f = \frac{2K}{G_f c^2} - \frac{G_{cxy} c}{6G_f}
\tag{2-29}
$$

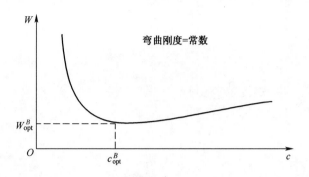

图 2-17　弯曲刚度约束下 W-c 关系

进一步化简可得

$$W = \frac{4K\rho_f}{G_f c^2} - \frac{G_{cxy}\rho_f}{3G_f}c + \rho_c c \tag{2-30}$$

同理，以夹芯层的厚度 c 作为自变量，夹层结构质量 W 作为因变量，以扭转刚度 K 作为约束条件，对式（2-30）进行求导 $\partial W/\partial c = 0$，经过整理可以得到

$$\frac{\rho_c}{\rho_f} = \frac{G_{cxy}}{3G_f} + \frac{8K}{G_f c^3} \tag{2-31}$$

根据式（2-29）和式（2-31）可以求得

$$\begin{cases} c_{\text{opt}}^T = 2\left(\dfrac{K}{G_f\left(\dfrac{\rho_c}{\rho_f} - \dfrac{G_{cxy}}{3G_f}\right)}\right)^{\frac{1}{3}} \\[4mm] t_{f,\ \text{opt}}^T = \dfrac{2K}{G_f(c_{\text{opt}}^T)^2} - \dfrac{G_{cxy}}{6G_f}c_{\text{opt}}^T \end{cases} \tag{2-32}$$

同时可以得到

$$4W_f + \frac{G_{cxy}}{G_f}\rho_f c = W_c \tag{2-33}$$

一般夹芯层的等效剪切模量 G_{cxy} 比面板层材料的剪切模量 G_f 小很多，因此在设计过程中经常忽略由夹芯层 G_{cxy} 引起的刚度影响，所以当 $G_{cxy} \ll G_f$ 时，有

$$\begin{cases} K = \dfrac{G_f t_f c^2}{2} \\[2mm] W = \dfrac{4K\rho_f}{G_f c^2} + \rho_c c \\[2mm] 4W_f = W_c \end{cases} \tag{2-34}$$

同时由式（2-33）可以得到

$$\begin{cases} c_{\mathrm{opt}}^T = 2\left(\dfrac{\rho_f K}{\rho_c G_f}\right)^{1/3} \\[3mm] t_{f,\ \mathrm{opt}}^T = \dfrac{2K}{G_f\,(c_{\mathrm{opt}}^T)^2} \\[3mm] W_{\mathrm{opt}}^T = \dfrac{4K\rho_f}{G_f(c_{\mathrm{opt}}^T)^2} + \rho_c c_{\mathrm{opt}}^T \end{cases} \tag{2-35}$$

式中，c_{opt}^T 为扭转刚度约束下夹层结构质量最轻时夹芯层的厚度，mm；$t_{f,\ \mathrm{opt}}^T$ 为扭转刚度约束下夹层结构质量最轻时面板层的厚度，mm；W_{opt}^T 为扭转刚度约束下夹层结构最小质量，kg/m^2。

当给定扭转刚度值（$K = $ 常数）时，夹层结构质量 W 和夹芯层厚度 c 之间的关系如图 2-18 所示。

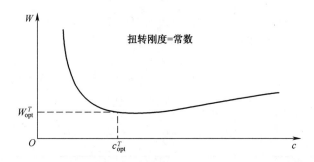

图 2-18　扭转刚度约束下 W-c 关系

比较图 2-17 和图 2-18 可知，当夹层结构仅仅受到弯曲刚度约束或者扭转刚度约束时，质量 W 和夹芯层厚度 c 之间的关系具有很强的相似性，这根源在于两种情况下，轻量化设计结果表达式非常相似。并且在两种情况下，都有 $4W_f = W_c$。

2.3.6　承载夹层复合材料夹层结构的多约束优化设计

本小节延续 2.3.5 小节中有关夹层结构的轻量化设计的具体要求，但是约束条件由单约束转变为多约束，其轻量化设计约束条件描述如下。

在满足强度约束（面板层弯曲强度 $\sigma_{f\max}$、面板层剪切强度 σ_{fs}）的前提下，同时考虑多种刚度约束（弯曲刚度 D、扭转刚度 K），对夹层结构进行轻量化设计。

在多约束条件下对夹层结构进行轻量化设计属于多个变量、多种约束和多（单）目标的优化设计问题；同时，夹层结构的轻量化设计又属于结构优化设计问题。因此，多约束承载夹层复合材料夹层结构的轻量化设计问题可以转化为夹层结构的多约束优化设计问题。

1. 夹层结构多约束优化设计数学模型

（1）设计变量：设计变量可用 x_1，x_2，…，x_n 表示，它们构成一个 n 维的列向量 $\boldsymbol{X}$，即

$$\boldsymbol{X} = \{x_1,\ x_2,\ \cdots,\ x_n\}^{\mathrm{T}} \tag{2-36}$$

从设计的角度来看，$\boldsymbol{X}$ 是所有优化设计方案的综合，它构成一个 n 维的设计空间。$\boldsymbol{X}$ 内的任意一点 $\boldsymbol{X'}$ 代表一个可行的优化设计方案。

优化设计包括无约束优化设计和约束优化设计。针对无约束优化设计问题，其设计变量的变化是连续的，变化区间可以从负无穷到正无穷。但是在工程应用中，设计变量的变化区间是有限制的，即有

$$x_{\min} \leqslant x_i \leqslant x_{\max} \ (\,i = 1,\ 2,\ \cdots,\ n\,) \tag{2-37}$$

根据以上原则，确定夹层结构的轻量化设计变量为：面板层厚度 t_f 和夹芯层厚度 c。t_f 值一般很小，取值在 0~1 mm 之间；c 值较大，一般是 t_f 的几十倍。根据式（2-36），夹层结构多约束优化设计的设计变量可以表达为

$$\boldsymbol{X} = \{t_f,\ c\}^{\mathrm{T}} \tag{2-38}$$

其中，$t_{f\min} \leqslant t_f \leqslant t_{f\max}$，$c_{\min} \leqslant c \leqslant c_{\max}$。

（2）约束条件：约束条件一般包括等式约束和不等式约束。

① 不等式约束：$g_i(\boldsymbol{X}) \leqslant 0$ 或 $g_i(\boldsymbol{X}) \geqslant 0$，$i = 1,\ 2,\ \cdots,\ m$。　（2-39）

② 等式约束：$h_j(\boldsymbol{X}) = 0$，$j = 1,\ 2,\ \cdots,\ L$。　（2-40）

式中，m 为不等式约束的数目；L 为等式约束的数目。

满足约束条件的设计空间是一个闭集，可表示为

$$R = \{\boldsymbol{X} | g_i(\boldsymbol{X}) \leqslant 0 \text{ 或 } g_i(\boldsymbol{X}) \geqslant 0,\ i = 1,\ 2,\ \cdots,\ m\} \tag{2-41}$$

夹层结构轻量化设计的要求表明，在满足强度约束的前提下，选取弯曲刚度和扭转刚度作为约束条件，对夹层结构进行轻量化设计。在工程应用中，根

据应用对象的不同，夹层结构必须满足的最小弯曲刚度值 D_1 和扭转刚度值 K_1 也不同。设定约束的初始条件为 $D \geqslant D_1$ 和 $K \geqslant K_1$，因弯曲刚度 D 和扭转刚度 K 都是设计变量 $\boldsymbol{X} = \{t_f, \ c\}^{\mathrm{T}}$ 的函数，因此夹层结构多约束优化设计的约束条件可以表达为

$$D(t_f, \ c) \geqslant D_1 \ \text{且} \ K(t_f, \ c) \geqslant K_1 \tag{2-42}$$

（3）目标函数：选取优化设计中最重要的设计目标作为目标函数。目标函数可表达为

$$f(\boldsymbol{X}) = f(x_1, \ x_2, \ \cdots, \ x_n), \ i = 1, \ 2, \ \cdots, \ n \tag{2-43}$$

以夹层结构质量为目标函数，根据式（2-27）和式（2-43）可以得到夹层结构多约束优化设计的目标函数为

$$f(\boldsymbol{X}) = W(t_f, \ c) = 2\rho_f t_f + \rho_c c \tag{2-44}$$

（4）优化模型：在结构优化设计中，结构的强度、刚度、质量、成本等均可以作为目标函数，即多目标优化设计问题。而在轻量化结构优化设计中，主要以结构质量为目标函数，属于单目标优化设计问题。本书研究的夹层结构的轻量化设计问题属于典型的单目标优化设计问题。下面对单目标优化设计问题进行描述。

针对某项设计，假设设计变量为 n 个，约束条件为 m 个，单目标函数为 $f(\boldsymbol{X})$，求目标函数最小时对应的设计变量值。则该优化设计问题的数学表达式为

$$\begin{cases} \min\limits_{\boldsymbol{X} \in \boldsymbol{R}} f(\boldsymbol{X}) \\ \boldsymbol{R} = \{\boldsymbol{X} \mid g_i(\boldsymbol{X}) \geqslant 0, \ i = 1, \ 2, \ \cdots, \ m\} \\ \boldsymbol{X} = \{x_1, \ x_2, \ \cdots, \ x_n\}^{\mathrm{T}} \end{cases} \tag{2-45}$$

依据上述方法，夹层结构多约束优化设计的数学模型可以描述为

$$\begin{cases} \min\limits_{\boldsymbol{X} \in \boldsymbol{R}} W(\boldsymbol{X}) \\ \boldsymbol{R} = \{\boldsymbol{X} \mid D(t_f, \ c) - D_1 \geqslant 0, \ K(t_f, \ c) - K \geqslant 0\} \\ \boldsymbol{X} = \{t_f, \ c\}^{\mathrm{T}} \end{cases} \tag{2-46}$$

对于一个优化设计问题，建立数学模型的同时必须选取合适的优化方法，运用优化方法对数学模型进行求解。

在众多的优化设计方法中，拉格朗日乘数法（Lagrange multiplier）是一种寻找设计变量受一个或多个约束条件所限制的多元函数的极值的方法。该方法将一个有 n 个变量与 k 个约束条件的优化设计问题转换为一个有 $n + k$ 个变量的方程组的极值问题。拉格朗日乘数法引入了一种新的标量未知数，即拉格朗日乘数，下面简单对其原理进行介绍。

在 $g_1(\boldsymbol{X}) \geqslant 0$，$g_2(\boldsymbol{X}) \geqslant 0$，$\cdots$，$g_k(\boldsymbol{X}) \geqslant 0$ k 个不等约束条件下（其 $\boldsymbol{X} = \{x_1,\ x_2,\ \cdots,\ x_n\}^{\mathrm{T}}$），为了使目标函数 $f(\boldsymbol{X})$ 最小，可以引入 k 个拉格朗日乘数 λ_1，λ_2，$\cdots$，λ_k，构造一个拉格朗日函数，即

$$L(x_1,\ x_2,\ \cdots,\ x_n,\ \lambda_1,\ \lambda_2,\ \cdots,\ \lambda_k) = f(\boldsymbol{X}) - \lambda_1 g_1(\boldsymbol{X}) - \lambda_2 g_2(\boldsymbol{X}) - \cdots - \lambda_k g_k(\boldsymbol{X}) \tag{2-47}$$

根据偏导数方法可以列出方程组（2-48）进行求解，从而得到目标函数 $f(\boldsymbol{X})$ 的最小值：

$$\begin{cases} \dfrac{\partial L}{\partial x_1} = 0 \\[2mm] \dfrac{\partial L}{\partial x_2} = 0 \\[2mm] \cdots \\[2mm] \dfrac{\partial L}{\partial x_n} = 0 \\[2mm] \dfrac{\partial L}{\partial \lambda_1} = 0 \\[2mm] \dfrac{\partial L}{\partial \lambda_2} = 0 \\[2mm] \cdots \\[2mm] \dfrac{\partial L}{\partial \lambda_k} = 0 \end{cases} \tag{2-48}$$

方程组（2-48）仅适用于等式约束（$h_j(\boldsymbol{X}) = 0$，$j = 1,\ 2,\ \cdots,\ L$），而对于不等式约束（$g_i(\boldsymbol{X}) \leqslant 0$ 或 $g_i(\boldsymbol{X}) \geqslant 0$，$i = 1,\ 2,\ \cdots,\ m$），则要进行讨论求解，具体求解方法在后续章节将会介绍。

根据建立的夹层结构多约束优化设计的数学模型，综合考虑拉格朗日乘数法的特点，选取其作为夹层结构的多约束优化设计方法。

2. 多约束承载夹层复合材料夹层结构的轻量化设计方法

以弯曲刚度和扭转刚度作为约束条件，在保证强度要求的前提下，运用夹层结构多约束优化设计的数学模型和拉格朗日乘数法，对夹层结构的轻量化设计方法进行研究。

（1）夹层结构轻量化设计要求的数学描述。

设计变量：面板层厚度 t_f；夹芯层厚度 c。

约束条件：$D(t_f,\ c) - D_1 \geqslant 0$；$K(t_f,\ c) - K_2 \geqslant 0$。

约束函数：$g_1(t_f,\ c) = D(t_f,\ c) - D_1 = E_f t_f c^2/2 - D_1$。

$\qquad\qquad g_2(t_f,\ c) = K(t_f,\ c) - K_2 = G_f t_f c^2/2 - K_2$。

目标函数：$f(t_f,\ c) = W(t_f,\ c) = 2\rho_f t_f + \rho_c c$。

（2）多约束夹层结构的轻量化设计。

夹层结构同时受到弯曲刚度和扭转刚度两种约束条件，其轻量化设计问题可表述为：在满足 $D(t_f,\ c) \geqslant D_1$ 和 $K(t_f,\ c) \geqslant K_1$ 条件下，使夹层结构质量 W 最小。

根据拉格朗日乘数法构造拉格朗日函数 $L(t_f,\ c,\ \lambda_1,\ \lambda_2)$ 为

$$L(t_f,\ c,\ \lambda_1,\ \lambda_2) = 2\rho_f t_f + \rho_c c - \lambda_1(E_f t_f c^2/2 - D_1) - \lambda_2(G_f t_f c^2/2 - K_1)$$

$$(2\text{-}49)$$

式中，λ_1、λ_2 为拉格朗日乘数。

求解方程组为

$$\begin{cases} \dfrac{\partial L}{\partial t_f} = 0 \\[2mm] \dfrac{\partial L}{\partial c} = 0 \\[2mm] \lambda_1(E_f t_f c^2/2 - D_1) = 0 \\[2mm] \lambda_2(G_f t_f c^2/2 - K_1) = 0 \end{cases} \qquad (2\text{-}50)$$

下面对方程组（2-50）分四种情况进行讨论求解。

情况 A：当 $\lambda_1 = 0$，$\lambda_2 = 0$，$\rho_f = 0$ 并且 $\rho_c = 0$，可以使 $L(t_f,c,\lambda_1,\lambda_2) = 0$，不过由于实际中 $\rho_f \neq 0$ 和 $\rho_c \neq 0$，所以此时方程无解。

情况 B：当 $\lambda_1 > 0$，$\lambda_2 > 0$，$E_f t_f c^2/2 - D_1 = 0$ 同时 $G_f t_f c^2/2 - K_1 = 0$，可以求得关系式：

$$K_1/D_1 = G_f/E_f \qquad (2\text{-}51)$$

结合方程组（2-50）和式（2-51）可以求得

$$\begin{cases} c_{\text{opt}} = c_{\text{opt}}^B = c_{\text{opt}}^T = 2\left(\dfrac{\rho_f K_1}{\rho_c G_f}\right)^{\frac{1}{3}} = 2\left(\dfrac{\rho_f D_1}{\rho_c E_f}\right)^{\frac{1}{3}} \\[4mm] t_{\text{opt}} = t_{f,\text{opt}}^B = t_{f,\text{opt}}^T = \dfrac{\rho_c}{4\rho_f}c_{\text{opt}} \\[4mm] W_{\text{opt}} = W_{\text{opt}}^B = W_{\text{opt}}^T = \dfrac{4D_1}{E_f}\dfrac{\rho_f}{c_{\text{opt}}^2} + \rho_c c_{\text{opt}} = \dfrac{4K_1\rho_f}{G_f c_{\text{opt}}^2} + \rho_c c_{\text{opt}} \end{cases} \qquad (2\text{-}52)$$

情况 C：当 $\lambda_1 = 0$，$\lambda_2 > 0$ 同时 $G_f t_f c^2/2 - K_1 = 0$，求解方程组（2-50）

可以求得

$$
\begin{cases}
c_{\text{opt}} = c_{\text{opt}}^T = 2\left(\dfrac{\rho_f K_1}{\rho_c G_f}\right)^{\frac{1}{3}} \\[3mm]
t_{\text{opt}} = t_{f,\ \text{opt}}^T = \dfrac{\rho_c}{4\rho_f}c_{\text{opt}} \\[3mm]
W_{\text{opt}} = W_{\text{opt}}^T = \dfrac{4K_1\rho_f}{G_f c_{\text{opt}}^2} + \rho_c c_{\text{opt}}
\end{cases}
\tag{2-53}
$$

同时，由 $G_f t_f c^2/2 - K_1 = 0$ 可以得到 $t_f c^2 = 2K_1/G_f$，代入公式 $D = E_f t_f c^2/2$ 中，可以得到当夹层结构扭转刚度为 K_1 时对应的弯曲刚度 D^*：

$$
D^* = K_1 \frac{E_f}{G_f}
\tag{2-54}
$$

根据轻量化设计约束条件 $D \geqslant D_1$ 可知，$D^* \geqslant D_1$，由式（2-54）可得

$$
K_1/D_1 > G_f/E_f
\tag{2-55}
$$

情况 D：当 $\lambda_1 > 0$，$\lambda_2 = 0$ 同时 $E_f t_f c^2/2 - D_1 = 0$，同理根据方程组（2-50）可以求得

$$
\begin{cases}
c_{\text{opt}} = c_{\text{opt}}^B = 2\left(\dfrac{\rho_f D_1}{\rho_c E_f}\right)^{\frac{1}{3}} \\[3mm]
t_{\text{opt}} = t_{f,\ \text{opt}}^B = \dfrac{\rho_c}{4\rho_f}c_{\text{opt}} \\[3mm]
W_{\text{opt}} = W_{\text{opt}}^B = \dfrac{4D_1}{E_f}\dfrac{\rho_f}{c_{\text{opt}}^2} + \rho_c c_{\text{opt}}
\end{cases}
\tag{2-56}
$$

同理，由 $E_f t_f c^2/2 - D_1 = 0$ 可以得到 $t_f c^2 = 2D_1/E_f$，代入公式 $K = G_f t_f c^2/2$ 中，可以得到当夹层结构弯曲刚度为 D_1 时对应的扭转刚度 K^*：

$$
K^* = D_1 \frac{G_f}{E_f}
\tag{2-57}
$$

根据轻量化设计约束条件 $K \geqslant K_1$ 可知，$K^* \geqslant K_1$，由式（2-56）可以得到

$$
K_1/D_1 < G_f/E_f
\tag{2-58}
$$

总结上述求解过程，可以得到多约束承载夹层复合材料夹层结构的轻量化设计方法结论如下。

1）当 $K_1/D_1 < G_f/E_f$ 时：

$$\begin{cases} c_{\mathrm{opt}} = 2\left(\dfrac{\rho_f D_1}{\rho_c E_f}\right)^{\frac{1}{3}} \\[2mm] t_{\mathrm{opt}} = \dfrac{\rho_c}{4\rho_f} c_{\mathrm{opt}} \\[2mm] W_{\mathrm{opt}} = 2\rho_f t_{\mathrm{opt}} + \rho_c c_{\mathrm{opt}} \end{cases} \tag{2-59}$$

2）当 $K_1/D_1 > G_f/E_f$ 时：

$$\begin{cases} c_{\mathrm{opt}} = 2\left(\dfrac{\rho_f K_1}{\rho_c G_f}\right)^{\frac{1}{3}} \\[2mm] t_{\mathrm{opt}} = \dfrac{\rho_c}{4\rho_f} c_{\mathrm{opt}} \\[2mm] W_{\mathrm{opt}} = 2\rho_f t_{\mathrm{opt}} + \rho_c c_{\mathrm{opt}} \end{cases} \tag{2-60}$$

3）当 $K_1/D_1 = G_f/E_f$ 时：

$$\begin{cases} c_{\mathrm{opt}} = 2\left(\dfrac{\rho_f K_1}{\rho_c G_f}\right)^{\frac{1}{3}} = 2\left(\dfrac{\rho_f D_1}{\rho_c E_f}\right)^{\frac{1}{3}} \\[2mm] t_{\mathrm{opt}} = \dfrac{\rho_c}{4\rho_f} c_{\mathrm{opt}} \\[2mm] W_{\mathrm{opt}} = 2\rho_f t_{\mathrm{opt}} + \rho_c c_{\mathrm{opt}} \end{cases} \tag{2-61}$$

同时经过计算，三种情况下均有下列关系式：

$$W_c = 4W_f \tag{2-62}$$

$$W = 3/2 W_c \tag{2-63}$$

3. 实例分析与验证

以某工程箱式件平板部件作为应用对象，运用多约束承载夹层复合材料夹层结构的轻量化设计方法，对其进行轻量化设计。

为了达到设计要求，运用承载夹层复合材料替代该部件原有的金属材料对其进行轻量化设计，面板层材料选用铝合金，其屈服强度远远大于原有材料的屈服强度，保证了设计的强度要求；为了减轻该部件质量，夹芯层材料选用聚氨酯泡沫夹芯。夹层结构属性参数如表 2-2 所示。

表 2-2　夹层结构属性参数

参　　数	密度/(kg/m³)	弹性模量/(N/m²)	剪切模量/(N/m²)
面板层（铝）	ρ_f	E_f	G_f
	2700	70×10^9	27×10^9
夹芯层（聚氨酯泡沫夹芯）	ρ_c	E_c	G_{cxy}^*
	240	1.60×10^9	45×10^6

　　为了验证多约束承载夹层复合材料夹层结构轻量化设计方法的合理性，本节根据多约束夹层结构轻量化设计过程的三种情况，相应设定了三种轻量化设计要求的约束条件，如下所示。

　　设计 A：（$K_1/D_1 = G_f/E_f$）设计要求必须满足的弯曲刚度和扭转刚度值为：$D_1 = 3000\ \mathrm{N \cdot m}$；$K_1 = 1157\ \mathrm{N \cdot m}$。

　　设计 B：（$K_1/D_1 = \dfrac{1}{3}G_f/E_f$）设计要求必须满足的弯曲刚度和扭转刚度值为：$D_1 = 9000\ \mathrm{N \cdot m}$；$K_1 = 1157\ \mathrm{N \cdot m}$。

　　设计 C：（$K_1/D_1 = 2G_f/E_f$）设计要求必须满足的弯曲刚度和扭转刚度值为：$D_1 = 3000\ \mathrm{N \cdot m}$；$K_1 = 2314\ \mathrm{N \cdot m}$。

　　下面针对这三种情况分别进行讨论。

　　（1）设计 A。由于 $K_1/D_1 = G_f/E_f$，$D_1 = 3000\ \mathrm{N \cdot m}$；$K_1 = 1157\ \mathrm{N \cdot m}$，可以求得夹层结构夹芯层厚度、面板层厚度和夹层结构最小质量分别为

$$\begin{cases} c_{\mathrm{opt}} = 15.68\ \mathrm{mm} \\ t_{\mathrm{opt}} = 0.35\ \mathrm{mm} \\ W_{\mathrm{opt}} = 5.65\ \mathrm{kg/m^2} \end{cases} \tag{2-64}$$

　　（2）设计 B。由 $K_1/D_1 = \dfrac{1}{3}G_f/E_f$ 可知，$K_1/D_1 < G_f/E_f$，可以求出夹层结构夹芯层厚度、面板层厚度和夹层结构最小质量分别为

$$\begin{cases} c_{\mathrm{opt}} = 2\left(\dfrac{\rho_f D_1}{\rho_c E_f}\right)^{\frac{1}{3}} = 22.62\ \mathrm{mm} \\ t_{\mathrm{opt}} = \dfrac{\rho_c}{4\rho_f} c_{\mathrm{opt}} = 0.50\ \mathrm{mm} \\ W_{\mathrm{opt}} = 2\rho_f t_{\mathrm{opt}} + \rho_c c_{\mathrm{opt}} = 8.13\ \mathrm{kg/m^2} \end{cases} \tag{2-65}$$

　　求出对应 $D_1 = 9000\ \mathrm{N \cdot m}$ 时夹层结构的扭转刚度为

$$K^* = D_1 \frac{G_f}{E_f} = 3471 \ \text{N} \cdot \text{m} \tag{2-66}$$

由于 $K_1 = 1157 \ \text{N} \cdot \text{m}$，可以得到 $K^* > K_1$，验证了设计的合理性。

（3）设计 C。由 $K_1/D_1 = 2G_f/E_f$ 可知，$K_1/D_1 > G_f/E_f$，此时根据式（2-60）可以求出夹层结构夹芯层厚度、面板层厚度和夹层结构最小质量分别为

$$\begin{cases} c_{\text{opt}} = 2\left(\frac{\rho_f}{\rho_c}\frac{K_1}{G_f}\right)^{\frac{1}{3}} = 19.76 \ \text{mm} \\ t_{\text{opt}} = \frac{\rho_c}{4\rho_f}c_{\text{opt}} = 0.44 \ \text{mm} \\ W_{\text{opt}} = 2\rho_f t_{\text{opt}} + \rho_c c_{\text{opt}} = 7.12 \ \text{kg/m}^2 \end{cases} \tag{2-67}$$

同理，求出对应 $K_1 = 2314 \ \text{N} \cdot \text{m}$ 时夹层结构的弯曲刚度为 $D^* = K_1 E_f/G_f = 5999 \ \text{N} \cdot \text{m}$，由于 $D_1 = 3000 \ \text{N} \cdot \text{m}$，可得 $D^* > D_1$，满足设计要求，验证了设计的合理性。

图 2-19 显示了设计 A、设计 B 和设计 C 三种约束条件下夹层结构质量 W 和夹芯层厚度 c 之间的关系（$W-c$）。

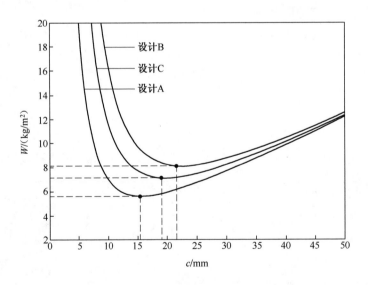

图 2-19 设计 A、设计 B 和设计 C 三种约束条件下夹层
结构质量 W 和夹芯层厚度 c 之间的关系（$W-c$）

■2.3.7　承载夹层复合材料的轻量化设计方法

从材料轻量化设计的角度，结合工程应用对象的特点，对承载夹层复合材料进行轻量化设计，建立承载夹层复合材料的轻量化设计过程模型；运用等效板理论，构建承载夹层复合材料夹层结构的力学等效模型，对等效模型的弹性常数进行计算；同时结合具体实例，对承载夹层复合材料的轻量化设计方法进行研究。

本小节研究的承载夹层复合材料的结构形式是矩形平板夹层结构，其工程应用对象主要包括平板结构、箱式件等，目的是通过承载夹层复合材料的轻量化设计来实现其工程应用对象的轻量化。

承载夹层复合材料的轻量化设计需要综合考虑多种因素，主要包括：工程应用对象的轻量化设计需求分析；面板层材料的选取与优化设计；夹芯层材料的选取和夹芯结构的优化设计；胶黏剂的选取；承载夹层复合材料夹层结构的轻量化设计；承载夹层复合材料的力学等效模型；轻量化的承载夹层复合材料的仿真分析与验证。为了防止混淆，把工程应用对象（平板结构、箱式件、箱体结构等）称为原部件，轻量化设计后的部件称为轻量化部件。

1. 轻量化设计需求分析

结合原部件的特点，从可靠性和安全性角度出发，对原部件进行轻量化设计需求分析，得到原部件轻量化设计的详细信息如下所示。

（1）减重目标：减重百分比（如在原部件基础上质量减轻 10%～30%）。

（2）工况分析：原部件详细的受力情况分析。

（3）形状特征：矩形平板结构或矩形平板经过加工而成的箱体部件特征。

（4）尺寸特征：原部件结构的长度、宽度和厚度等尺寸参数。

（5）材料属性：原部件材料的属性（弹性模量、泊松比、剪切模量、密度、屈服强度等）。

（6）强度要求：根据实际工况对原部件进行结构分析，得到轻量化设计所必须满足的强度要求。

（7）刚度要求：根据实际工况对原部件进行结构分析，得到轻量化设计所必须满足的刚度要求。

（8）空间限制：具体考虑原部件的应用场合，设定其空间限制范围（如部件最大厚度限制）。

2. 夹层结构面板层设计

面板层是夹层结构的主要承载者，夹层结构的强度要求将直接由面板层的设计来体现。面板层的材料一般包括单一材料和复合材料。一般情况下，面板层材料选用和原部件相同强度或强度大于原部件的单一材料。然而，在某些特定场合下，为了提高其强度、刚度和降低质量，面板层材料选择单层复合材料或者复合材料层合板。

（1）单一材料。工程设备的主要部件一般承受较大的载荷作用，通常采用金属材料（如钢、铝合金等），而辅助部件则多采用非金属材料（树脂、橡胶等）。当选用单一材料作为面板层材料时，必须满足强度要求。假设原部件材料在实际工况下承受的最大作用应力为 σ_1，面板层材料的屈服强度（屈服极限或者强度极限）为 σ_f（拉伸或者压缩的强度极限），根据各向同性材料强度理论的最大正应力理论，则面板层单一材料的选择必须满足下列关系：

$$\sigma_1 \leqslant \sigma_f \tag{2-68}$$

在工程设计中，有时候也要同时考虑最大线应变或者最大剪应力引起的材料破坏，因此要同时考虑最大线应变强度理论和最大剪应力强度理论。

（2）单层复合材料。在大多数情形下单层复合材料不单独使用，而作为层合结构材料的基本单元使用。夹层结构是一种特殊的层合结构，因此在某些场合，采用单层复合材料作为面板层材料，以提高夹层结构的强度、刚度和稳定性。当选用单层复合材料作为面板层材料时，将要充分考虑单层复合材料的力学特性。

复合材料是各向异性材料。在实际中绝大多数工程材料具有对称的内部结构，因此材料具有弹性对称性。当材料有三个相互正交的弹性对称平面时，这种材料称为正交各向异性材料。单向纤维增强复合材料就是正交各向异性材料。对于正交各向异性单层复合材料而言，其强度理论和各向同性材料有较大差异。对于各向同性材料，各强度理论中指的最大应力和应变是材料的主应力和主应变；但对于各向异性材料，由于最大作用应力并不一定对应材料的危险状态，而材料主方向的应力是最重要的，因此最大作用应力不一定是控制设计的应力。一般来说，正交各向异性单层复合材料的基本强度有 5 个：X_t——纵向拉伸强度；X_c——纵向压缩强度；Y_t——横向拉伸强度；Y_c——横向压缩强度；S——剪切强度。

如果材料的拉伸和压缩特性相同，则有 $X_t = X_c = X$，$Y_t = Y_c = Y$，如图 2-20 所示，图中 1、2 为单层复合材料主方向。这些强度分别由材料单向受力实验测定得到，作为工程设计中材料选用的依据。

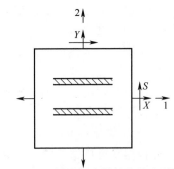

图 2-20　单层复合材料的基本强度

对原部件进行工况分析，可以得到原部

件详细的受力情况，包括在工作中受到最大载荷 $F_{\max}$。当用夹层复合材料代替原部件材料后，轻量化部件将处于同样的工况，此时在实际工况最大载荷的作用下，夹层复合材料面板层材料必须满足其强度要求。根据正交各向异性单层复合材料强度理论的最大应力理论，在受到最大载荷 $F_{\max}$ 时，面板层单层复合材料各主方向产生的应力 σ_1、σ_2 和 τ_{12} 必须满足下列关系。

对于拉伸应力：

$$\begin{cases} \sigma_1 < X_t \\ \sigma_2 < Y_t \\ |\tau_{12}| < S \end{cases} \tag{2-69}$$

对于压缩应力：

$$\begin{cases} \sigma_1 > -X_c \\ \sigma_2 > -Y_c \\ |\tau_{12}| < S \end{cases} \tag{2-70}$$

上述公式适用于材料中的应力（σ_x，σ_y，τ_{xy}）和材料主方向的应力（σ_1，σ_2，τ_{12}），即应力坐标系和主方向坐标系重合。然而在实际中，1-2（主方向）坐标与应力坐标系 $x-y$ 并不总是重合，如图 2-21 所示。由图 2-21 可知，当单层复合材料承受与纤维方向成 θ 角的单向载荷 σ_x 时，有 $\sigma_y = \tau_{xy} = 0$，根据复合材料单层板应力转轴公式可以得到

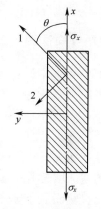

$$\begin{cases} \sigma_1 = \sigma_x \cos^2\theta \\ \sigma_2 = \sigma_x \sin^2\theta \\ \tau_{12} = -\sigma_x \sin\theta\cos\theta \end{cases} \tag{2-71}$$

图 2-21　偏离主方向轴
θ 角的单向载荷

将上述方程代入式（2-70）中，可得最大单向应力 σ_x 是下述三个不等式中的最小值：

$$\begin{cases} \sigma_x < X/\cos^2\theta \\ \sigma_x < Y/\sin^2\theta \\ \sigma_x < S/\sin\theta\cos\theta \end{cases} \tag{2-72}$$

σ_y、τ_{xy} 可用类似的方法求得其必须满足的强度关系。

（3）复合材料层合板。复合材料层合板是由基本元件单层板组成，其强度主要由单层板强度来预测。层合板强度分析的主要目的是确定其极限载荷。

由于目前对于层合板的极限载荷求解方法较为复杂，通常要根据具体条件进行计算，同时结合实验进行分析，因此当采用复合材料层合板作为面板层材料时，主要从组成层合板的单层复合材料的力学特性分析其强度要求。

3. 夹层结构夹芯层设计

夹芯层主要承受剪切力，因此不用过多考虑强度要求，其选型主要从轻量化角度和刚度要求等方面进行考虑。夹芯层设计需要考虑众多因素，主要包括：原部件轻量化设计要求；与面板层材料的配合问题；夹芯材料的选取；夹芯层结构形式（泡沫夹芯、蜂窝夹芯等）以及胞元尺寸的确定；夹芯层整体厚度的确定；胶黏剂的选择。

4. 承载夹层复合材料夹层结构的轻量化设计

当确定了原部件轻量化设计的详细信息后，进行面板层设计、胶黏剂的选择和夹芯层设计。根据轻量化设计所需要满足的约束条件，运用多（单）约束承载夹层复合材料夹层结构的轻量化设计方法，对轻量化部件所采用的承载夹层复合材料的夹层结构进行详细的轻量化设计，设计结果将作为承载夹层复合材料轻量化设计的基础。[53]

■ 2.3.8 泡沫填充类蜂窝夹层结构的耐撞性多目标优化设计

本小节针对泡沫填充类蜂窝夹层结构的耐撞性重要评价指标，即初始峰值力、平均碰撞力、比吸能，首先对已经通过数值模拟仿真测出的五种蜂窝壁厚（0.1 mm、0.3 mm、0.5 mm、0.7 mm、1 mm）的泡沫填充类蜂窝夹层结构的初始峰值力、平均碰撞力、比吸能进行数据曲线拟合，得出该结构的上述各项耐撞性指标关于蜂窝壁厚的经验公式，并通过数值模拟仿真试验测得其他蜂窝壁厚的泡沫填充类蜂窝夹层结构相对应的耐撞性指标，与经验公式对应的理论值对比，验证了经验公式的准确性与可靠性。然后以 MATLAB 优化软件为平台，以最小化初始峰值力、最大化平均碰撞力与比吸能为目标来确保结构的耐撞性能，以初始峰值力 F_{max} 来评价结构的碰撞安全性，以平均碰撞力 F_{avg} 来评价结构的比吸能，以比吸能 E_{sa} 来评价结构的吸能特性，采用多目标粒子群算法（MOPSO）对泡沫填充类蜂窝夹层结构进行结构参数优化。同时对优化结构进行了数据分析，可为蜂窝结构耐撞性的多目标优化设计提供一定的参考。

1. 耐撞性评价指标的数学模型

通过 MATLAB 软件平台对泡沫填充类蜂窝夹层结构的平均碰撞力、初始峰值力、比吸能进行了曲面拟合，如图 2-22 所示，并得出了经验公式。再通过对蜂窝壁厚在 0.1~1 mm 以及冲击速度在 0~40 m/s 区间内的任一蜂窝壁厚的泡沫填充类蜂窝夹层结构进行有限元模拟，得出该结构的平均碰撞力、初始

峰值力、比吸能，如表 2-3 所示，与经验公式计算出的理论值之间误差分别
为 4.2%、18.5% 和 14.9%。

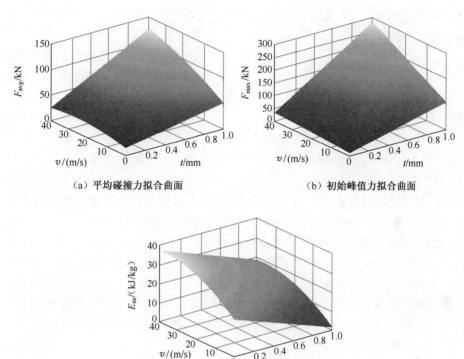

（a）平均碰撞力拟合曲面　　　　　　　　（b）初始峰值力拟合曲面

（c）比吸能拟合曲面

图 2-22　耐撞性评价指标的拟合曲面

表 2-3　理论值与仿真验证误差分析

参　数	F_{avg}/kN	F_{max}/kN	E_{sa}/（kJ/kg）
理论值	50.25	45.73	16.1
仿真验证值	52.48	56.10	14.01
误差	4.2%	18.5%	14.9%

2. 耐撞性多目标优化数学模型

本章将优化设计得到集碰撞安全性好、比吸能大、吸能特性好于一体的泡
沫填充类蜂窝夹层结构作为目标，以蜂窝壁厚 t 和冲击速度 v 为设计变量，以
初始峰值力、平均碰撞力、比吸能为评价指标，根据约束条件，得到该结构多
目标优化设计的数学模型。

（1）设计变量：本次优化设计所研究的对象为泡沫填充类蜂窝夹层结构，并保持胞元尺寸以及个数不变。通过优化蜂窝壁厚以及冲击速度，就可以得到泡沫填充类蜂窝最优壁厚以及最适应的冲击速度，选取 t、v 作为设计变量，即

$$\boldsymbol{x} = [x_1,\ x_2]^{\mathrm{T}} = [t,\ v]^{\mathrm{T}} \tag{2-73}$$

（2）目标函数：结构的吸能能力评价，在加载过程中，平均碰撞力间接反映了结构的吸能能力和碰撞力效率，通常平均碰撞力越高，会伴随越高的吸能总量与碰撞力效率。

平均碰撞力的公式：

$$f_1(x) = 15.36 + 74.41t + 1.111v - 38.81t^2 + 1.653tv - 0.022v^2 \tag{2-74}$$

结构的吸能特性评价，在冲击吸能过程中，比吸能是表达吸能特性至关重要的一项指标，拥有越高的比吸能会带来结构越优越的吸能特性。

比吸能的公式：

$$f_2(x) = 19.87 - 28.5t + 0.947v + 10.64t^2 - 0.027tv - 0.013v^2 \tag{2-75}$$

结构的碰撞安全性评价，针对蜂窝夹层结构通常被用于机械结构的吸能、减震等防护部件，故其碰撞安全性是非常重要的，而初始的碰撞力峰值是评价碰撞安全性的重要指标，初始峰值力越小，结构的碰撞安全性越优。

初始峰值力的公式：

$$f_3(x) = 12.77 + 8.571t + 0.735v + 86.27t^2 + 3.883tv - 0.005v^2 \tag{2-76}$$

（3）约束条件：在泡沫填充类蜂窝夹层结构多目标优化中，蜂窝壁厚 t 取值在 $0.1 \sim 1$ mm 之间，冲击速度 v 取值在 $0 \sim 40$ m/s 之间，约束条件如式（2-77）所示：

$$\begin{cases} 0.1 \text{ mm} \leqslant t \leqslant 1 \text{ mm} \\ 0 \text{ m/s} \leqslant v \leqslant 40 \text{ m/s} \end{cases} \tag{2-77}$$

（4）多目标优化数学模型：

优化问题：

$$\begin{cases} \max f_1(x) = F_{\mathrm{avg}} \\ f_2(x) = E_{\mathrm{sa}} \\ \min f_3(x) = F_{\mathrm{max}} \\ \text{s. t. } 0.1 \text{ mm} \leqslant t \leqslant 1 \text{ mm} \\ 0 \text{ m/s} \leqslant v \leqslant 40 \text{ m/s} \end{cases} \tag{2-78}$$

3. 多目标优化模型建立及求解

本小节采用 MATLAB 优化软件，对泡沫填充类蜂窝夹层结构建立多目标

优化模型。

（1）近似模型精确度。表 2-4 分别列出了泡沫填充类蜂窝夹层结构的耐撞性评价指标（F_{avg}、F_{max}、E_{sa}）的近似模型拟合精度，可以看出，针对 3 个优化目标的拟合精确度均在 0.99 以上，因此该近似模型能够较好地近似实际模型的计算。

表 2-4　优化目标的拟合精确度

确定系数	R^2		
耐撞性指标	F_{avg}	F_{max}	E_{sa}
数值	0.9907	0.9919	0.9913

（2）优化流程。本小节选用全局搜索性能良好、运算速度快的多目标粒子群算法来进行优化。具体流程如下：首先建立准确的近似模型，然后对粒子群进行初始化，求解目标函数，并进行 Pareto 排序，得到精英个体，反复迭代，直到找到最优解集。优化流程如图 2-23 所示。

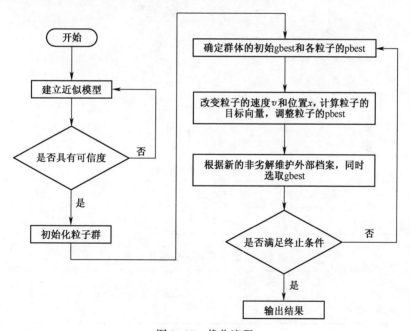

图 2-23　优化流程

4. 优化结果分析

（1）泡沫填充类蜂窝夹层结构耐撞性的多目标优化。整体敏感性分析：

图 2-24 给出了平均碰撞力–比吸能–初始峰值力的多目标优化的 pareto 解。可以看出，此时 Pareto 解近似呈现出曲面分布状态。初始峰值力 F_{max} 的优化解分布主要集中在 [15, 195] 之间，其优化解占总解集的 90%，而平均碰撞力 F_{avg} 和比吸能 E_{sa} 的优化解分别主要集中在 [50, 70] 与 [12, 28] 之间，其优化解分别占总解集的 78% 与 79.5%，故初始峰值力的整体敏感性最高，比吸能的整体敏感性其次，平均碰撞力的整体敏感性最低，其中，比吸能与平均碰撞力的整体敏感性相差较小。表 2-5~表 2-7 为各目标的 Pareto 解的分布统计情况。

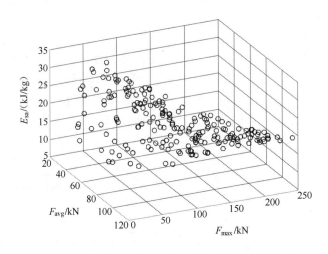

图 2-24　平均碰撞力–比吸能–初始峰值力的多目标优化的 Pareto 解

表 2-5　平均碰撞力 Pareto 解的分布

F_{avg}	[30, 50)	[50, 75)	[75, 100)	[100, 120)
Pareto 解的个数	18	70	86	26

表 2-6　比吸能 Pareto 解的分布

E_{sa}	[5, 12)	[12, 20)	[20, 28)	[28, 35)
Pareto 解的个数	19	79	80	22

表 2-7　初始峰值力 Pareto 解的分布

F_{max}	[15, 75)	[75, 135)	[135, 195)	[195, 260)
Pareto 解的个数	50	73	57	20

单一敏感性分析：图 2-25 所示为基于壁厚和速度的平均碰撞力-比吸能-初始峰值力的多目标 Pareto 解，可以看出蜂窝壁厚的优化解集中在 0.25 ~ 0.75 mm 之间，总体来说呈相对均匀的曲面分布，冲击速度的优化解集中在 20~30 m/s 之间。因此，蜂窝壁厚对该优化问题的影响大于速度的影响。与此同时，采用相关系数 μ 来表征蜂窝壁厚与冲击速度的单一敏感性，相关系数 μ 的计算公式如下：

$$\mu = \frac{\sum (X - \bar{X})(Y - \bar{Y})}{\sqrt{\sum (X - \bar{X})^2}\sqrt{\sum (Y - \bar{Y})^2}} = \frac{\sum xy}{\sqrt{\sum x^2}\sqrt{\sum y^2}} = \frac{S_{XY}}{S_X S_Y} \quad (2\text{-}79)$$

式中，$x = X - \bar{X}$；$y = Y - \bar{Y}$；S_{XY} 为样本总变异，$S_{XY} = \dfrac{\sum (X - \bar{X})(Y - \bar{Y})}{n - 1}$；$S_X$

为 X 样本的标准差，$S_X = \sqrt{\dfrac{\sum (X - \bar{X})^2}{n - 1}}$；$S_Y$ 为 Y 样本的标准差，$S_Y =$

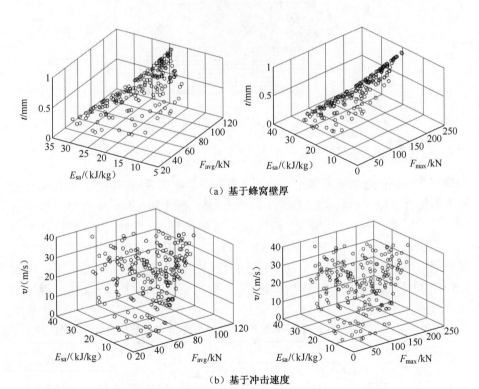

(a) 基于蜂窝壁厚

(b) 基于冲击速度

图 2-25　基于壁厚和速度的平均碰撞力-比吸能-初始峰值力的多目标 Pareto 解

$$\sqrt{\frac{\sum (Y - \bar{Y})^2}{n - 1}}$$, n 为解的个数。式（2-79）为正值，表示评价指标呈正相关；为负值，表示评价指标呈负相关，同时绝对值越大表示评价指标与自变量的关联程度越强，敏感性越强；相反，绝对值越小表示关联程度越弱，敏感性越弱。

图 2-26 列出了由相关系数 μ 计算得出的优化问题中蜂窝壁厚 t 和冲击速度 v 分别与优化目标的相关性。可以看出，蜂窝壁厚 t 对初始峰值力 F_{max} 的敏感性最高，其次分别是平均碰撞力 F_{avg}、比吸能 E_{sa}，其中蜂窝壁厚 t 与比吸能 E_{sa} 呈负相关关系；而冲击速度 v 对比吸能 E_{sa} 敏感性最高，其次分别是平均碰撞力 F_{avg}、初始峰值力 F_{max}。

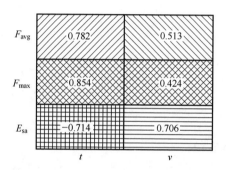

图 2-26　各参数与优化目标的相关性

（2）优化结果对比。表 2-8 所示为平均碰撞力-比吸能-初始峰值力的初始模型与优化模型的结果对比。为了清晰地表明优化后的结构较初始结构在性能上有提升，作者选取了在 Pareto 解集上的一个代表性解。从表中可以观察到：针对平均碰撞力-比吸能-初始峰值力多目标优化问题，当平均碰撞力 F_{avg} 达到 66 kN 时，较初始模型下降了 11.3%，但比吸能 E_{sa} 提升了 17.3%，初始峰值力 F_{max} 降低了 20.8%，而此时优化模型对应的蜂窝壁厚更小，较初始模型降低了 27.7%，对结构的轻量化也做出贡献。因此，该优化所得结果是有效的。

表 2-8　平均碰撞力-比吸能-初始峰值力的初始模型与优化模型的结果对比

模型	$v/(m/s)$	t/mm	F_{avg}/kN	$E_{sa}/(kJ/kg)$	F_{max}/kN
初始模型	14	0.7	75.32	16.25	97.44
优化模型	14.5	0.506	66.76	19.058	77.186

2.4　类蜂窝结构加工

■ 2.4.1　类方形蜂窝结构加工

1. 板料弯曲过程

板料在弯曲时，承受弯矩作用、剪切作用和局部压力作用，但使板料产生弯曲变形的主要作用是弯矩。在外力作用下必然产生相应的变形，同时在板料内将出现抵抗变形的内力，此内力和外力相平衡（物体单位面积上的内力称为应力），外力越大，应力就越大，变形也越大。当材料外层应力小于材料的弹性极限，板料处于弹性变形状态，根据胡克定律，变形（外层伸长，内层缩短）与中心层之距离呈直线变化，所以截面上的应力也呈直线变化，若去掉外力，板料可以恢复到弯曲变形以前的形状。若继续增加外力，则弯曲部分的变形程度不断增大，直到外力引起的应力等于材料的屈服极限，外层材料发生塑性变形，随着外力的增加，塑性变形即由表层向中心发展，此时若去掉外力，板料内弹性变形立即消失（回弹），而塑性变形却保存下来，使板料产生了弯曲的永久性变形。图 2-27 所示为板料受力示意图。

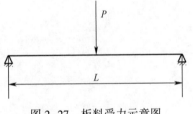

图 2-27　板料受力示意图

2. 弯曲件的展开计算

计算弯曲件展开长度是为了得到下料时板料的长度，由于板料在弯曲后的长度会比原始长度长，因此，在加工前需要进行展开长度的计算。常用计算弯曲件展开长度的方法是将弯曲件分解成许多直线段和圆弧线段，用直线段的总长度减去弯曲部分的伸长量，得到的即是板材下料的长度。弯曲加工后的截面尺寸示意图如图 2-28 所示。

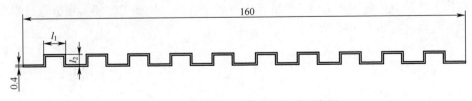

图 2-28　弯曲加工后的截面尺寸示意图

当板料内侧弯曲半径 r 为 0.5 mm，板料厚度为 0.4 mm 时，取 r/t 比例为 1.0，中性层位置系数 K 为 0.35。即中性层离圆弧内侧的位置 $x = Kt = 0.35 \times 0.4 = 0.14$。

计算板料的展开长度：

$$L = l_1 \times 20 + l_2 \times 20 - 40x$$
$$= 8 \times 20 + 4 \times 20 - 40 \times 0.14$$
$$= 234.4 \text{ mm}$$

根据计算得出板材下料长度为 234.4 mm，并使用型号为 PPEB1000/60-4 的上动式数控折弯机床，选择合适的折刀和 V 形槽对板料进行加工。

在折弯机上先折弯的刀序对后折弯刀序不能产生干涉，前道折弯要考虑后道折弯的靠位点，折多刀折弯工件应按由内到外、由小到大的原则进行折弯，对特殊形状先折弯特殊形状，再折弯一般形状，工序安排要考虑折弯操作的方便性和安全性，务必减少翻动的工作量，只有好的工序才能提高效率且轻松。经过反复 90°折弯与检验，折弯加工成品示意图如图 2-29 所示。

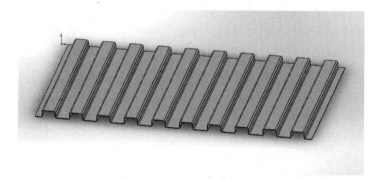

图 2-29　折弯加工成品示意图

由于大多数金属的弹性变形特性，在加工过程中必须减少零件回弹角度，保证折弯后的角度及尺寸符合要求，常用的补偿方法有：设计改善零件的结构；在满足使用强度的前提下，选用弹性模量大但是屈服点较小的金属材料；在加工前后对板料进行适当的热处理，改善零件的机械加工性能；在折弯过程中对板料进行多次冲压和矫正。

3. 折弯加工后板料的切割

常用的激光切割机有三种：YAG（钇铝石榴石）固体激光切割机、光纤激光切割机、CO_2 激光切割机。

YAG 固体激光切割机的主要优点是能切割其他激光切割机都无法切割的

铝板、铜板以及大多数有色金属材料，机器采购价格便宜，使用成本低，维护简单，缺点是只能切割 8 mm 以下的材料。

光纤激光切割机柔性化程度高、故障点少、维护方便、速度奇快，在切割 4 mm 以内薄板时光纤切割机有着很大的优势；缺点是光纤激光由于波长短对人体尤其是眼睛的伤害大，属于危害最大的一级，出于安全考虑，光纤激光加工需要全封闭的环境，间接地提高了制造成本。

CO_2 激光切割机可以稳定切割 20 mm 以内的碳钢、10 mm 以内的不锈钢、8 mm 以下的铝合金；缺点是大部分机器价格高、维护费用极高、实际使用运营成本很高。

综合考虑，采用 YAG 固体激光切割机对此次的薄铝板进行切割最为合适。将折弯校验后的板材固定在激光切割机床上，输入程序，将板材切割成如图 2-30 所示 8 mm 的长条形铝条，再切割两块 160 mm×80 mm×0.4 mm 的铝平板，作为面板备用。最后使用砂纸或锉刀对铝条和面板进行倒角和去毛刺。

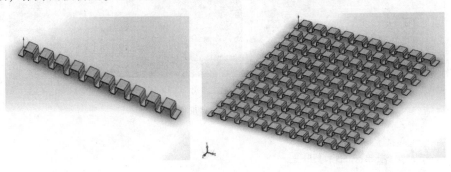

图 2-30　板材切割示意图

4. 夹芯板的拼接

在薄钢板或铝合金板连接中，胶接较为常见，常见的金属板胶黏剂有热熔胶黏剂、接触胶黏剂、厌氧胶黏剂、丙烯酸胶黏剂、氰丙烯酸酯黏剂、环氧树脂胶黏剂等，其中热熔胶黏剂比较适合夹芯板的黏结，成本低，黏结时间较短。

铝条的黏结过程如图 2-31（a）所示，先将两根铝条的 1 和 2 对接在一起，剩下的 9 组黏结方式和第一组一样，当 10 组黏结完成，稍等一段时间，然后按照图 2-31（b）将 10 组铝条黏结成一整块，在两侧施加压力，静置一段时间，让铝条之间黏结得更牢固，最后将两块面板分别黏结在类方形蜂窝结构的两侧，如图 2-31（c）所示，黏结完成后施加一定压力静置一段时间，等待热熔胶完全凝固。

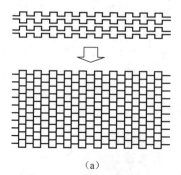

（a）

（b）

（c）

图 2-31　类方形蜂窝加工过程

■ 2.4.2　类蜂窝结构加工

1. 弯曲件的展开计算

传统对于弯曲件的展开计算是通过查表，人工手动计算出的，在此我们使用 SolidWorks 软件中的钣金指令对弯曲件进行展开计算，首先要根据相应的尺寸画出草图，然后使用钣金命令中的基体法兰/薄片，根据具体尺寸查询钣金加工实用手册，将板厚、板长、折弯半径以及折弯系数填入相应位置，软件自动生成三维模型，如图 2-32 所示，最后使用展开命令即可得到板料下料的尺寸。相比较传统弯曲件的展开计算方法，采用软件计算不仅简洁方便，能更直观地表示出弯曲件的细节，而且计算所得到的数据更加准确。

2. 机床选择及板料折弯加工

常见的数控折弯机床加压方式有以下两种。

（1）上动式：下工作台不动，由上面滑块下降实现施压。

（2）下动式：上部机台固定不动，由下工作台上升实现施压。

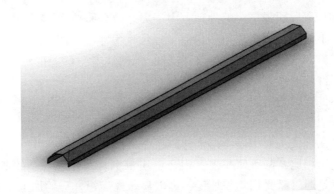

图 2-32　弯曲件模型

板料折弯加工数控折弯机床，根据具体的加工情况选择折刀刀口成型角度、刀尖圆角半径以及下模 V 形槽角度和开口宽度。

在折弯机上加工时的工作顺序在 2.4.1 小节已提及。

经过第一次折弯和第二次折弯后的情况如图 2-33 所示，在每一次折弯之后都需要对角度尺寸进行检查，以便及时矫正弯曲回弹对角度造成的影响。

图 2-33　经过第一次折弯和第二次折弯后的情况

在经过两次折弯成型后，将折弯后的板材从下模中取出，检验后调转方向继续加工，剩余两次折弯与前两次折弯操作相同。均需对加工后的角度和尺寸进行检验，最终得到如图 2-34 所示的折弯件。

图 2-34　折弯件示意图

对零件折弯后回弹情况的处理：由于大多数金属的弹性变形特性，当零件从模具上取下后，出现弯曲角和弯曲半径尺寸发生变化的现象称为回弹现象。对零件回弹影响的因素有很多，如材料的机械性能、弯曲变形程度、弯曲角度、弯曲工件的宽度、弯曲冲击力及弯曲形状等。

减少零件回弹角度以及常用的补偿方法在 2.4.1 小节已提及。

3. 板料的切割

铝合金在现代工业中应用得十分广泛，不仅强度高、塑性好、耐腐蚀，而且和其他金属相比，同等体积下，铝合金质量更轻。在铝合金的薄板加工中，最常用的就是通过激光切割来加工，可以显著提高铝合金的加工效率，而且能保证很高的尺寸精度。

根据图 2-35 形式，将检验过的板材用激光切割成宽度相同的单元，然后用砂纸或者锉刀倒圆角去毛刺备用。

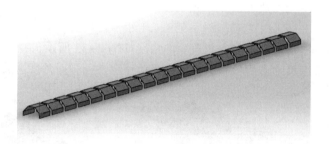

图 2-35　板材切割形式

铝合金薄板激光切割加工需要注意的地方：根据铝合金的材质来选择合适的激光发射器，可以提高切割质量和效率；根据不同的板材厚度，确定合适的激光切割功率，控制切割宽度；控制切割速度，以免出现粘连；适当加入辅助切割气体，防止切割区域过度燃烧。

4. 单元的拼接

胶接作为一种连接技术在大型建筑结构制造中不太常用，但在薄钢板或铝合金板连接中，用胶接来连接却较为常见，取代了原来的机械紧固。与焊接相比，胶接的优势在于没有薄弱的热影响区，有较大的适应性，并且成本相对低廉。

首先选择如图 2-36 所示的由第一斜边（1）、第二斜边（3）、第一竖直边（2）和第二竖直边（4）组合形成的弓形条状单元（5）作为最小加工单元，将相同的弓形条状单元（5）的相邻竖直边重复黏结能够组合黏结成长条状组合单元（6）；再将四根长条状组合单元（6）中的一号长条状组合单元（61）

和二号长条状组合单元（62）相对布置，并保证其错开一个第一竖直边（2）的长度；将三号长条状组合单元（63）与二号长条状组合单元（62）背对背布置，并保证其水平边相重合；将四号长条状组合单元（64）与一号长条状组合单元（61）相对布置，并保证其竖直边在同一竖直线上；随后将一号长条状组合单元（61）、二号长条状组合单元（62）、三号长条状组合单元（63）和四号长条状组合单元（64）相接触的面涂抹胶黏剂，进行黏结并压合，最终形成改进类蜂窝夹层结构，这种样式的加工单元黏结后，十字形的垂直边的壁厚为斜边壁厚的两倍[54]。

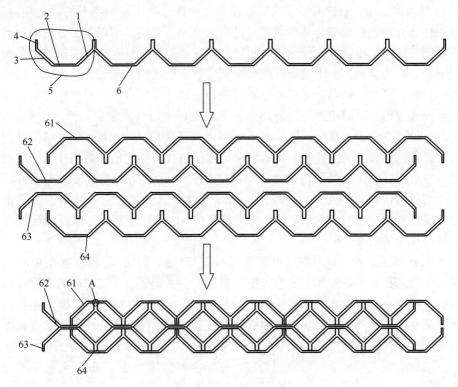

图 2-36　类蜂窝结构加工示意图

2.5　本章小结

本章以六边形蜂窝结构、方形蜂窝结构为研究基础，并基于仿生学原理和创新构型设计，通过对胞元优化排列和参数变换，得到新型类方形蜂窝结构和类蜂窝结构。以上述四种蜂窝为主要研究对象，对其进行优化设计。本章主要得到如下结论。

（1）利用有限元数值模拟技术、试验设计和响应面回归方法对正六边形蜂窝夹层板进行了抗撞性优化设计，利用析因设计方法筛选出对蜂窝夹层板的抗撞性影响较大的几何参数，分别为夹芯层胞元壁厚 t、胞元边长 L 和面板厚度 H_f，以 t、L 和 H_f 为设计变量，并考虑蜂窝芯材料参数对结构响应的影响，采用直积表设计和双响应面方法对正六边形蜂窝夹层板进行了抗撞性优化设计；又阐述了蜂窝夹层板和船底板架等效的方法，基于某船底板架单元，设计 36 个蜂窝夹层板，对比分析了夹层板在非接触爆炸冲击波载荷下的动力响应，通过优化分析，得出夹芯结构尺寸对结构的抗冲击性能影响很大，合理地设计夹层结构的尺寸可以优化蜂窝夹层板的抗冲击性能，并且在相同的爆炸载荷作用下，蜂窝夹层板上、下面板的结构损伤随着夹层比例的增加，为先减小后增大的趋势；最后对蜂窝夹芯热防护系统进行了尺寸优化设计，对设计变量进行试验设计分析，得到敏感性分析结果。考虑到四个设计变量的计算并不烦琐，将四个设计变量定为优化变量，然后采用多岛遗传算法（MIGA）对结构进行尺寸设计，得到全局最优解。然后将全局最优解作为初始值，采用序列二次规划（SQP）算法寻找局部最优解。结果表明，优化后结构的温度、von Mises 应力与原结构相差不大，质量降低了约 8.79%；第二次优化后结构的总质量与原结构相差大约 0.1%，背面温度降低了约 31.86%。两种优化设计都取得了较为理想的效果。

（2）阐述了方形蜂窝夹层板和船底板架等效的方法，在保证夹层板总质量、主要尺寸与原板架相同的前提下，建立了一系列夹层质量不同的方形蜂窝夹层板模型，并进行水下爆炸分析，计算了 36 个方形蜂窝夹层板模型在相同爆炸载荷作用下的响应，从背爆面的最大变形、塑性应变能和比吸能角度分析其抗爆抗冲性能。经过综合对比分析，得到边长为 60 mm、夹层比例为 0.68 的方形蜂窝夹层板抗爆抗冲性能最好，此时夹层壁厚为 2.3 mm，面板厚度为 3.2 mm。

（3）为获得最大的能量吸收，采用基于有限元分析的 RSM（响应曲面方法）来获得类方形蜂窝的最佳设计，并使用 DOE（试验设计）析因设计技术来优化 SEA 和峰值应力。以类方形蜂窝的厚度和胞元长度作为设计变量，以最大的 SEA 和最小的峰值应力作为设计准则。数值结果表明，在某些情况下，方形蜂窝比六角形蜂窝具有更好的能量吸收性能。又分析了两个目标的 Pareto 前沿，为设计人员提供了一系列优化解决方案，从 Pareto 前沿开始，在峰值应力接近 3 MPa 时，六边形蜂窝具有比类方形蜂窝更高的 SEA。但是，通常构成蜂窝状结构的厚度小于 0.1 mm，导致六边形蜂窝的峰值应力值远低于类方形蜂窝的峰值应力值。因此，如果在某些情况下峰值应力不太重要，则可以利用类方形蜂窝结构吸收更多的冲击能量。通过应用于汽车结构来验证理论的正确性，在蜂窝结构的峰值应力被限制小于 1.21 MPa 时，类方形蜂窝比六边形蜂窝可节省 16.8% 的体积。

（4）将响应面分析法和多目标遗传优化算法相结合，以类蜂窝夹芯结构的 t/l、h/l、θ 作为变量，对其等效弹性模量、等效密度、泊松比、等效剪切模量进行优化设计，发现 t/l 对等效弹性模量影响最为显著，其次为 θ，h/l 对其影响最小；并且在 θ 为 45°时，等效密度能取到最小值，θ 和 t/l 对其影响相对于 h/l 更大；在小幅增加等效密度的情况下，增大等效弹性模量 102.14%，等效剪切模量 465.66%，降低泊松比 16.27%。并提到一种非均匀类蜂窝结构设计方法，首先建立类蜂窝胞元的拓扑形式，选取胞元壁厚作为设计变量，采用均匀化理论预测类蜂窝胞元的材料等效性能，建立胞元壁厚与材料弹性常数之间的函数关系。然后在优化过程中引入材料用量约束，以结构整体刚度最大为目标，进行结构优化得到设计结果。该方法可以直接获得各蜂窝胞元的壁厚，简化计算流程，提高设计效率，最终实现类蜂窝结构的非均匀设计。另一种具有梯度多孔夹芯的夹层结构拓扑优化方法，是结合梯度多孔夹芯自身的特征及特点，通过对夹层结构的各层切片进行优化，并充分发掘夹层结构的多尺度设计空间，同时保证夹层结构的夹芯所含多个梯度微结构之间的连接性，充分发挥材料潜能，提升夹层结构的力学性能，实现拓扑优化过程。

（5）首先从结构轻量化设计的角度，对承载夹层复合材料夹层结构的轻量化设计要求进行了分析；针对单约束条件下的承载夹层复合材料夹层结构进行了轻量化设计，提出了单约束承载夹层复合材料夹层结构的轻量化设计方法，并结合工程实例进行了分析与验证。其次基于对承载夹层复合材料夹层结构的多约束条件的分析，构建了承载夹层复合材料夹层结构的多约束优化设计数学模型；在此基础上，运用拉格朗日乘数法，建立了多约束承载夹层复合材料夹层结构的轻量化设计方法，并结合工程实例进行了分析与验证。最后从材料轻量化设计的角度，结合工程应用对象的特点，对承载夹层复合材料进行轻量化设计，建立了承载夹层复合材料的轻量化设计过程模型；运用等效板理论，构建了承载夹层复合材料夹层结构的力学等效模型，并对等效模型的弹性常数的计算公式进行了推导；结合具体实例，提出了承载夹层复合材料的轻量化设计方法。

（6）基于泡沫填充类蜂窝夹层结构的仿真计算数据拟合出泡沫填充类蜂窝夹层结构耐撞性指标与冲击速度以及蜂窝壁厚之间的函数关系，通过建立的集高平均碰撞力、高比吸能、低初始峰值力于一体的多目标优化方法对泡沫填充类蜂窝夹芯耐撞性进行优化设计，最终结果显示，在多目标优化问题中：整体敏感性从高到低依次为初始峰值力、比吸能、平均碰撞力；对蜂窝壁厚的单一敏感性表现为初始峰值力最高、平均碰撞力次之、比吸能最低；对冲击速度的单一敏感性表现为比吸能最高、平均碰撞力次之、初始峰值力最低。最后将优化结果与初始模型进行了比较，验证了优化结果的有效性。

（7）通过对板材的弯曲加工形成折弯件，然后将已加工成型的折弯件进行黏结处理，最终拼接成类方形蜂窝结构和类蜂窝结构，完成对两种结构的加工过程。

■ 第 *3* 章 ■

蜂窝夹层结构的力学性能

3.1 引　言

近年来，先进复合材料作为结构材料和功能材料，越来越广泛地应用于航空航天、汽车、船舶和公共交通等领域[55-56]，极大地促进了这些领域的发展。复合材料夹层结构（以下简称"夹层结构"[57-58]）是复合材料的一种特殊结构，从产生到发展，至今已有几十年的历史。夹层结构的出现更大限度地适应了现代工业尤其是航空航天、汽车和高速列车等领域对于高强度、高刚度和轻型材料的要求，因而在这些领域里面被广泛地应用[59]。

夹层结构主要包括面板层和夹芯层，通过胶黏剂黏结形成。一般面板层较薄，采用强度和刚度比较高的材料，夹芯层采用密度比较小的材料，如图 3-1 所示。夹层结构具有质量轻、弯曲刚度与强度大、抗失稳能力强、耐疲劳、吸音和隔热等优点。夹芯是夹层结构的重要组成部分，目前主要包括蜂窝、泡沫、桁架等夹芯结构，本章主要针对蜂窝夹芯的力学性能展开论述。

图 3-1　夹层结构三维模型图

夹芯结构包括微观结构和宏观结构。从夹层结构诞生到推广应用至今，众多学者对各种夹芯结构包括夹芯层的微观结构和整个夹芯层的宏观结构的力学性能进行了不断的探索。为了更好地对夹芯层的微观结构和宏观结构的力学性能进行研究，本章引入夹芯结构力学等效模型的概念，从总体上同时反映夹芯结构的微观性能和宏观性能。

定义：基于夹芯层的微观结构和整个夹芯层宏观结构的力学性能，建立一个均质的正交异型层模型。该模型与原有夹芯结构具有等同力学性能，将其称为夹芯结构力学等效模型。等效过程如图 3-2 所示。

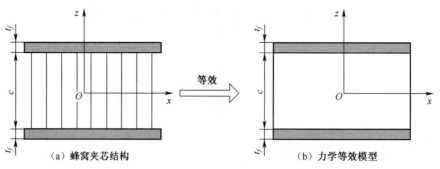

图 3-2   蜂窝夹芯结构和力学等效模型

目前，针对夹芯结构力学等效模型的研究工作主要集中在蜂窝夹芯结构。以 Gibson 为代表的国内外学者围绕蜂窝夹芯结构力学性能做了一定的工作，建立了多种夹芯结构分析模型[60-63]。使用这些模型的前提是胞元理论[64]。有关蜂窝夹芯结构的等效弹性常数的研究工作绝大部分是在胞元理论的基础上展开的。[65-66]

等效参数的相关研究是蜂窝结构设计和优化的重要基础，深入研究蜂窝结构的力学特性具有重要的应用意义。

▋3.1.1   蜂窝夹层结构的力学性能研究

自 20 世纪 40 年代开始，国内外大量学者对蜂窝夹层的夹芯细观结构及整个蜂窝夹层的宏观结构的力学性能进行了不断的探索，取得了众多的研究成果[67-71]。现有文献表明，针对蜂窝夹层结构的力学性能研究主要通过下面三种途径：①通过建立不同的力学模型对蜂窝夹芯层的力学性能以及蜂窝夹层结构整体的力学性能进行理论研究；②运用计算机仿真技术对蜂窝夹芯和夹层结构整体力学性能进行数值模拟分析，进而得到其等效力学性能参数；③通过试制夹层结构样品进行弯曲、剪切、扭转、侧压等实验方式对蜂窝夹层结构力学性能进行研究，获取其力学性能参数。近年来对蜂窝夹层结构的力学性能的研究主要从三个方面来进行：①研究不同结构的蜂窝夹层结构的力学性能，如

Kagome 结构、三维波纹芯结构等；②研究不同材料制造的蜂窝夹层结构的力学性能，如碳纤维、天然纤维等；③研究使用不同制造方法制造的蜂窝夹层结构的力学性能，如增材制造、热压成型等。目前国内外对蜂窝夹层结构的力学性能研究大都是基于胞元理论，胞元理论认为蜂窝的孔壁是等厚的，在加载后胞元可简化为标准梁变形，运用 Euler-Bernoulli 梁理论和 Timoshenko 梁理论从而求解出蜂窝夹芯的弹性参数以及材料性能之间的关系，但是由于忽略了壁厚，得到的结果往往存在一定的误差。而大部分文献都采用了数值模拟并且制造样品进行实验测试，整合两种结果并与理论计算结果进行对比。

蜂窝夹层材料在使用中主要受弯曲载荷，所以弯曲强度和刚度是夹层材料的重要性能指标。文献［72］提出了一种同时满足弯曲和扭转刚度要求的夹层结构最小质量优化设计方法。文献［73-74］研究了材料、结构、胞元尺寸以及疲劳循环等因素对蜂窝夹层复合材料强度和刚度的影响。

综上所述，本章采用理论分析和数值模拟相结合的方法对蜂窝夹层结构材料的夹芯细观结构及整个夹层的宏观结构的力学性能进行研究，以获取较为精确的蜂窝夹芯结构等效弹性常数和蜂窝夹层结构材料的宏观力学性能参数；借鉴现有蜂窝夹层结构强度、刚度和固有频率特性的研究成果和分析方法，对蜂窝夹层结构在弯曲/扭转载荷情况下的强度、刚度公式进行推导。这些工作为后面章节振动性能及冲击特性的研究奠定良好的基础。

▋3.1.2　本章主要研究内容

等效弹性参数的相关研究是蜂窝结构设计和优化的重要基础，本章主要从蜂窝夹芯结构和夹层结构两方面着手，以方形、六边形、类方形和类蜂窝夹芯结构及其夹层结构作为研究对象，对其等效弹性常数进行分析与计算。

（1）运用经典梁弯曲理论和基于能量方法对方形、六边形、类方形[75]和类蜂窝[76-77]夹芯结构的力学性能进行分析，建立四种蜂窝夹芯结构的力学等效模型，推导出蜂窝夹芯结构的等效弹性常数的计算公式。

（2）研究了类方形蜂窝夹芯结构的泊松比[35]，探寻类方形与六边形蜂窝夹芯结构泊松比之间的关系；进行了类蜂窝和六边形蜂窝夹芯结构等效力学参数对比[78]，并运用数值模拟方法进行分析与验证。

（3）运用复合材料力学和材料力学理论，分析夹层复合材料的力学特性，推导了复合材料夹层结构的强度和刚度的计算公式[79]；运用等效板理论，构建蜂窝夹层结构[80-84]的力学等效模型，推导等效模型的弹性常数的计算公式。

3.2　方形蜂窝夹芯结构的等效力学性能

本节总结了正方形金属蜂窝芯材的共面静力学理论，包括正方形弹性模量公式、剪切模量公式和相对密度公式[85]。

在共面载荷作用下，正方形蜂窝夹芯结构的相关静力学参数主要包括静态弹性模量 E_{ce} 和静态峰应力 σ_{ce}。对于如图 3-3 所示的蜂窝夹芯结构，取虚线框中所示的一个蜂窝胞壁为研究对象，将其看作长度为 l、厚度为 t、宽度为 b 的梁，在轴向载荷作用下，如图 3-4 所示，根据文献[86]，正方形的弹性模量为

$$\frac{E_{ce1}}{E_s} = \frac{E_{ce2}}{E_s} = \frac{t}{l} = \frac{1}{2}r \tag{3-1}$$

式中，E_{ce1}、E_{ce2} 分别为正方形蜂窝夹芯的弹性模量；E_s 为蜂窝基材的弹性模量；r 为相对密度。$\dfrac{P_{ce}}{P_s} = \dfrac{2t}{l}$（$t \ll l$ 时成立），完全致密的胞壁材料的弹性模量是沿正方形对角线方向加载的有效弹性模量 E_{ce45}，这主要是由孔壁弯曲造成的，而此时的相对密度不是线性的：

$$\frac{E_{ce45}}{E_s} = 2\left(\frac{t}{l}\right)^3 \tag{3-2}$$

通过分析图 3-3 虚线框中的一个单元（图 3-4），可以得到在任一胞元壁方向上施加载荷的有效泊松比。垂直单元壁中的力为

$$W = \sigma l b \tag{3-3}$$

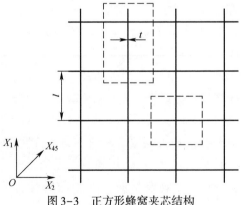

图 3-3　正方形蜂窝夹芯结构

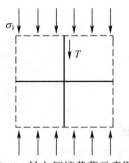

图 3-4　轴向压缩载荷示意图

另外，水平胞元壁的轴向力为 0。因此，单胞的应变等于竖直胞元壁的应变，即

$$\varepsilon_{cy} = \frac{W/(bt)}{E_s} = \frac{W}{E_s bt} \tag{3-4}$$

竖直胞元壁的横向应变为

$$\varepsilon'_{cx} = -\upsilon \varepsilon_{cy} \tag{3-5}$$

$$\varepsilon_{cx} = \frac{\Delta l_x}{l_x} = \frac{t\varepsilon'_{cx}}{l} = -\frac{t}{l}\upsilon_s \varepsilon_{cy} \tag{3-6}$$

等效泊松比为

$$\upsilon_{ce} = -\frac{\varepsilon_{cx}}{\varepsilon_{cy}} = \upsilon_s \frac{t}{l} = \frac{1}{2}\upsilon_s r \tag{3-7}$$

如图 3-5 所示，方形蜂窝夹芯结构在 X_1-X_2 平面上受到剪切载荷，则得到有效弹性剪切模量为

$$\frac{G_{cexy}}{E_s} = \frac{1}{2}\left(\frac{t}{l}\right)^3 \tag{3-8}$$

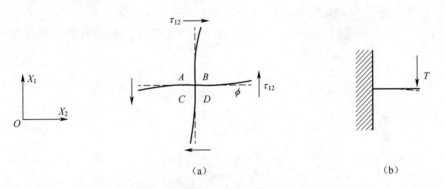

图 3-5　正方形蜂窝夹芯在剪切载荷作用下的示意图

方形蜂窝夹芯结构不是刚性结构，因此在一般应力状态（包括剪切力）下，胞元壁的弯曲变形占主导地位。在剪切载荷作用下，由于蜂窝结构的周期性，每个孔壁的端部被限制旋转。因此，蜂窝胞壁以梁弯曲作为主要变形模式，轴向压应力可忽略不计。周期性胞元结构如图 3-6 所示。每个 $\frac{1}{2}$ 胞元壁均视为悬臂梁。

每个胞元壁上的剪切力为

$$T = \tau_{xy}bl \tag{3-9}$$

对于剪切力的平衡系统，总剪切应变 γ 可以写成

$$\gamma = 4\frac{\delta}{l} = \frac{4}{l}\frac{T\,(l/2)^3}{3E_sI} = \frac{2\tau_{xy}l^3}{E_st^3} \qquad (3\text{-}10)$$

其中 $I = \dfrac{1}{12}bt^3$，因此，图 3-5 所示的 X_1-X_2 方向的面内剪切模量为

$$\frac{G_{cexy}}{E_s} = \frac{\tau_{xy}}{\gamma} \qquad (3\text{-}11)$$

通过孔壁材料的杨氏模量进行归一化，并使用剪切应变表达式，得出面内有效剪切模量为

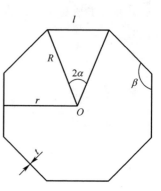

图 3-6　正方形蜂窝夹芯几何关系示意图

$$\frac{G_{cexy}}{E_s} = \frac{1}{2}\left(\frac{t}{l}\right)^3 \qquad (3\text{-}12)$$

与力学性能密切相关的另一个参数是相对密度，对于正多边形蜂窝，设边数为 n，其他参数和几何关系见图 3-6（p、S 分别为正多边形的周长、面积），以下结果需满足条件，$t \ll l$，否则，图 3-6 中平面正多边形的几何关系不成立。

$$\alpha = \frac{\pi}{n} \qquad (3\text{-}13)$$

$$\beta = \frac{n-2}{n}\pi \qquad (3\text{-}14)$$

$$l = 2r\tan\alpha = 2R\sin\alpha \qquad (3\text{-}15)$$

$$p = nl \qquad (3\text{-}16)$$

$$S = \frac{nlr}{2} = nr^2\tan\alpha = \frac{nR^2}{2}\sin 2\alpha = \frac{nl^2}{4}\cot\alpha \qquad (3\text{-}17)$$

用下标 ce 表示蜂窝结构等效以后整体有关的量，下标 s 表示与胞元壁材料有关的量，则有 $\rho_{ce} = \dfrac{m_{ce}}{v_{ce}}$，$\rho_s = \dfrac{m_s}{v_s}$，显然 $m_{ce} = m_s$，材料的相对密度为

$$\frac{\rho_{ce}}{\rho_s} = \frac{m_{ce}}{v_{ce}}\frac{v_s}{m_s} = \frac{v_s}{v_{ce}} = \frac{ntl}{2S} = \frac{2t}{l}\tan\left(\frac{\pi}{n}\right) \qquad (3\text{-}18)$$

对于正方形，$n=4$，代入得

$$\frac{\rho_{ce}}{\rho_s} = 2\frac{t}{l} \qquad (3\text{-}19)$$

若相对密度较大，即 $t \ll 1$ 不成立，用式（3-19）计算相对密度会带来较大的误差，此时用式（3-20）计算[87]：

$$\frac{\rho_{ce}}{\rho_s} = \frac{f}{C_4}\left(\frac{\overline{n}}{2Z_f}\frac{t_e^2}{l^2} + \frac{t_f}{2f}\right) \tag{3-20}$$

式中，C_4 为与胞元体积有关的常数；t_e 和 t_f 分别为胞元边厚和胞元面厚；$\overline{n}$ 为单胞每个面上的平均边数；Z_f 为在同一边上相交的面数。

当 $t \ll 1$ 不成立时，正方形蜂窝的相对密度为

$$\frac{\rho_{ce}}{\rho_s} = 2\frac{t}{l}\left(1 - \frac{1}{2}\frac{t}{l}\right) \tag{3-21}$$

本节内容主要系统总结了方形蜂窝结构的弹性模量、剪切模量和相对密度。需要注意的是，方形蜂窝夹芯胞壁在剪力作用下的变形模式主要是弯曲变形，轴向伸缩变形可忽略不计；推导相对密度时，要注意相对密度成立时的条件，以免造成计算误差。

3.3　六边形蜂窝夹芯结构的等效力学性能

为了改进 Gibson 公式不能在工程中直接应用的问题，在推导六边形[78,88] 等效弹性常数公式过程中，必须考虑蜂窝夹芯结构胞元壁板的伸缩变形。六边形蜂窝夹芯胞元尺寸关系如图 3-7 所示。

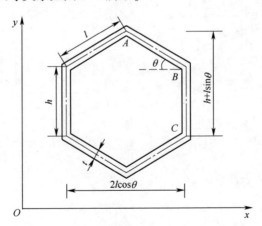

图 3-7　六边形蜂窝夹芯胞元尺寸关系

采用 Gibson 求解蜂窝夹芯结构弹性力学参数的思路，使胞元模型处于单

向受力状态（分别受到 x 方向或者 y 方向应力），推导对应于该状态的力学参数，该参数为蜂窝夹芯等效为均质实心体的等效弹性常数。

■ 3.3.1　运用经典梁弯曲理论推导六边形蜂窝夹芯结构等效力学参数

1. 六边形蜂窝夹芯在 x 方向的等效弹性常数

假设等效后的等效模型结构处于均匀的单向拉伸状态，如图 3-8（a）、
（b）所示。

由于六边形蜂窝夹芯层每个胞元都是一样的，因此截取六边形蜂窝胞元中的 ABC 段进行分析，如图 3-8（c）所示。

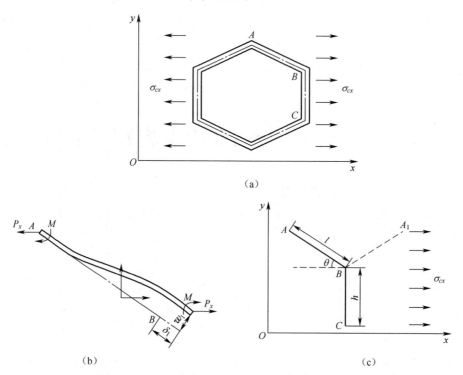

图 3-8　六边形蜂窝夹芯胞元 x 方向单向拉伸变形图

根据力的平衡条件得

$$M = \frac{1}{2}P_x l\sin\theta \tag{3-22}$$

$$P_x = \sigma_{cx}A_x = \sigma_{cx}(h + l\sin\theta)b \tag{3-23}$$

式中，M 为六边形蜂窝夹芯胞元节点弯矩，$\mathrm{N \cdot m}$；P_x 为六边形蜂窝夹芯胞元节

点外力，N；A_x 为六边形蜂窝夹芯胞元 ABC 段 x 向受力截面积，m^2；b 为六边形蜂窝夹芯胞元壁板高度（图 3-9），m。

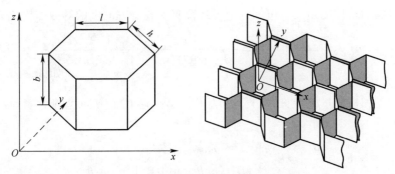

图 3-9　六边形蜂窝夹芯胞元纵向示意图

根据材料力学梁弯曲理论，可知壁板 AB 的挠度为

$$w_1 = \frac{P_x l^3 \sin\theta}{12 E_s I} \tag{3-24}$$

其中 $I = \frac{1}{12} b t^3$ 为惯性矩，代入式（3-24）中可得

$$w_1 = \frac{P_x l^3 \sin\theta}{E_s b t^3} \tag{3-25}$$

根据胡克定律，在外力 P_x 的作用下胞元壁板 AB 的拉伸量为

$$\delta_1 = \varepsilon_{AB}^x l = \frac{\sigma_{AB}^x}{E_s} l = \frac{P_x \cos\theta}{bt} \frac{l}{E_s} \tag{3-26}$$

式中，$\varepsilon_{AB}^x = \frac{\sigma_{AB}^x}{E_s}$，为胞元壁板 AB 在外力 P_x 作用下的线应变；$\sigma_{AB}^x = \frac{P_x \cos\theta}{bt}$，为胞元壁板 AB 在其横截面上的正应力。

如图 3-8（b）所示，由胡克定律可得在 x 方向上的等效应变 ε_{cx} 为

$$\varepsilon_{cx} = \frac{\Delta l_x}{l_x} = \frac{w_1 \sin\theta + \delta_1 \cos\theta}{l\cos\theta} \tag{3-27}$$

将式（3-25）、式（3-26）两式代入式（3-27）可得

$$\varepsilon_{cx} = \frac{\frac{P_x l^3 \sin^2\theta}{E_s b t^3} + \frac{P_x \cos^2\theta}{bt}\frac{l}{E_s}}{l\cos\theta} = \frac{P_x(l^2 \sin^2\theta + t^2 \cos^2\theta)}{E_s b t^3 \cos\theta} \tag{3-28}$$

同理可以得到在 y 方向上的等效应变 ε_{cy} 为

$$\varepsilon_{cy} = \frac{\Delta l_y}{l_y} = \frac{\delta_1 \sin\theta - w_1\cos\theta}{h + l\sin\theta} = -\frac{P_x \sin\theta\cos\theta l^3}{E_s b(h + l\sin\theta)t^3}\left(1 - \frac{t^2}{l^2}\right) \quad (3-29)$$

根据泊松比的定义，可知六边形蜂窝夹芯在 x 方向上的等效泊松比 v_{cx} 为

$$v_{cx} = \left|\frac{\varepsilon_{cy}}{\varepsilon_{cx}}\right| = -\frac{\varepsilon_{cy}}{\varepsilon_{cx}} = \frac{\cos^2\theta}{(\beta + \sin\theta)\sin\theta} \times \frac{1 - t^2/l^2}{1 + \cot^2\theta \times t^2/l^2} \quad (3-30)$$

其中，$\beta = h/l$。

根据弹性模量的定义，可知六边形蜂窝夹芯在 x 方向上的等效弹性模量 E_{cx} 为

$$E_{cx} = \frac{\sigma_{cx}}{\varepsilon_{cx}} = E_s \frac{t^3}{l^3} \frac{\cos\theta}{(\beta + \sin\theta)\sin^2\theta} \times \frac{1}{1 + \cot^2\theta \times t^2/l^2} \quad (3-31)$$

2. 六边形蜂窝夹芯在 y 方向的等效弹性常数

假设等效后的等效模型材料内在 y 方向的正应力为 σ_{cy}，处于均匀的单向拉伸状态，如图 3-10（a）、（b）所示。

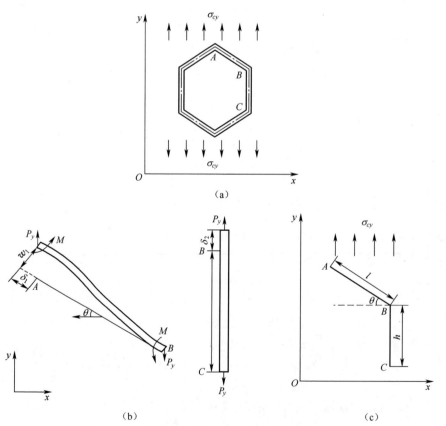

（a）

（b）　　　　　　　　　　　　　　　（c）

图 3-10　六边形蜂窝夹芯胞元 y 方向单向拉伸变形图

根据力的平衡条件得

$$M = \frac{1}{2}P_y l\cos\theta \tag{3-32}$$

$$P_y = \sigma_{cy}A_y = \sigma_{cy}l\cos\theta b \tag{3-33}$$

式中，M 为六边形蜂窝夹芯胞元节点弯矩，N·m；P_y 为六边形蜂窝夹芯胞元节点外力，N；A_y 为六边形蜂窝夹芯胞元 ABC 段 y 向受力截面积，m^2。

根据材料力学梁弯曲理论，可知壁板 AB 的挠度为

$$w_1 = \frac{P_y l^3 \cos\theta}{12E_s I} \tag{3-34}$$

将 $I = \frac{1}{12}bt^3$ 代入式（3-34）中可得

$$w_1 = \frac{P_y l^3 \cos\theta}{E_s bt^3} \tag{3-35}$$

根据胡克定律，在外力 P_y 的作用下胞元壁板 AB 的轴向伸长量为

$$\delta_1 = \varepsilon_{AB}^y l = \frac{\sigma_{AB}^y}{E_s}l = \frac{P_y\sin\theta}{bt}\frac{l}{E_s} \tag{3-36}$$

式中，$\varepsilon_{AB}^y = \frac{\sigma_{AB}^y}{E_s}$，为胞元壁板 AB 在外力 P_y 作用下的线应变；$\sigma_{AB}^y = \frac{P_y\sin\theta}{bt}$，为胞元壁板 AB 在其横截面上的正应力。

胞元壁板 BC 的轴向伸长量为

$$\delta_2 = \varepsilon_{BC}^y h = \frac{\sigma_{BC}^y}{E_s}h = \frac{P_y\sin\theta}{bt}\frac{h}{E_s} \tag{3-37}$$

式中，$\varepsilon_{BC}^y = \frac{\sigma_{BC}^y}{E_s}$，为胞元壁板 BC 在外力 P_y 作用下的线应变；$\sigma_{BC}^y = \frac{P_y\sin\theta}{bt}$，为胞元壁板 BC 在其横截面上的正应力。

如图 3-10（b）、（c）所示，由胡克定律可得在 x 方向上的等效应变 ε_{cx} 为

$$\varepsilon_{cx} = \frac{\Delta l_x}{l_x} = \frac{\delta_1\cos\theta - w_1\sin\theta}{l\cos\theta} \tag{3-38}$$

将式（3-35）、式（3-36）两式代入式（3-38）可得

$$\varepsilon_{cx} = \frac{\dfrac{P_y\sin\theta}{bt}\dfrac{l}{E_s}\cos\theta - \dfrac{P_y l^3\cos\theta}{E_s bt^3}\sin\theta}{l\cos\theta} = -\frac{P_y\sin\theta l^2}{E_s bt^3}\left(1 - \frac{t^2}{l^2}\right) \tag{3-39}$$

同理可以得到在 y 方向上的等效应变 ε_{cy} 为

$$\varepsilon_{cy} = \frac{\Delta l_y}{l_y} = \frac{w_1\cos\theta + \delta_1\sin\theta + \delta_2}{h + l\sin\theta} = \frac{P_y l^3\left(\cos^2\theta + \dfrac{t^2}{l^2}\sin^2\theta + \dfrac{t^2 h}{l^3}\right)}{E_s b(h + l\sin\theta) t^3}$$

$$(3\text{-}40)$$

将 $\beta = h/l$ 代入式（3-40）可得

$$\varepsilon_{cy} = \frac{P_y l^2 \cos^2\theta\left[1 + (\tan^2\theta + \beta\sec^2\theta)\dfrac{t^2}{l^2}\right]}{(\beta + \sin\theta) E_s b t^3}$$

$$(3\text{-}41)$$

根据泊松比的定义，可知六边形蜂窝夹芯在 y 方向上的等效泊松比 v_{cy} 为

$$v_{cy} = \left|\frac{\varepsilon_{cx}}{\varepsilon_{cy}}\right| = -\frac{\varepsilon_{cx}}{\varepsilon_{cy}} = \frac{(\beta + \sin\theta)\sin\theta}{\cos^2\theta} \frac{1 - \dfrac{t^2}{l^2}}{1 + (\tan^2\theta + \beta\sec^2\theta)\dfrac{t^2}{l^2}} \quad (3\text{-}42)$$

由弹性模量的定义可知六边形蜂窝夹芯在 y 方向上的等效弹性模量 E_{cy} 为

$$E_{cy} = \frac{\sigma_{cy}}{\varepsilon_{cy}} = E_s \frac{t^3}{l^3} \frac{(\beta + \sin\theta)}{\cos^3\theta} \frac{1}{1 + (\tan^2\theta + \beta\sec^2\theta)\dfrac{t^2}{l^2}} \quad (3\text{-}43)$$

3. 六边形蜂窝夹芯的等效密度

在工程应用中，蜂窝夹芯的等效密度也是一个重要参量。在六边形蜂窝夹芯结构的实际加工过程中，考虑制作工艺的影响，垂直方向（y 方向）的薄壁是由两部分胞元薄壁板重叠黏结而成的，而水平方向（x 方向）的胞元壁板则是共用的，如图 3-11 所示。由于六边形蜂窝夹芯胞元壁板厚度对密度影响较大，因此必须考虑 y 方向胞元薄壁板重叠黏结部分的厚度。参照图 3-11，取矩形 $ADEF$ 包围的 Y 形蜂窝胞元作为基本单元体来求解六边形蜂窝夹芯的等效密度。

由矩形 $ADEF$ 包围的蜂窝胞元由 AB、BC 和 BF 三段组成，由于 BC 段胞元壁板重叠黏结，因此 BC 段壁板实际厚度为 $2t$。Y 形蜂窝胞元体积为

$$V_1 = 2ltb + 2htb \tag{3-44}$$

Y 形蜂窝胞元质量为

$$m_1 = \rho_s V_1 = 2tb(l + h)\rho_s \tag{3-45}$$

式中，ρ_s 为六边形蜂窝夹芯材料的密度，kg/m^3。

Y 形蜂窝胞元的等效实体模型为矩形 $ADEF$ 所围成的长方体，其等效体

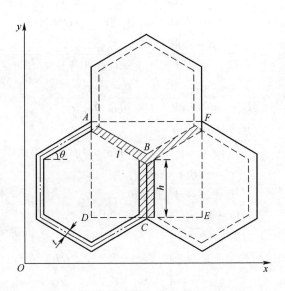

图 3-11　六边形蜂窝夹芯胞元等效实体模型

积为

$$V_{ce} = 2l\cos\theta(l\sin\theta + h) \tag{3-46}$$

等效实体模型的质量为

$$m_{ce} = \rho_c V_{ce} = 2l\cos\theta(l\sin\theta + h)b\rho_c \tag{3-47}$$

式中，ρ_c 为六边形蜂窝夹芯的等效密度，kg/m³。

根据等效前后的质量守恒原理，$m_{ce} = m_1$，可得

$$\rho_c = \frac{t(l + h)\rho_s}{l\cos\theta(l\sin\theta + h)} \tag{3-48}$$

由于蜂窝夹芯壁板伸缩变形主要是纵向变形，对于蜂窝夹芯等效的横向剪切模量 G_{cxy} 影响不大，可以采用 Gibson 公式中 G_{cxy} 的表达式：

$$G_{cxy} = E_s \frac{t^3}{l^3} \frac{(\beta + \sin\theta)}{(2\beta + 1)\beta^2\cos\theta} \tag{3-49}$$

综合上面的推导，可以得到适合工程应用的六边形蜂窝夹芯各等效弹性常数表达式为

$$
\begin{cases}
E_{cx} = E_s \dfrac{t^3}{l^3} \dfrac{\cos\theta}{(\beta + \sin\theta)\sin^2\theta} \times \dfrac{1}{1 + (\cot^2\theta)\,t^2/l^2} \\[3mm]
E_{cy} = E_s \dfrac{t^3}{l^3} \dfrac{(\beta + \sin\theta)}{\cos^3\theta} \times \dfrac{1}{1 + (\tan^2\theta + \beta\sec^2\theta)\,t^2/l^2} \\[3mm]
v_{cx} = \dfrac{\cos^2\theta}{(\beta + \sin\theta)\sin\theta} \times \dfrac{1 - t^2/l^2}{1 + (\cot^2\theta)\,t^2/l^2} \\[3mm]
v_{cy} = \dfrac{(\beta + \sin\theta)\sin\theta}{\cos^2\theta} \times \dfrac{1 - t^2/l^2}{1 + (\tan^2\theta + \beta\sec^2\theta)\,t^2/l^2} \\[3mm]
G_{cxy} = E_s \dfrac{t^3}{l^3} \dfrac{(\beta + \sin\theta)}{(2\beta + 1)\beta^2\cos\theta} \\[3mm]
\rho_c = \dfrac{t(l + h)\rho_s}{l\cos\theta(l\sin\theta + h)}
\end{cases}
\tag{3-50}
$$

如果是正六边形蜂窝夹芯结构，则 $\theta = 30°$，$l = h$，$\beta = 1$，有

$$
\begin{cases}
E_{cx} = \dfrac{4}{\sqrt{3}} E_s \dfrac{t^3}{l^3} \dfrac{1}{1 + 3t^2/l^2} \\[3mm]
E_{cy} = \dfrac{4}{\sqrt{3}} E_s \dfrac{t^3}{l^3} \dfrac{1}{1 + 5t^2/3l^2} \\[3mm]
v_{cx} = \dfrac{1 - t^2/l^2}{1 + 3t^2/l^2} \\[3mm]
v_{cy} = \dfrac{1 - t^2/l^2}{1 + \dfrac{5}{3}t^2/l^2} \\[3mm]
G_{cxy} = \dfrac{E_s}{\sqrt{3}} \dfrac{t^3}{l^3} \\[3mm]
\rho_c = \dfrac{8t}{3\sqrt{3}\,l}\rho_s
\end{cases}
\tag{3-51}
$$

■3.3.2 基于能量法的六边形蜂窝夹芯结构等效力学参数

六边形蜂窝夹芯结构如图 3-12 所示。其中，h 为直壁板的长度，t 为斜壁板的厚度，l 为斜壁板的长度，E_s 为蜂窝自身材料的弹性模量，θ 为蜂窝特征角，$\beta = h/l$。下面将采用能量法对六边形蜂窝夹芯等效弹性参数进行推导。

如图 3-13 和图 3-14 所示的 Y 形蜂窝胞元在 x 方向的单向受力图，其等效体为虚线所围矩形。取单位厚度的蜂窝胞元研究。

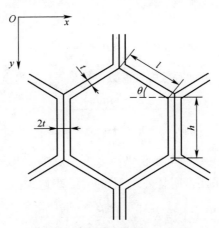

图 3-12　六边形蜂窝夹芯结构

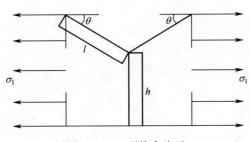

图 3-13　Y 形蜂窝胞元

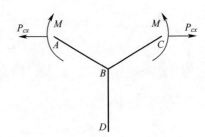

图 3-14　Y 形蜂窝胞元 x 方向受力图

等效体的变形能为

$$U = \frac{1}{2} \frac{\sigma_1^2}{E_{cx}} V = (\beta + \sin\theta) \cos\theta \frac{\sigma_1^2}{E_{cx}} l^2 \tag{3-52}$$

蜂窝的实际变形能由 AB、BC 胞壁的变形能所组成。AB 胞壁弯曲应变能为

$$U_{AB1} = \int_0^l \frac{(P_{cx} \sin\theta - M)^2}{2E_s I} \mathrm{d}x = \frac{P_{cx}^2 \sin^2\theta}{24 E_s I} l^3 \tag{3-53}$$

轴向应变能为

$$U_{AB2} = \frac{N^2}{2E_s A} l = \frac{P_{cx}^2 \cos^2\theta}{24 E_s A} l \tag{3-54}$$

对 BC 胞壁有

$$U_{BC1} = U_{AB1}, \quad U_{BC2} = U_{AB2} \tag{3-55}$$

整理后可得

$$E_{cx} = \frac{\cos\theta}{(\beta + \sin\theta)\left(\dfrac{l^2}{t^2}\sin^2\theta + \cos^2\theta\right)} E_s\left(\frac{t}{l}\right) \tag{3-56}$$

同样地，对夹芯 y 方向等效弹性参数进行推导，在这里不赘述。整理后可得

$$E_{cy} = \frac{\beta + \sin\theta}{\cos\theta\left(\dfrac{l^2}{t^2}\cos^2\theta + \sin^2\theta + 2\beta\right)} E_s\left(\frac{t}{l}\right) \tag{3-57}$$

由于夹芯壁板伸缩变形主要是纵向变形，对于夹芯等效的横向剪切模量 G_{cxy} 影响不大，可以采用富明慧公式[89]的 G_{cxy} 表达式：

$$G_{cxy} = E_s\frac{t^3}{l^3}\frac{\beta + \sin\theta}{\beta^2(\beta/4 + 1)\cos\theta} \tag{3-58}$$

六边形蜂窝夹芯等效密度为

$$\rho_c = \frac{(2 + \beta)t}{2l(\beta + \sin\theta)\cos\theta}\rho_s \tag{3-59}$$

本节以六边形蜂窝夹芯结构为对象，对其力学性能进行了分析。运用经典梁弯曲理论和基于能量方法，推导出了六边形蜂窝夹芯结构的等效弹性常数的计算公式。

3.4 类方形蜂窝夹芯结构的等效力学性能

类方形蜂窝试验试件结构如图 3-15 所示，其由多个规则正方形的蜂窝孔整齐排列构成。使用胞元分解原理[90-92]，根据类方形蜂窝胞元周期性重复排列的特点，选取 T 形胞元模型进行力学分析，如图 3-16 所示。

图 3-15 类方形蜂窝试验试件结构

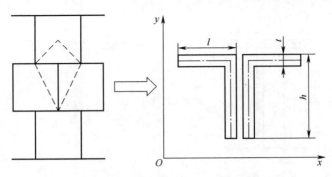

图 3-16　类方形蜂窝胞元结构及尺寸

■ 3.4.1　运用经典梁弯曲理论推导类方形蜂窝夹芯结构等效力学参数

等效力学参数求解采用等效模型与胞元模型相等的原理。首先，使类方形[93]蜂窝胞元模型处于单向受力状态，推导对应于该状态的应力应变量；然后建立等效模型，将蜂窝夹芯层等效为均质实心体，保持受力状态不变，进行应力应变量求解。由于等效模型结构与原胞元模型结构等价，因而在同样受力状态下两种模型的应力应变量相等，由此建立方程求解，得到夹芯结构的等效力学性能参数。表征蜂窝夹芯结构整体力学性能的 3 个等效力学性能参数分别是蜂窝夹芯结构面内等效弹性模量 E_{cx}、E_{cy} 和面内剪切模量 G_{cxy}。

如图 3-16 所示，虚线所包围的四边形即为类方形蜂窝夹芯胞元，本节称为"T 模型"，其几何要素分别为胞元长 h、宽 l、壁厚 t。T 形胞元结构有如下特点。

（1）T 形胞元的长宽所在矩形面积等于类方形蜂窝孔的面积。

（2）每个 T 形单元有 3 个完整胞壁，而单独属于每个类方形蜂窝的完整胞壁也是 3 个。

下面介绍类方形蜂窝 x 方向、y 方向等效弹性模量和方形蜂窝等效剪切模量。

1. 类方形蜂窝 x 方向等效弹性模量

T 模型 x 方向单向受力图如图 3-17 所示，其等效体为虚线所围成的矩形，取厚度 t 的类方形蜂窝胞元进行研究。

T 形蜂窝胞元受 x 方向的单向应力时，如图 3-17 所示为受拉力的等效模型，则有 $P_x = \sigma_x bh$。由于在 A 点处的转角为 0，则有力矩 $M = 0$。所以，在 P_x 力的作用下 AB、BC 杆轴向伸长量 $\delta_{AB} = \delta_{BC} = \dfrac{P_x l}{E_s bt}$。等效体结构在 x、y 方向的

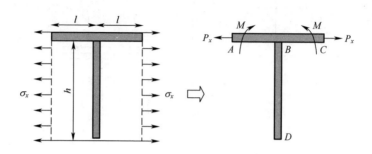

图 3-17 T 模型 x 方向单向受力图

等效应变 $\varepsilon_1 = \dfrac{\delta_{AB}}{l}$，$\varepsilon_2 = 0$，则可得 x 方向的泊松比和弹性模量分别为

$$\begin{cases} \mu_1 = -\dfrac{\varepsilon_1}{\varepsilon_2} = \dfrac{0}{\delta_{AB}/l} = 0 \\[3mm] E_{cx} = \dfrac{\sigma_x}{\varepsilon_1} = \dfrac{P_x/(bh)}{P_x l/(E_s blt)} = \dfrac{E_s t}{h} \end{cases} \tag{3-60}$$

2. 类方形蜂窝 y 方向等效弹性模量

当 T 形蜂窝胞元受 y 方向的单向应力时，如图 3-18 所示为受拉力的等效模型，则 $W = \delta_y lb$。

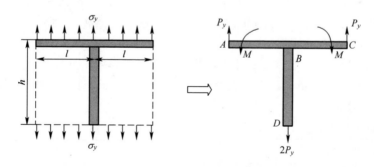

图 3-18 T 模型 y 方向单向受力图

由力的平衡定理[94]得 $M = \dfrac{Wl}{2}$。由力与弯矩引起 AB 的挠度 $\delta_{AB1} = \dfrac{Wl^3}{3E_s I} -$

$\dfrac{Wl^3}{4E_s I} = \dfrac{Wl^3}{12E_s I}$，由其中 $I = \dfrac{bt^3}{12}$，得到 $\delta_{AB1} = \dfrac{Wl^3}{E_s bt^3}$，由力与弯矩引起 AB 杆轴向的

伸长量 $\delta_{AB2} = 0$。同理，可求得杆 BC 的挠度和伸长量分别为 $\delta_{BC1} = \dfrac{Wl^3}{E_s bt^3}$，

$\delta_{BC2} = 0$，此外，在相应力的作用下，杆 BD 的伸长量 $\delta_{BD} = \dfrac{Wh}{E_s bt}$。综上可求得

等效体在 x 方向上等效应变：$\varepsilon_2 = \dfrac{\delta_{AB2} + \delta_{BC2}}{l} = 0$，在 y 方向上等效应变：$\varepsilon_2 =$

$\dfrac{\delta_{AB1} + \delta_{BD}}{h} = \dfrac{Wl^3}{E_s bht^3} + \dfrac{Wh}{E_s bht}$，所以等效泊松比 $\mu_2 = 0$，等效体在 y 方向的等效

弹性模量为

$$E_{cy} = \frac{\sigma_y}{\varepsilon_2} = \frac{W/(bl)}{\dfrac{Wl^3}{E_s bht^3} + \dfrac{Wh}{E_s bht}} = \frac{E_s ht^3}{l^4 + hlt^2} \tag{3-61}$$

3. 方形蜂窝等效剪切模量

根据分析，计算模型的受力状态不仅要满足胞元平衡，而且要满足整个芯子平衡，即各节点平衡。图 3-19 所示为 T 形胞元受剪切时受力分析图。在模型建立时，假设 A、B、C 节点没有相对位移，同时各节点转过的角度是相等的，剪切变形是由 BD 绕 B 点的转动和 BD 的弯曲形成的。

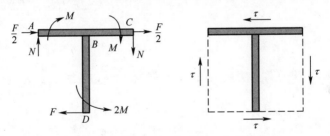

图 3-19　T 形胞元受剪切时受力分析图

将整个结构对 B 点取矩，由 $M_B = 0$ 得 $Fh = 2Nl$，则 $N = \dfrac{Fh}{2l}$。由等效结构

中的等效体剪应力互等定理可得 $\tau = \dfrac{F}{2bl} = \dfrac{N}{bh}$。同样可得 $N = \dfrac{Fh}{2l}$。由 AB 胞壁对

B 点取矩且 $M_B = 0$ 得到 $M = \dfrac{Fh}{4}$。

T 形胞元变形及端点 D 的位移如图 3-20 所示。

如图 3-20 所示，AB 胞壁可看成 A 点和 B 点简支，在 A 点和 B 点均有弯矩 M，则此时可由 AB 杆受力情况得到在 B 点产生的逆时针转角：

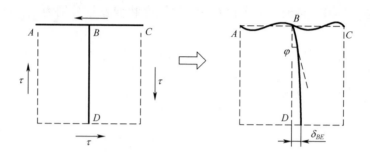

图 3-20 T 形胞元变形及端点 D 的位移

$$\varphi = \frac{M_A l}{3E_s I} - \frac{M_B l}{6E_s I} = \frac{Ml}{6E_s I} = \frac{Fhl}{24E_s I} \tag{3-62}$$

同理，可计算 BC 胞壁的情况，由于 AB、BC 胞壁的变形引起 B 点逆时针转角 $\varphi = \dfrac{Fhl}{24E_s I}$。

假设剪切变形 μ_{BD} 是由胞壁 BD 绕 B 点的转动和 BD 本身的弯曲形成的，则 $\mu_{BD} = \varphi h + \delta_{BD}$，其中 $\delta_{BD} = \dfrac{Fh^3}{3E_s I_1} - 2M \dfrac{h^2}{2E_s I_1} = \dfrac{Fh^3}{12E_s I_1}$，得 $\mu_{BD} = \dfrac{Fh^2 l}{24E_s I_1} + \dfrac{Fh^3}{12E_s I_1}$。

AB、BC 为单壁厚，$I = \dfrac{bt^3}{12}$；BD 为双壁厚，$I_1 = \dfrac{8bt^3}{12}$。于是得 $\mu_{BD} = \dfrac{F(4l + h)h^2}{8E_s bt^3}$，剪应变 $\gamma_{xy} = \dfrac{\mu_{BD}}{h} = \dfrac{F(4l + h)h}{8E_s bt^3}$。又有 $\tau = \dfrac{F}{2bl}$，于是剪变应力为

$$G_{cxy} = \frac{\tau}{\gamma_{xy}} = \frac{4E_s t^3}{(4l + h)hl} \tag{3-63}$$

综合式（3-60）、式（3-61）和式（3-63），对于类方形蜂窝结构有 $h = 2l$，得到利用 Euler 梁原理推导的类方形蜂窝夹层结构的等效力学常数为

$$\begin{cases} E_{cx} = \dfrac{E_s t}{2l} \\[2mm] E_{cy} = \dfrac{2E_s t^3}{t^3 + 2lt^2} \\[2mm] G_{cxy} = \dfrac{E_s t^3}{3l^3} \end{cases} \tag{3-64}$$

■ 3.4.2　基于能量法的类方形蜂窝夹芯结构等效力学参数

同样，将类方形蜂窝夹芯结构分解为 T 形胞元结构，定义相同的尺寸要素，基于能量法原理，通过等效模型建立方程，推导具有类方形蜂窝夹芯结构特征参数的等效力学常数。

1. 类方形蜂窝 x 方向等效弹性模量

类方形蜂窝胞元在 x 方向上的受力示意图如图 3-17 所示，将虚线所围成的矩形作为等效体，取厚度为 b 的类方形蜂窝胞元结构进行研究。由材料力学知识可知 $P_x = \sigma_x hb$，对 B 点取矩，可得 $M = 0$。

等效体的应变能为 $\overline{U}_x = \dfrac{1}{2} \displaystyle\sum_{i=1}^{n} \dfrac{P_{ni}^2}{E_i} \dfrac{L_i}{A_i} = \dfrac{\sigma_x^2 hbl}{E_{cx}} = \dfrac{\sigma_x^2}{2E_{cx}} V$，类方形蜂窝胞元的

变形能由 AB、BC、BD 组成，AB 胞壁的轴向拉伸变形能为 $U_{AB1} = \dfrac{1}{2} \displaystyle\sum_{i=1}^{n} \dfrac{P_{ni}^2}{E_i} \dfrac{L_i}{A_i} =$

$\dfrac{1}{2} \dfrac{P_x^2 l}{E_s bt}$。

BC 胞壁的弯曲变形能与 AB 胞壁相同，$U_{BC1} = \dfrac{1}{2} \dfrac{P_x^2 l}{E_s bt}$，$BD$ 胞壁的弯曲变

形能为 $U_{BD} = 0$。

那么 T 形胞元结构轴向的总应变能为 $U_1 = U_{AB1} + U_{BC1} = \dfrac{P_x^2 l}{E_s bt}$。

综合上述结果，由 $\overline{U}_x = U_1$，得到类方形蜂窝 x 方向等效弹性模量：

$$E_{cx} = \dfrac{E_s t}{h} \tag{3-65}$$

2. 类方形蜂窝 y 方向等效弹性模量

类方形蜂窝胞元在 y 方向上的受力示意图如图 3-18 所示，将虚线所围成的矩形作为等效体，取厚度为 b 的类方形蜂窝胞元结构进行研究。由材料力学

知识可知 $P_y = \sigma_y bl$，对 B 点取矩，可得 $M = \dfrac{P_y l}{2}$。

等效体的应变能为 $\overline{U}_y = \dfrac{1}{2} \displaystyle\sum_{i=1}^{n} \dfrac{P_{ni}^2}{E_i} \dfrac{L_i}{A_i} = \dfrac{\sigma_y^2}{2E_{cy}} V$，T 形胞元实际的应变能由

AB、BC、BD 组成。

AB 胞壁的弯曲应变能为 $U_{AB2} = \displaystyle\int_0^l \dfrac{(P_y x - M)^2}{2E_s I} \mathrm{d}x = \dfrac{\sigma_y^2 bl^5}{2E_s t^3}$，$BC$ 胞壁的弯曲

变形能与 *AB* 胞壁相同，$U_{BC2} = \dfrac{\sigma_y^2 bl^5}{2E_s t^3}$，式中 $I = \dfrac{bt^3}{12}$，*BD* 胞壁轴向应变能为

$$U_{BD2} = \frac{1}{2} \sum_{i=1}^{n} \frac{4P_y^2}{E_i} \frac{h_i}{A_i} = \frac{2\sigma_y^2 l^2 hb}{E_s t}，\quad \text{所以实际的应变能为} \ U_2 = U_{AB2} + U_{BC2} + U_{BD2} =$$

$$\frac{\sigma_y^2 bl^5}{E_s t^3} + \frac{2\sigma_y^2 bhl^2}{E_s t}。$$

T 形胞元实际的应变能与等效体应变能相等。故由 $\bar{U}_y = U_2$，得到类方形蜂窝 y 方向等效弹性模量：

$$E_{cy} = \frac{E_s ht^3}{l(l^3 + hl^2)} \tag{3-66}$$

3. 类方形蜂窝等效剪切模量

通过分析，所计算模型的受力状态既要满足类方形蜂窝胞元结构的平衡，同时也要满足整个宏观尺度下夹芯结构的平衡，即每一个节点的平衡。等效模型的受力情况如图 3-19 所示。

将整个结构对 *B* 点取矩，由 $M_B = 0$ 得 $Fh = 2Nl$，则 $N = \dfrac{Fh}{2l}$。由等效结构中的等效体剪应力互等定理可得 $\tau = \dfrac{F}{2bl} = \dfrac{N}{bh}$。由 *AB* 受力分析单元壁板，对 *B* 点取矩，即 $\sum M(B) = 0$，得 $M = \dfrac{Fh}{4}$。假设 *V* 为 T 形胞元等效体体积，则 $V = 2lhb$，求得等效单元体的变形为 $\bar{U}_z = \dfrac{\tau^2 V}{2G_{xy}}$。

T 形胞元变形及端点 *D* 的位移如图 3-20 所示。由图 3-20 的受力关系可以求得：

AB 的弯曲应变能为

$$U_{AB3} = \int_0^l \frac{(-Nx + M)^2}{2E_s I} \mathrm{d}x = \frac{F^2 h^2 l}{8E_s bt^3} \tag{3-67}$$

BC 的弯曲应变能为

$$U_{BC3} = \int_0^l \frac{(-Nx + M)^2}{2E_s I} \mathrm{d}x = \frac{F^2 h^2 l}{8E_s bt^3} \tag{3-68}$$

BD 的弯曲应变能为

$$U_{BD3} = \int_0^h \frac{(Fx - 2M)^2}{2E_s I'} \mathrm{d}x = \frac{F^2 h^3}{16E_s bt^3} \tag{3-69}$$

式中，AB、BC 为单壁厚，$I = \dfrac{bt^3}{12}$；BD 为双壁厚，$I' = \dfrac{2bt^3}{3}$。

所以，T 形胞元的弯曲变形能为

$$U_3 = U_{AB3} + U_{BC3} + U_{BD3} = \frac{F^2 h^2}{16 E_s bt^3}(h + 4l) \tag{3-70}$$

AB 轴向伸长应变能为 $U_{AB4} = \dfrac{(F/2)^2 l}{2E_s A}$，$BC$ 轴向伸长应变能与 AB 轴向伸长应变能相等，为 $U_{BC4} = \dfrac{(F/2)^2 l}{2E_s A}$，公式中 A 为胞元截面积，$A = bt$；BD 的轴向伸长应变能为 0，$U_{BD4} = 0$。所以，T 形胞元的轴向变形能为 $U_4 = U_{AB4} + U_{BC4} + U_{BD4} = \dfrac{F^2 l}{4E_s bt}$。

由等效体的总变形能与 T 形胞元的弯曲变形能和轴向变形能之和相等，即得 $\overline{U}_z = U_3 + U_4$，求得剪切模量为

$$G_{cxy} = \frac{4E_s ht^3}{4h^2 l^2 + h^3 l + 4t^2 l^2} = \frac{E_s \ (t/l)^3}{3 + (t/l)^2/2} \tag{3-71}$$

综合式（3-65）、式（3-66）和式（3-71），对于类方形蜂窝结构有 $h = 2l$，得到利用能量法推导的类方形蜂窝夹芯结构的等效弹性常数为

$$\begin{cases} E_{cx} = \dfrac{E_s t}{2l} \\[3mm] E_{cy} = \dfrac{2E_s t^3}{l^3 + 2lt^2} \\[3mm] G_{cxy} = \dfrac{E_s lt^3}{3 + (t/l)^2/2} \end{cases} \tag{3-72}$$

对比式（3-64）、式（3-72）可知，两种方法推导得到的等效弹性模量 E_{cx} 和 E_{cy} 结果完全相同，而剪切模量 G_{cxy} 整体值近似，但在分母中多出了关于 t/l 的一个二次项。实际上，类方形蜂窝的胞元壁厚 t 远远小于胞壁壁长 l，所以式（3-64）中的 G_{cxy} 可认为是式（3-72）中 $3 + (t/l)^2/2 \approx 3$ 的结果。

3.4.3　类方形蜂窝夹芯结构泊松比研究

蜂窝夹层结构具有轻质、高强、比吸能高等力学特点，在航空航天、铁路交通、船舶、建筑、机械等领域有着极其重要的应用前景和使用价值，而夹芯层则是影响其力学性能的主要因素。目前，常见的几种蜂窝夹芯结构大都表现

为正泊松比。但随着对蜂窝结构的深入研究，现已发现多种蜂窝结构，其宏观表现为负泊松比，如手形蜂窝以及内凹型蜂窝。本节以类方形蜂窝夹芯结构为对象，研究其与六边形蜂窝的关系及其泊松比的独特性，为进一步研究类方形蜂窝受压缩时变形模式及吸能特性奠定基础。

1. 类方形蜂窝与六边形蜂窝的关系

目前，蜂窝夹层结构的研究范围涵盖了蜂窝夹层结构的理论分析、夹芯的细观结构理论分析、蜂窝夹层结构的数值模拟、蜂窝夹层结构的试验等。对传统六边形蜂窝夹芯胞元结构进行细致研究发现，当传统六边形蜂窝夹芯的 $\theta = 0°$ 时，传统六边形蜂窝夹芯可演变成一种新的结构，为"类方形蜂窝夹芯结构"，如图 3-21 和图 3-22 所示。因此可以认为类方形蜂窝夹芯结构是六边形蜂窝夹芯结构的一种特殊情况（$\theta = 0°$），类方形蜂窝夹芯的胞元中直壁板是斜壁板长度的 2 倍（$l' = 2l$），$\beta' = h/l' = \beta/2$。因此在推导出传统六边形蜂窝夹芯的等效弹性常数的基础上，可以得到类方形蜂窝夹芯的等效弹性常数。

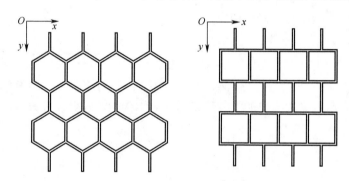

图 3-21　六边形蜂窝夹芯和类方形蜂窝夹芯

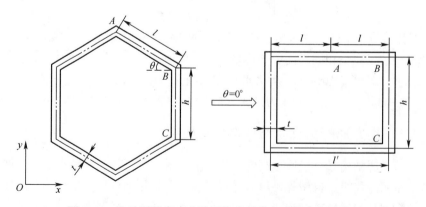

图 3-22　六边形蜂窝夹芯胞元演变成类方形蜂窝夹芯胞元

根据 3.4.1 小节对类方形蜂窝结构的理论推导可得等效弹性常数为

$$\begin{cases} E_{cx} = E_s \dfrac{t^3}{l^3} \dfrac{\cos\theta}{(\beta + \sin\theta)\left[\sin^2\theta + (t^2/l^2)\cos^2\theta\right]} = \dfrac{E_s t}{2l} \\[4mm] E_{cy} = E_s \dfrac{t^3}{l^3} \dfrac{\beta + \sin\theta}{\cos^3\theta\left[1 + (\beta\sec^2\theta + \tan^2\theta)t^2/l^2\right]} = \dfrac{2E_s t}{l^3 + 2lt^2} \\[4mm] G_{cxy} = E_s \dfrac{t^3}{l^3} \dfrac{\beta + \sin\theta}{\beta^2(\beta/4 + 1)\cos\theta} = \dfrac{E_s t^3}{3l^3} \end{cases} \quad (3\text{-}73)$$

此结果与通过欧拉梁原理得到的类方形蜂窝夹芯结构的等效弹性常数相同，这就说明类方形蜂窝结构是六边形蜂窝结构的演变体，即这两种夹芯结构的结构属性相似。本小节进一步研究了这两个结构参数改变时，蜂窝夹芯结构等效弹性常数 E_{cx}、E_{cy}、G_{cxy} 的变化。

由图 3-23 和图 3-24 可以看出，E_{cx}、E_{cy} 在六边形蜂窝与类方形蜂窝之间的变化是连续的。胞元角度 θ 对 E_{cx} 影响较大，对 E_{cy} 影响较小。

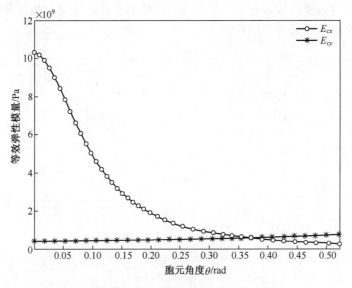

图 3-23　等效弹性模量 E_{cx}、E_{cy} 与胞元角度 θ 的关系

由图 3-25 可以看出，G_{cxy} 在六边形蜂窝与类方形蜂窝之间的变化也是连续的。通过蜂窝夹芯结构 3 个力学参数的连续变化，可以看出类方形蜂窝夹芯结构是六边形蜂窝结构的演变体，即这两种夹芯结构的结构属性相似。六边形蜂窝结构在演变为类方形蜂窝结构时改变的两个结构参数为：蜂窝特征角 θ，直壁板长度 h 与斜壁板的长度 l 之比 β，$\beta = h/l$。因此，进一步应用六边形蜂窝

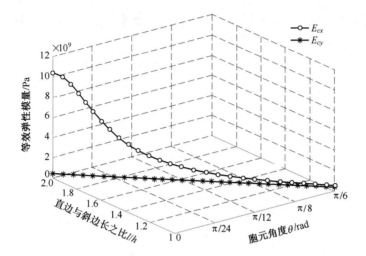

图 3-24　等效弹性模量 E_{cx}、E_{cy} 与 θ、β 两个变量的关系

结构的经典等效弹性常数公式，代入类方形蜂窝夹芯的结构参数，分别计算类方形蜂窝夹芯结构的等效泊松比。

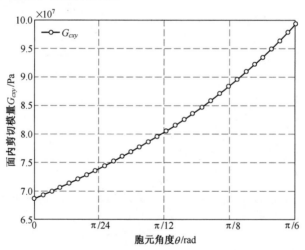

图 3-25　面内剪切模量 G_{cxy} 与胞元角度 θ 的关系

　　将 $\theta=0°$、$\beta=2$ 分别代入 Gibson 公式、富明慧公式以及三明治夹芯理论公式中，分别得到 3 种公式的泊松比：

$$\begin{cases} v_{cx1}=\infty \\ v_{cy1}=0 \end{cases}, \quad \begin{cases} v_{cx2}=-\infty \\ v_{cy2}=0 \end{cases}, \quad \begin{cases} v_{cx3}=0 \\ v_{cy3}=0 \end{cases} \tag{3-74}$$

　　由以上分析可知，几种经典的蜂窝理论得到的结果并不统一，而且差别很大，显得非常不合理。所以并不能由六边形蜂窝的理论结论直接得到类方形蜂窝结构的泊松比。由于六边形蜂窝结构在演变为类方形蜂窝结构时改变的两个结构参数为：蜂窝特征角 θ，直壁板长度 h 与斜壁板的长度 l 之比 β。为了进一步研究各经典理论公式中的泊松比的变化情况，绘制泊松比随蜂窝特征角 $\theta[\theta \in (0, \pi/6)]$ 的变化图，如图 3-26~图 3-28 所示。

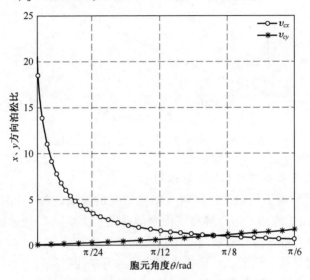

图 3-26　Gibson 公式中的泊松比

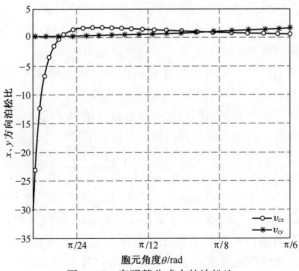

图 3-27　富明慧公式中的泊松比

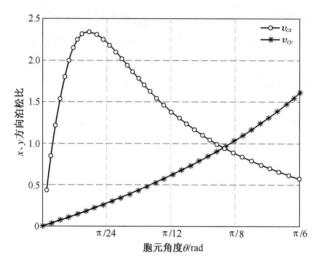

图 3-28　三明治夹芯板理论公式中的泊松比

2. 类方形蜂窝夹芯结构泊松比证明

文献[95]介绍了负泊松比材料与结构研究的发展过程，其中根据多孔材料理论[96]给出了内凹六边形蜂窝结构力学属性。文献[97]通过数值计算，对晶胞几何元素和等效弹性参数与晶胞角度的关系进行了分析。结果表明：通过改变独立蜂窝晶胞的角度，可优化蜂窝芯层的力学性能，这个结论可以用于设计具有减震隔声特性的轻质结构。文献[98]基于显式动力的有限元分析方法，研究了在面内冲击作用条件下具有负泊松比效应的蜂窝材料的动态冲击的性能。作者在保证蜂窝胞元壁长和蜂窝胞元壁厚不变的前提下，通过改变蜂窝胞元扩张角，建立了内凹六边形蜂窝结构模型，并具体讨论了蜂窝胞元扩张角、冲击速度对蜂窝材料面内冲击变形、能量吸收能力的影响。

这些研究结果说明，从六边形蜂窝到内凹六边形蜂窝结构的变化是连续的，蜂窝特征角 θ 是改变蜂窝结构力学性能的关键力学参数。文献[99]对比了几种负泊松比蜂窝结构，选取内凹六边形蜂窝结构进行分析，研究内凹六边形蜂窝的力学性能。其给出的 x 方向和 y 方向的泊松比公式分别为

$$v_{cx} = \frac{\cos^2\theta}{(\alpha + \sin\theta)\sin\theta} \frac{1 - t^2/l^2}{1 + \cot^2\theta(t^2/l^2)} \tag{3-75}$$

$$v_{cy} = \frac{(\alpha + \sin\theta)\sin\theta}{\cos^2\theta} \frac{1 - t^2/l^2}{1 + (\alpha\tan^2\theta + \sec^2\theta)(t^2/l^2)} \tag{3-76}$$

式中，用 α 表示直壁边与斜壁边之比，其他参数含义与 Gibson 公式相同。不同的是，此处的蜂窝胞元特征角 θ 的变化范围扩展到负值区间 $\theta \in (-\pi/6,$

π/6），其变化趋势如图 3-29 所示。

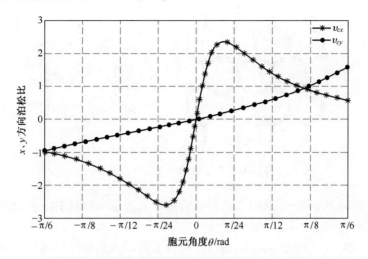

图 3-29　内凹六边形泊松比随胞元角度 θ 的变化

如图 3-30 所示，类方形蜂窝夹芯胞元与六边形和内凹六边形蜂窝均存在相似性。既可以认为类方形蜂窝是通过六边形蜂窝结构减少蜂窝特征角 θ 从正区间演变而来，也可以认为类方形蜂窝是内凹六边形蜂窝增大蜂窝特征角 θ 从负区间演变而来。

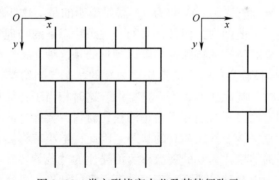

图 3-30　类方形蜂窝夹芯及其特征胞元

因此，针对图 3-31 中的六边形蜂窝通用结构模型，设 $v_{cx}(\theta)$、$v_{cy}(\theta)$，$[\theta \in (-90°, 90°)]$ 分别表示该通用六边形蜂窝夹芯结构在 x 方向和 y 方向的等效泊松比。由物理模型的连续性可知，$v_{cx}(\theta)$、$v_{cy}(\theta)$ 是关于蜂窝特征角 θ 的连续函数。

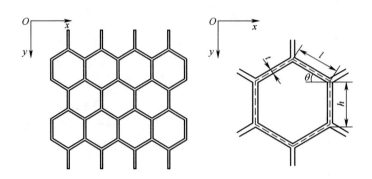

图 3-31　六边形蜂窝通用结构模型

当特征角 $\theta > 0°$，通用六边形蜂窝表示六边形蜂窝材料。由六边形蜂窝材料的属性可知，此时泊松比 $v_{cx}(\theta)$、$v_{cy}(\theta) > 0$。

当特征角 $\theta < 0°$，通用六边形蜂窝表示内凹六边形蜂窝材料，即负泊松比蜂窝材料。由负泊松比材料的属性可知，此时泊松比 $v_{cx}(\theta)$、$v_{cy}(\theta) < 0$。

由于 $v_{cx}(\theta)$、$v_{cy}(\theta)$ 均为连续函数，所以由高等数学中的零点定理可知，$v_{cx}(\theta)$、$v_{cy}(\theta)$ 必然经过零点。显然 $\theta = 0°$ 时，通用六边形蜂窝材料的泊松比 $v_{cx}(\theta) = v_{cy}(\theta) = 0$。

当 $\theta = 0°$ 时，通用六边形蜂窝表示的是矩形蜂窝结构，类方形蜂窝是矩形蜂窝结构的一种，所以证明得到结论：类方形蜂窝夹芯结构材料在面内 x、y 方向上的泊松比 $v_{cx}(\theta)$、$v_{cy}(\theta)$ 均为 0。需要说明的是，这些推理的前提是夹芯结构处在弹性变形范围内，而且针对的是理想状态下的物理模型。

由于类方形夹芯结构的特殊性，可以预见的是这种在特定的两个方向上泊松比为 0，只是一种临界的暂态的泊松比为 0 的状态。当给类方形蜂窝夹芯结构施加面内载荷时，胞元的形状不再是矩形，这时相当于特征角 θ 也发生了改变，根据变形的方向，要么演变成为正泊松比材料，要么就演变成为负泊松比材料，并不会一直保持泊松比为 0 的状态。因此，本小节将类方形蜂窝夹芯结构在特定方向上的泊松比为 0 的现象称为泊松比的"临界零值"状态。

本小节前文中由几种经典蜂窝理论计算得到的结果，虽然有出现过泊松比为 0 的部分结果，但是并不能直接采纳这一结果。因为无论 Gibson 的方法，还是富明慧等后人改进的方法，都是采用了很多假设条件才建立了能够模拟实际情况的数学模型，这个数学模型是一个近似的数学模型，通过不断修正可以无限接近真实情况，但是始终不能认定等同于真实模型。当 $\theta = 0°$ 时，$v_{cx}(\theta) = v_{cy}(\theta) = 0$。作为六边形蜂窝结构的演变体，泊松比等于 0 可以作为验证蜂窝结构等效弹性常数理论准确性的条件使用，是非常有意义的发现，具有理论价值和实际意义。

3. 类方形蜂窝结构泊松比仿真分析

上文从理论上证明了类方形蜂窝夹芯结构泊松比为"临界零值",且当给类方形蜂窝夹芯结构施加面内载荷时,由于胞元的形状和特征角 θ 的改变,蜂窝夹芯要么表现为正泊松比性能,要么表现为负泊松比性能。为了验证这一结论,需要分别对类方形蜂窝夹芯施加拉伸和压缩两种载荷进行验证。参考对六边形蜂窝夹芯施加压缩载荷的方法,建立类方形蜂窝夹芯分析模型,胞元尺寸取直板壁长 $h = 8$ mm, 斜板壁长 $l = 4$ mm, 壁厚 $t = 0.04$ mm, 夹芯层高度为 10 mm, 胞元数量为 10×20,但为保持模型的对称性,最终取胞元数量为 10×19,对类方形蜂窝夹芯施加相同大小的拉伸载荷(图 3-32)及压缩载荷(图 3-33)进行分析,得到的结果如表 3-1 所示。

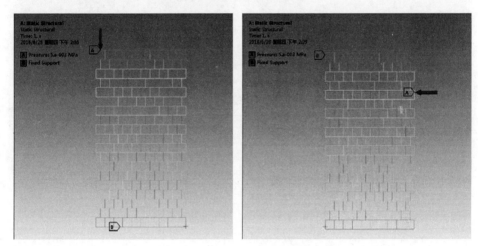

图 3-32 x、y 方向拉伸加载和约束

由表 3-1 可知,施加 x 方向载荷和 y 方向载荷所求得的泊松比相同,并没有像理论预测的那样出现泊松比性能转变的情况,也没有出现泊松比接近临界零值的情况。

之所以在 x 方向泊松比没有观察到泊松比为零界零值的现象,是因为 x 方向施加载荷对蜂窝胞元形状的改变的影响较小,即蜂窝特征角 θ 没有起到影响整个夹芯结构泊松比的作用。此时这一方向相当于对平行放置并连接在一起的板条进行拉伸或压缩;而在 y 方向,由于胞元数量太少,壁厚较薄,整体结构呈现不稳定的状态,导致泊松比过大。为了进一步验证胞元数量对类方形蜂窝夹芯泊松比的影响,在上述模型的基础上增加胞元数量,在 y 方向上施加相同大小的压缩载荷，得到的结果如表 3-2 所示。

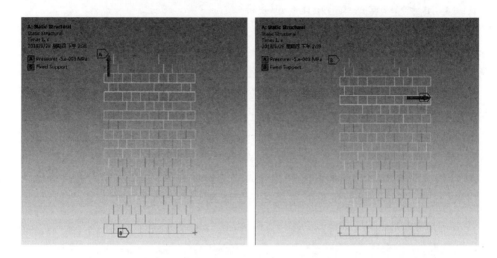

图 3-33　x、y 方向压缩加载和约束

表 3-1　类方形蜂窝等效泊松比

参　数	载荷值/Pa	x 方向应变	y 方向应变	v_{cx}	v_{cy}
理论计算值	—	—	—	临界零值	临界零值
x 方向压缩载荷	−500	$−9.0975×10^{-4}$	$2.0588×10^{-3}$	0.4419	
y 方向压缩载荷	−500	$−1.8907×10^{-3}$	$1.0399×10^{-2}$	—	0.1818
x 方向拉伸载荷	500	$9.0975×10^{-4}$	$−2.0588×10^{-3}$	0.4419	—
y 方向拉伸载荷	500	$1.897×10^{-3}$	$−1.0399×10^{-2}$	—	0.1818

表 3-2　类方形蜂窝不同胞元数量等效泊松比

胞元数量	载荷值/Pa	x 方向应变	y 方向应变	v_{cy}
10×19	−500	$−1.8907×10^{-3}$	$1.0399×10^{-2}$	0.1818
15×29	−500	$−1.4488×10^{-3}$	$1.2215×10^{-2}$	0.1186
20×39	−500	$−1.1148×10^{-3}$	$1.1952×10^{-2}$	0.0909
25×49	−500	$−8.7070×10^{-4}$	$1.1782×10^{-2}$	0.0739
30×59	−500	$−7.2530×10^{-4}$	$1.1661×10^{-2}$	0.0621

　　从图 3-34 可以看出，类方形蜂窝泊松比随着胞元数量的增加而减少。当胞元数量增加时，蜂窝结构趋于稳定，整体结构因载荷产生的变形所造成的影

响减少，因此推测胞元数量足够多时，类方形蜂窝等效泊松比接近于临界零值。

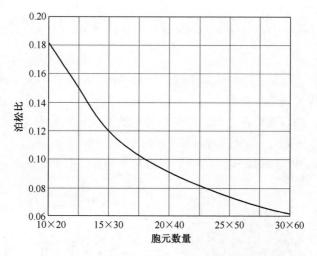

图 3-34　类方形蜂窝泊松比与胞元数量的关系

　　总之，从理论分析的过程看，类方形蜂窝夹芯结构泊松比处于临界零值。而这里所说的泊松比是夹芯结构作为一个整体表现出来的宏观性能，这一宏观性能显然还有其他的影响因素（蜂窝夹芯的大小、施加载荷对胞元特征角的改变程度）等，这些问题都有待以后深入研究。

　　本节的研究总结如下。

　　（1）本节采用经典梁弯曲理论得到的类方形蜂窝夹芯等效力学常数的结果与基于能量法求解的结果是一致的，这两种方法在理论上可以互为验证，从而保证结果的准确性。

　　（2）本节在用经典方法推导的六边形蜂窝夹芯的等效弹性常数中，代入了类方形蜂窝特征结构参数，得到了与 3.3 节推导同样的结果，证明了类方形蜂窝结构是六边形蜂窝结构的演变体。

　　（3）本节分析了经典蜂窝理论公式中的等效泊松比及其随胞元特征角 θ 的变化规律；对比六边形蜂窝结构（正泊松比）和内凹六边形蜂窝结构（负泊松比），根据结构变化的连续性证明了类方形蜂窝夹芯结构在面内两个特定方向上泊松比为 0。结果表明，3 种经典蜂窝公式中的泊松比在 $\theta = 0°$ 的特征点附近存在奇异和不合理的结果。

　　类方形蜂窝夹芯结构作为六边形蜂窝结构的演变体，泊松比为 0 可以作为求解类方形蜂窝结构等效弹性常数的重要验证条件使用，具有重要的理论和实际意义。

3.5 类蜂窝夹芯结构的等效力学性能

将类蜂窝[100]夹芯层中最基本的六边形和四边形组合单元定义为胞元。类蜂窝夹芯结构是周期性排列的胞元阵列，每个胞元由 4 个规则六边形通过胶黏剂黏结而成，中间围成正方形。周期性排列的类蜂窝夹芯胞元结构及其几何尺寸如图 3-35 所示，几何参数包括六边形短边长度 $l(\mathrm{mm})$、正方形边长 $h(\mathrm{mm})$、胞元壁厚 $t(\mathrm{mm})$、六边形短边与水平方向的夹角 θ。

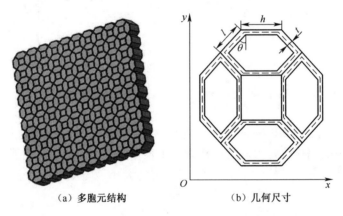

(a) 多胞元结构　　　　　(b) 几何尺寸

图 3-35　周期性排列的类蜂窝夹芯胞元结构及其几何尺寸

■ 3.5.1　运用经典梁弯曲理论推导类蜂窝夹芯结构等效力学参数

为了对类蜂窝夹芯结构的等效力学性能进行分析，在充分考虑胞元壁板的伸缩变形的前提下，可建立如图 3-36 所示的胞元简化模型。

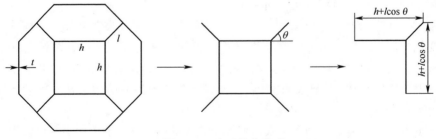

图 3-36　胞元简化模型

运用力的平衡原理、材料力学中的梁弯曲理论和质量守恒定律等相关知识，对类蜂窝夹芯层的等效力学性能参数进行求解[36]，如图 3-37 所示。

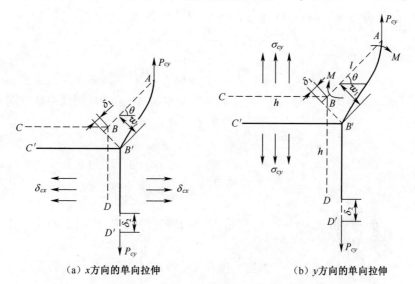

（a）x 方向的单向拉伸　　　　　　　　（b）y 方向的单向拉伸

图 3-37　胞元力学性能求解示意图

1. 夹芯在 x 方向的等效弹性常数推导

如图 3-37（a）所示，根据力的平衡条件得

$$\sum M_A = 0 \tag{3-77}$$

$$-M - M + P_x\sin\theta = 0 \tag{3-78}$$

$$M = \frac{1}{2}P_x\sin\theta \tag{3-79}$$

$$P_x = \delta_{cx}A_x = \delta_{cx}(h + l\sin\theta)b \tag{3-80}$$

$$\delta_{cx} = \frac{P_x}{(h + l\sin\theta)b} \tag{3-81}$$

式中，M 为类蜂窝夹芯胞元节点的弯矩，N·m；P_x 为类蜂窝夹芯胞元节点所受的外力，N；A_x 为类蜂窝夹芯胞元 x 方向的受力截面积，m²；δ_{cx} 为胞元在 x 方向的应变；b 为夹芯胞元壁板的高度，m。

根据材料力学中的梁弯曲理论，可知壁板 AB 的挠度为

$$w_1 = w_{P_x} - w_{M_B} = \frac{P_x l^3\sin\theta}{3E_s I} - \frac{Ml^2}{2E_s I} \tag{3-82}$$

$$w_1 = \frac{P_x l^3 \sin\theta}{12 E_s I} \tag{3-83}$$

式中，E_s 为夹芯材料的弹性模量；$I = bt^3/12$ 为惯性矩。将 I 代入式（3-83）中可得

$$w_1 = \frac{P_x l^3 \sin\theta}{E_s bt^3} \tag{3-84}$$

根据胡克定律，在外力 P_x 的作用下胞元壁板 AB 和 BC 的拉伸量分别为

$$\delta_1 = \varepsilon_{AB}^x l = \frac{\sigma_{AB}^x}{E_s} l = \frac{P_x l \cos\theta}{E_s b t} \tag{3-85}$$

$$\delta_2 = \varepsilon_{BC}^x h = \frac{\sigma_{BC}^x}{E_s} h = \frac{P_x h}{E_s b t} \tag{3-86}$$

式中，$\varepsilon_{AB}^x = \dfrac{\sigma_{AB}^x}{E_s}$ 和 $\varepsilon_{BC}^x = \dfrac{\sigma_{BC}^x}{E_s}$ 分别是 AB 和 BC 在外力 P_x 作用下的线应变，其

中 $\sigma_{AB}^x = \dfrac{P_x \cos\theta}{bt}$ 和 $\sigma_{BC}^x = \dfrac{P_x}{bt}$ 为胞元壁板 AB 和 BC 在其横截面上的正应力。

由胡克定律可得在 x 方向上的等效应变为

$$\varepsilon_{cx} = \frac{\Delta l_x}{l_x} = \frac{w_1 \sin\theta + \delta_1 \cos\theta + \delta_2}{h + l\cos\theta} \tag{3-87}$$

将式（3-84）~式（3-86）代入式（3-87），可得

$$\varepsilon_{cx} = \frac{P_x(l^3 \sin^2\theta + lt^2 \cos^2\theta + ht^2)}{E_s bt^3(h + l\cos\theta)} \tag{3-88}$$

同理，可以得到在 y 方向上的等效应变为

$$\varepsilon_{cy} = \frac{\Delta l_y}{l_y} = \frac{\delta_1 \sin\theta - w_1 \cos\theta}{h + l\sin\theta} = -\frac{P_x l^3 \sin\theta\cos\theta}{E_s bt^3(h + l\sin\theta)}\left(1 - \frac{t^2}{l^2}\right) \tag{3-89}$$

根据泊松比的定义，可知类蜂窝夹芯在 x 方向上的等效泊松比为

$$\upsilon_{cx} = \left|\frac{\varepsilon_{cy}}{\varepsilon_{cx}}\right| = -\frac{\varepsilon_{cy}}{\varepsilon_{cx}} = \frac{\beta + \cos\theta}{\beta + \sin\theta} \frac{(1 - t^2/l^2)\sin\theta\cos\theta}{\sin^2\theta + (t^2/l^2)\cos^2\theta + \beta t^2/l^2} \tag{3-90}$$

式中，$\beta = h/l$。根据弹性模量的定义，可知类蜂窝夹芯在 x 方向的等效弹性模量为

$$E_{cx} = \frac{\delta_{cx}}{\varepsilon_{cx}} = E_s \frac{t^3}{l^3} \frac{\beta + \cos\theta}{\beta + \sin\theta} \frac{1}{\sin^2\theta + (t^2/l^2)\cos^2\theta + \beta t^2/l^2} \tag{3-91}$$

2. 夹芯在 y 方向的等效弹性常数推导

与 x 方向同理，根据图 3-37（b）可求得类蜂窝夹芯在 y 方向上的等效弹

性常数 E_{cy} 和等效泊松比 υ_{cy} 的表达式：

$$E_{cy} = \frac{\delta_{cy}}{\varepsilon_{cy}} = E_s \frac{t^3}{l^3} \frac{\beta + \sin\theta}{\beta + \cos\theta} \frac{1}{\cos^2\theta + (t^2/l^2)\sin^2\theta + \beta t^2/l^2} \quad (3\text{-}92)$$

$$\upsilon_{cy} = \left| \frac{\varepsilon_{cx}}{\varepsilon_{cy}} \right| = -\frac{\varepsilon_{cx}}{\varepsilon_{cy}} = \frac{\beta + \sin\theta}{\beta + \cos\theta} \frac{(1 - t^2/l^2)\sin\theta\cos\theta}{\cos^2\theta + (t^2/l^2)\sin^2\theta + \beta t^2/l^2} \quad (3\text{-}93)$$

3. 夹芯的等效密度计算

根据图 3-35 和图 3-36，得到胞元体积为

$$V_1 = 4bt(h + l) \quad (3\text{-}94)$$

胞元质量为

$$m_1 = \rho_s V_1 = 4bt(h + l)\rho_s \quad (3\text{-}95)$$

式中，ρ_s 为夹芯材料的密度，kg/m^3。

胞元的等效实体模型的等效体积为

$$V_{ce} = b(h + 2l\sin\theta)(h + 2l\cos\theta) \quad (3\text{-}96)$$

等效实体模型的质量为

$$m_{ce} = \rho_c V_{ce} = \rho_c b(h + 2l\sin\theta)(h + 2l\cos\theta) \quad (3\text{-}97)$$

式中，ρ_c 为夹芯的等效密度，kg/m^3。

根据等效前、后的质量守恒原理，$m_{ce} = m_1$，因此可得

$$\rho_c = \frac{4\rho_s t(h + l)}{(h + 2l\sin\theta)(h + 2l\cos\theta)} = \frac{4\rho_s t(\beta + 1)}{l(\beta + 2\sin\theta)(\beta + 2\cos\theta)} \quad (3\text{-}98)$$

由于夹芯壁板的伸缩变形主要是纵向变形，对蜂窝夹芯在 xy 平面上的等效横向剪切模量 G_{cxy} 影响不大，因此可以采用 Gibson 公式中 G_{cxy} 的表达式。经过推导，可得类蜂窝夹芯层的等效力学性能参数表达式如下：

$$
\begin{cases}
E_{cx} = E_s \dfrac{t^3}{l^3} \dfrac{\beta + \cos\theta}{\beta + \sin\theta} \dfrac{1}{\sin^2\theta + (t^2/l^2)\cos^2\theta + \beta t^2/l^2} \\[2mm]
E_{cy} = E_s \dfrac{t^3}{l^3} \dfrac{\beta + \sin\theta}{\beta + \cos\theta} \dfrac{1}{\cos^2\theta + (t^2/l^2)\sin^2\theta + \beta t^2/l^2} \\[2mm]
\upsilon_{cx} = \dfrac{\beta + \cos\theta}{\beta + \sin\theta} \dfrac{(1 - t^2/l^2)\sin\theta\cos\theta}{\sin^2\theta + (t^2/l^2)\cos^2\theta + \beta t^2/l^2} \\[2mm]
\upsilon_{cy} = \dfrac{\beta + \sin\theta}{\beta + \cos\theta} \dfrac{(1 - t^2/l^2)\sin\theta\cos\theta}{\cos^2\theta + (t^2/l^2)\sin^2\theta + \beta t^2/l^2} \\[2mm]
G_{cxy} = E_s \dfrac{t^3}{l^3} \dfrac{\beta + \sin\theta}{(2\beta + 1)\beta^2\cos\theta} \\[2mm]
\rho_c = \dfrac{4\rho_s t(\beta + 1)}{l(\beta + 2\sin\theta)(\beta + 2\cos\theta)}
\end{cases}
\quad (3\text{-}99)
$$

▌3.5.2 基于能量法的类蜂窝夹芯结构等效力学参数[101]

选取类蜂窝夹芯层中最基本的六边形和四边形组合单元的胞元结构。"类蜂窝"夹芯结构是周期性排列的胞元阵列，胞元阵列单元体由 4 个规则六边形组成，中间围成正方形，其夹芯胞元的结构如图 3-35 所示。类蜂窝胞元的等效体如图 3-38 中虚线所围矩形，图 3-37（a）所示为类蜂窝胞元在 x 方向的单向受力图。

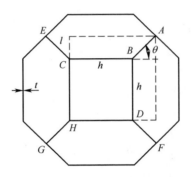

图 3-38　等壁厚类蜂窝胞元平面图

1. 夹芯 x 方向等效弹性参数推导 E_{cx}

图 3-37（a）中 M 为胞元夹芯节点弯矩（N·m）；P_{cx} 为夹芯胞元节点外力（N）；b 为夹芯胞元壁板高度；A_{cx} 为夹芯胞元 x 方向受力截面积；σ_{cx} 为胞元在 x 方向的应力。其中，$M = 1/2P_{cx}l\sin\theta$，$\sigma_{cx} = P_{cx}/A_{cx}$，$A_{cx} = (h + l\sin\theta)b$，根据能量法则等效体的变形能为

$$\overline{U} = \frac{1}{2}\frac{\sigma_{cx}^2}{E_{cx}}V = \frac{1}{2}(\beta + \sin\theta)(\beta + \cos\theta)\frac{\sigma_{cx}^2}{E_{cx}}bl^2 \tag{3-100}$$

式中，$V = b(h + l\sin\theta)(h + l\cos\theta)$，b 为夹芯层的高度；$E_{cx}$ 为类蜂窝夹芯在 x 方向的等效弹性模量，$\beta = h/l$。

类蜂窝夹芯胞元在 x 方向上的实际变形能由 AB 和 BC 胞壁的变形能组成。根据图 3-37 可知，AB 胞壁既有弯曲应变又有轴向应变，其中弯曲应变能为

$$W_{AB1} = \int_0^l \frac{(P_{cx}x\sin\theta - M)^2}{2E_s I}dx = \int_0^l \frac{\left(P_{cx}x\sin\theta - \frac{1}{2}P_{cx}l\sin\theta\right)^2}{2E_s I}dx = \frac{P_{cx}^2\sin^2\theta}{24E_s I}l^3 \tag{3-101}$$

轴向应变能为

$$W_{AB2} = \frac{N^2}{2E_s A} l = \frac{P_{cx}^2 \cos^2\theta}{2E_s A} l \qquad (3\text{-}102)$$

式中，N 为轴向力；E_s 为夹芯固有弹性模量。因为 BC 胞壁只受轴向力，因此只有轴向应变，则轴向应变为

$$W_{BC} = \frac{N^2}{2E_s A} h = \frac{P_{cx}^2}{2E_s A} h \qquad (3\text{-}103)$$

则弯曲应变能 W_1 和轴向应变能 W_2 分别为

$$W_1 = W_{AB1} = \frac{P_{cx}^2 \sin^2\theta}{24E_s I} l^3 \qquad (3\text{-}104)$$

$$W_2 = W_{AB2} + W_{BC} = \frac{P_{cx}^2 \cos^2\theta}{2E_s A} l + \frac{P_{cx}^2}{2E_s A} h \qquad (3\text{-}105)$$

故总变形能可表示为

$$U = W_1 + W_2 \qquad (3\text{-}106)$$

将式（3-104）和式（3-105）代入式（3-106）可得

$$U = \frac{P_{cx}^2 \sin^2\theta}{24E_s I} l^3 + \frac{P_{cx}^2 \cos^2\theta}{2E_s A} l + \frac{P_{cx}^2}{2E_s A} h = \frac{P_{cx}^2 l(l^2 \sin^2\theta + t^2 \cos^2\theta + t^2\beta)}{2E_s b t^3}$$

$$(3\text{-}107)$$

式中，$A = bt$，又 $\overline{U} = U$，则有

$$\frac{1}{2}(\beta + \sin\theta)(\beta + \cos\theta)\frac{\sigma_{cx}^2}{E_{cx}} bl^2 = \frac{P_{cx}^2 l(l^2 \sin^2\theta + t^2 \cos^2\theta + t^2\beta)}{2E_s b t^3}$$

$$(3\text{-}108)$$

式中，$P_{cx} = \sigma_{cx} A' = \sigma_{cx} b(h + l\sin\theta) = \sigma_{cx} bl(\beta + \sin\theta)$，且 A' 表示图 3-38 中虚线框矩形的面积，整理可得

$$E_{cx} = E_s \frac{t^3}{l^3} \frac{\beta + \cos\theta}{\beta + \sin\theta} \frac{1}{\sin^2\theta + (\cos\theta + \beta)t^2/l^2} \qquad (3\text{-}109)$$

2. 夹芯 y 方向等效弹性参数推导 E_{cy}

同理，如图 3-37（b）所示的类蜂窝胞元在 y 方向的单向受力图，其等效体也采用图 3-38 虚线所围矩形部分。故在 y 方向上等效体总的变形能为

$$\overline{U} = \frac{1}{2}\frac{\sigma_{cy}^2}{E_{cy}} V = \frac{1}{2}(\beta + \sin\theta)(\beta + \cos\theta)\frac{\sigma_{cy}^2}{E_{cy}} bl^2 \qquad (3\text{-}110)$$

类蜂窝夹芯胞元在 y 方向上的实际变形能由 AB 和 BD 胞壁的变形能组成。根据图 3-37（b）可知，AB 胞壁既有弯曲应变又有轴向应变，则弯曲应变能为

$$W_{AB1} = \int_0^l \frac{(P_{cy}y\cos\theta - M)^2}{2E_sI}\mathrm{d}y$$

$$= \int_0^l \frac{\left(P_{cy}y\sin\theta - \frac{1}{2}P_{cy}l\cos\theta\right)^2}{2E_sI}\mathrm{d}y = \frac{P_{cy}^2\cos^2\theta}{24E_sI}l^3 \qquad (3\text{-}111)$$

轴向应变能为

$$W_{AB2} = \frac{N^2}{2E_sA}l = \frac{P_{cy}^2\sin^2\theta}{2E_sA}l \qquad (3\text{-}112)$$

BD 胞壁只受轴向力，因此只有轴向应变，则轴向应变为

$$W_{BD} = \frac{N^2}{2E_sA}h = \frac{P_{cy}^2}{2E_sA}h \qquad (3\text{-}113)$$

则弯曲应变能和轴向应变能分别为

$$W_1 = W_{AB1} = \frac{P_{cy}^2\cos^2\theta}{24E_sI}l^3 \qquad (3\text{-}114)$$

$$W_2 = W_{AB2} + W_{BD} = \frac{P_{cy}^2\sin^2\theta}{2E_sA}l + \frac{P_{cy}^2}{2E_sA}h \qquad (3\text{-}115)$$

故总变形能可表示为

$$U = W_1 + W_2 \qquad (3\text{-}116)$$

将式（3-114）和式（3-115）代入式（3-116）可得

$$U = \frac{P_{cy}^2\cos^2\theta}{24E_sI}l^3 + \frac{P_{cy}^2\sin^2\theta}{2E_sA}l + \frac{P_{cy}^2}{2E_sA}h = \frac{P_{cy}^2l(l^2\cos^2\theta + t^2\sin^2\theta + t^2\beta)}{2E_sbt^3}$$

$$(3\text{-}117)$$

同理可得

$$\frac{1}{2}(\beta + \sin\theta)(\beta + \cos\theta)\frac{\sigma_{cy}^2}{E_{cy}}bl^2 = \frac{P_{cy}^2l(l^2\cos^2\theta + t^2\sin^2\theta + t^2\beta)}{2E_sbt^3}$$

$$(3\text{-}118)$$

式中，$P_{cy} = \sigma_{cy}A' = \sigma_{cy}b(h + l\cos\theta) = \sigma_{cy}bl(\beta + \cos\theta)$，且 A' 表示图 3-38 中虚线框矩形的面积，整理可得

$$E_{cy} = E_s\frac{t^3}{l^3}\frac{\beta + \sin\theta}{\beta + \cos\theta}\frac{1}{\cos^2\theta + (\sin\theta + \beta)t^2/l^2} \qquad (3\text{-}119)$$

■3.5.3　类蜂窝和六边形蜂窝夹芯等效力学参数对比与仿真

运用 ANSYS Workbench 软件对六边形蜂窝夹芯结构和类蜂窝夹芯结构进行仿真分析。分别向蜂窝夹芯模型施加单向应力 $(\sigma_{cx}, 0, 0)^{\mathrm{T}}$、$(0, \sigma_{cy}, 0)^{\mathrm{T}}$ 和 $(0, 0, \tau_{xy})^{\mathrm{T}}$ 及相应的约束，进行有限元数值模拟后可以求出其对应的应变 $(\varepsilon_{cx1}, \varepsilon_{cy1}, 0)^{\mathrm{T}}$、$(\varepsilon_{cx2}, \varepsilon_{cy2}, 0)^{\mathrm{T}}$ 和 $(0, 0, \gamma_{cxy})^{\mathrm{T}}$，蜂窝夹芯结构的等效弹性常数的表达式见式（3-120）：

$$E_{cx} = \frac{\sigma_{cx}}{\varepsilon_{cx1}}, \ E_{cy} = \frac{\sigma_{cy}}{\varepsilon_{cy2}}, \ G_{cxy} = \frac{\tau_{cxy}}{\gamma_{cxy}} \tag{3-120}$$

为了便于计算以及对比，现对六边形蜂窝夹芯以及类蜂窝夹芯尺寸进行简化，对于六边形蜂窝夹芯层：$\theta = 30°$，$l = h$；类蜂窝夹芯层：$\theta = 45°$，$l = h$。

类蜂窝夹芯参数：壁厚边长尺寸为 $t \times l = 0.04 \text{ mm} \times 5.5 \text{ mm}$，高度为 $h = 10 \text{ mm}$，正六边形蜂窝夹芯参数：壁厚边长尺寸为 $t \times l = 0.04 \text{ mm} \times 4.6 \text{ mm}$，高度为 $h = 10 \text{ mm}$。蜂窝夹芯的制作材料为 7075 铝合金，其主要力学参数为：弹性模量 $E_s = 71 \text{ MPa}$，剪切模量 $G_s = 26.9 \text{ GPa}$，屈服强度 $\sigma_s = 503 \text{ MPa}$，拉伸强度 $\sigma_b = 572 \text{ MPa}$，密度 $\rho_c = 2.81 \text{ g/cm}^3$，泊松比 $\varepsilon = 0.35$。

首先分别在 x、y、z 方向施加载荷和约束，进行有限元仿真后可得到 x、y、z 方向节点位移云图，可得到理论公式计算所需的数据：Δl_x、Δl_y、Δl_z，如表 3-3 所示。根据公式（3-120）可以求出仿真值，再将理论值计算出来，可汇总成两种蜂窝夹芯结构仿真值与理论值的对比表，如表 3-4 和表 3-5 所示。

表 3-3　有限元计算主要计算数据

参　　数	正六边形蜂窝	类蜂窝
$\Delta l_x / \text{mm}$	7.6728	2.6918
l_x / mm	38.02	21.13
ε_{cx}	0.2018	0.1274
$\Delta l_y / \text{mm}$	9.1598	2.6918
l_y / mm	38.67	21.13
ε_{cy}	0.2368	0.1274
$\Delta l_z / \text{mm}$	2.5116	0.3877
l_z / mm	10	10
γ_{cxy}	0.25116	0.0387

表 3-4 类蜂窝夹芯仿真值与理论值对比　　　单位：MPa

类蜂窝	E_{cx}	E_{cy}	G_{cxy}
仿真值	0.0785	0.0785	0.0258
理论值	0.0553	0.0553	0.0223

表 3-5 正六边形蜂窝夹芯仿真值与理论值对比　　　单位：MPa

正六边形蜂窝	E_{cx}	E_{cy}	G_{cxy}
仿真值	0.1191	0.2111	0.0995
理论值	0.1091	0.1091	0.0641

从表 3-4 可以看出，类蜂窝等效模型在 z 方向的等效剪切弹性模量的理论值和仿真值吻合较好，x 和 y 方向的等效弹性模量吻合尚可。从表 3-5 可以看出正六边形蜂窝等效模型在 x 方向的等效弹性模量和 z 方向的等效剪切模量吻合较好，y 方向的等效弹性模量的误差偏大，这可能与模型的加载载荷和约束的方法有关。总体来说，仿真计算与理论计算的结果基本吻合，验证了类蜂窝夹芯结构和正六边形蜂窝夹芯结构力学等效模型和等效力学参数的正确性和可靠性。

在生产实践中当一个夹层结构填充夹芯材料时，需要选择合适的夹芯类型进行填充，此时应有合适的方法将几种备选的蜂窝夹芯类型进行对比评估。本小节选择在相同的等效密度（相同体积相同质量）下对类蜂窝和正六边形蜂窝夹芯的等效力学性能进行对比。对于具有相同夹芯厚度 t 的类蜂窝和正六边形蜂窝夹芯层规定其结构参数。正六边形蜂窝夹芯取 $\theta = 30°$，$h = l$；类蜂窝夹芯层取 $\theta = 45°$，$h = l$。依据其等效力学性能公式，相应的等效密度公式可简化为

正六边形蜂窝夹芯　　　　　　$$\rho_{c六} = \frac{2t}{\sqrt{3}\,l}\rho_s \tag{3-121}$$

类蜂窝夹芯　　　　　　　　　$$\rho_{c类} = \frac{8}{3 + 2\sqrt{2}}\frac{t}{l}\rho_s \tag{3-122}$$

因为 t 相同，所以为使两种夹芯等效密度相同，则对胞元边长 l 进行放大或缩小，即 $l_类 \approx 1.1887 l_六$，此时 $\rho_{c六} = \rho_{c类}$。

对于具有相同夹芯厚度 t 的类蜂窝和正六边形蜂窝夹芯层规定其结构参数，对于正六边形蜂窝夹芯，取 $\theta = 30°$，$h = l$；对于类蜂窝夹芯层，取 $\theta = 45°$，$h = l$。依据其等效力学性能公式，相应的等效力学公式可以化简为表 3-6 中的形式。

表 3-6 简化的蜂窝夹芯力学公式

蜂窝类型	E_{cx}	E_{cy}	G_{cxy}
六边形蜂窝	$2.309 \dfrac{t^3}{l^3} E_s$	$2.309 \dfrac{t^3}{l^3} E_s$	$1.386 \dfrac{t^3}{l^3} E_s$
类蜂窝	$\dfrac{1}{0.5 + 1.5(t^2/l^2)} \dfrac{t^3}{l^3} E_s$	$\dfrac{1}{0.5 + 1.5(t^2/l^2)} \dfrac{t^3}{l^3} E_s$	$0.805 \dfrac{t^3}{l^3} E_s$

对边长进行缩放使 $l_{类} = 1.1887 l_{六}$，则类蜂窝夹芯的等效力学参数变为

$$
\begin{cases}
E_{cx} = \dfrac{1}{0.5 + 1.5 \dfrac{t^2}{(1.1887l)^2}} \dfrac{t^3}{(1.1887l)^3} E_s \\[4mm]
E_{cy} = \dfrac{1}{0.5 + 1.5 \dfrac{t^2}{(1.1887l)^2}} \dfrac{t^3}{(1.1887l)^3} E_s \\[4mm]
G_{cxy} = 0.805 \dfrac{t^3}{(1.1887l)^3} E_s
\end{cases}
\tag{3-123}
$$

利用 MATLAB 软件将公式变为图像直观地展示出来，如图 3-39~图 3-41
所示。

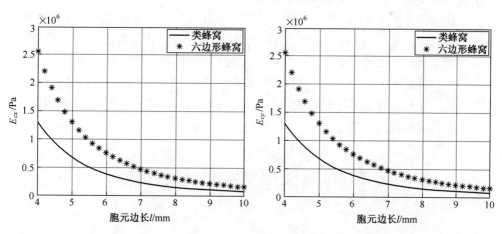

图 3-39 相同等效密度下 E_{cx} 对比　　图 3-40 相同等效密度下 E_{cy} 对比

由图 3-39~图 3-41 可以看出，在相同等效密度的情况下，正六边形蜂窝
夹芯的 E_{cx}、E_{cy}、G_{cxy} 参数均高于类蜂窝夹芯，尤其在边长较小的情况下等效
力学常数的差距更大。随着边长的增长，两种蜂窝夹芯层的等效力学参数会逐

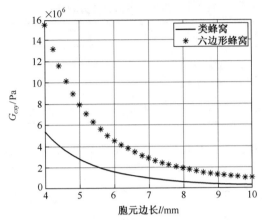

图 3-41　相同等效密度下 G_{cxy} 对比

渐接近，虽然类蜂窝夹芯层的等效力学参数在边长较小时强度并没有正六边形高，但是其变化的稳定性优于正六边形蜂窝夹芯，在 G_{cxy} 中显得尤为明显，在边长较小时正六边形蜂窝夹芯的等效 G_{cxy} 会有一个突降。因此类蜂窝夹芯的等效力学参数变化更为稳定。

通过能量法求得类蜂窝夹芯结构等效力学参数与通过改进的 Gibson 公式得到的公式一致，因此本书所用等效模型与分析过程合理可靠，也进一步说明了该类蜂窝夹芯力学推导过程的准确性。

在相同等效密度的条件下对类蜂窝夹芯和正六边形蜂窝夹芯的等效弹性参数进行对比，使用 MATLAB 软件绘图功能将两种模型的等效力学公式绘出，以达到在相同等效密度下对比的目的。得到了在相同等效密度的情况下，正六边形蜂窝夹芯的 E_{cx}、E_{cy}、G_{cxy} 参数均高于类蜂窝夹芯，但其等效力学性能随胞元边长变化时的稳定性低于类蜂窝夹芯结构，该对比方式为不同类型蜂窝夹芯结构的选取提供了参考。

3.6　蜂窝夹层结构的力学特性

▌3.6.1　蜂窝夹层结构的弯曲特性

承载夹层复合材料的力学特性主要包括夹层结构的弯曲特性、扭转特性和重量特性。夹层结构的一个显著特点是具有高的弯曲刚度（bending stiffness 或者 flexural rigidity）、弯曲强度（bending strength）和较轻的质量。弯曲刚度和弯曲强度是夹层结构很重要的两个力学性能指标。

为了便于研究，结合工程特点，作出如下假设。

（1）夹层结构面板层厚度远远小于夹层结构整体厚度。

（2）夹芯层主要承受剪应力，在夹层结构弯曲刚度和强度推导过程中可忽略夹芯层的影响。

（3）夹芯结构具有各向异性。

（4）由于面板层比较薄，忽略面板层相对于其自身质心轴的转动惯量。

下面介绍弯曲刚度与弯曲强度。

1. 弯曲刚度

弯曲刚度也称为抗弯刚度或截面弯曲刚度，是指截面抵抗弯曲变形的能力。在材料力学中，弯曲刚度通常用 EI 表达，E 为材料的弹性模量（MPa），I 为截面惯性矩（m⁴），弯曲刚度的单位为 N·m²。夹层结构弯曲刚度越大，则抵抗弯曲变形的能力越强。夹层结构上、下两层面板被夹芯层通过胶黏剂分开，这样的结构特点使夹层结构平板截面惯性矩增大，同时引起夹层结构弯曲刚度显著增加。在很多工程应用中把弯曲刚度作为夹层结构设计的衡量指标。图 3-42 所示为夹层结构受到弯曲载荷的截面示意图。

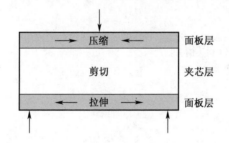

图 3-42　夹层结构受到弯曲载荷的截面示意图

一般夹层结构的上、下面板层采用同样的材料和厚度；然而在某些特定应用中，如飞机机翼的翼板夹层结构，其上、下面板层的材料和厚度均不同。为了体现通用性，本书初始假设夹层结构上、下面板材料弹性模量和厚度分别为 E_{f1}、t_{f1} 和 E_{f2}、t_{f2}，夹芯层厚度为 c。夹层结构的截面示意图如图 3-43 所示。

从图 3-42 和图 3-43 中可以看出在夹层结构受到弯曲载荷的情况下，上面板层受到挤压，产生挤压应力 σ_{f1}（MPa）和压应变 ε_{f1}；下面板层受到拉伸，产生拉伸应力 σ_{f2}（MPa）和拉伸应变 ε_{f2}；夹芯层则主要受到剪应力。根据力的平衡条件可知，上面板的挤压力 F_1（N）和下面板的拉伸力 F_2（N）相

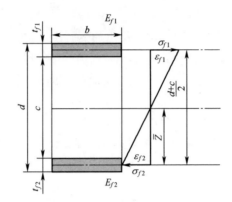

图 3-43 夹层结构的截面示意图

等，即

$$F_1 = F_2 \tag{3-124}$$

设上、下面板在夹层结构宽度 $b(\mathrm{mm})$ 方向的截面积为 $A_1(\mathrm{mm}^2)$ 和 $A_2(\mathrm{mm}^2)$，对应的正应力分别为 σ_{f1} 和 σ_{f2}，根据式（3-124）有

$$\sigma_{f1} A_1 = \sigma_{f2} A_2 \Rightarrow \sigma_{f1} t_{f1} b = \sigma_{f2} t_{f2} b \tag{3-125}$$

简化式（3-125）可以得到如下关系式：

$$\frac{\sigma_{f1}}{\sigma_{f2}} = \frac{t_{f2}}{t_{f1}} \tag{3-126}$$

又根据胡克定律可以得到

$$\varepsilon_{f1} = \frac{\sigma_{f1}}{E_{f1}}, \ \varepsilon_{f2} = \frac{\sigma_{f2}}{E_{f2}} \tag{3-127}$$

将式（3-126）代入式（3-127）则有

$$\frac{\varepsilon_{f1}}{\varepsilon_{f2}} = \frac{t_{f2}}{t_{f1}} \frac{E_{f2}}{E_{f1}} \tag{3-128}$$

设面板中心点到夹层结构中心轴的距离为 $\overline{Z}(\mathrm{mm})$，如图 3-43 所示，可得

$$\frac{\varepsilon_{f1}}{\varepsilon_{f2}} = \frac{(d+c)/2 - \overline{Z}}{\overline{Z}} \tag{3-129}$$

简化后得到

$$\overline{Z} = \frac{\dfrac{(d+c)}{2}}{\dfrac{\varepsilon_{f1}}{\varepsilon_{f2}} + 1} \tag{3-130}$$

将式（3-128）代入式（3-130），可得

$$\overline{Z} = \frac{E_{f1}t_{f1}\dfrac{(d+c)}{2}}{E_{f1}t_{f1} + E_{f2}t_{f2}} \tag{3-131}$$

此外，如图 3-43 所示，可以得到夹层结构的等效截面惯性矩 I_{eq} 为

$$I_{eq} = t_{f1}\left(\frac{d+c}{2} - \overline{Z}\right)^2 + \frac{E_{f2}}{E_{f1}}t_{f2}\,\overline{Z}^2 + \frac{t_{f1}^3}{12} + \frac{1}{12}\frac{E_{f2}}{E_{f1}}t_{f2}^3 \tag{3-132}$$

将式（3-131）代入式（3-132）中可得

$$I_{eq} = \left(\frac{E_{f2}t_{f2}t_{f1}}{E_{f1}t_{f1} + E_{f2}t_{f2}}\right)\left(\frac{d+c}{2}\right)^2 + \frac{t_{f1}^3}{12} + \frac{1}{12}\frac{E_{f2}}{E_{f1}}t_{f2}^3 \tag{3-133}$$

根据复合材料力学理论和材料力学理论，可知每单位宽度（$b=1$）夹层结构的弯曲刚度 $D(\mathrm{N}\cdot\mathrm{m}^2)$ 有如下等式关系：

$$D = E_{f1}I_{eq} \tag{3-134}$$

根据式（3-133）、式（3-134）可得

$$D = \left(\frac{E_{f1}E_{f2}t_{f1}t_{f2}}{E_{f1}t_{f1} + E_{f2}t_{f2}}\right)\left(\frac{d+c}{2}\right)^2 + \frac{E_{f1}t_{f1}^3}{12} + \frac{E_{f2}t_{f2}^3}{12} \tag{3-135}$$

当夹层结构上、下面板层采用同样的材料并且厚度相同，即 $E_{f1} = E_{f2} = E_f$，$t_{f1} = t_{f2} = t_f$，同时 $d = 2t_f + c$，代入式（3-135）可以得到夹层结构的弯曲刚度 D 为

$$D = \frac{E_f t_f (t_f + c)^2}{2} + \frac{E_f t_f^3}{6} \tag{3-136}$$

如果夹层结构面板层厚度 $t_f \ll d$，即 $t_f \ll c$，则式（3-136）可以简化为

$$D = \frac{E_f t_f c^2}{2} \tag{3-137}$$

即宽度为 b 的夹层结构弯曲刚度为 $D = \dfrac{E_f t_f b c^2}{2}$，单位为 $\mathrm{N}\cdot\mathrm{m}^2$。

2. 弯曲强度

弯曲强度是指材料在弯曲载荷作用下破坏或达到规定挠度时能承受的最大应力，单位为 $\mathrm{N/m^2(Pa)}$。在夹层结构的设计过程中，必须考虑到当夹层结构受到弯曲载荷（或者弯矩）时面板层可以承受的弯曲强度。根据材料力学理论，可以得到面板层的弯曲强度 $\sigma_{f\max}$ 为

$$\sigma_{f\max} = \frac{M_{\max}}{I_{eq}}y \tag{3-138}$$

式中，M_{max} 为夹层结构最大弯矩，N·m；y 为夹层结构厚度的 1/2，m。

由于 $D = E_f I_{eq}$，代入式（3-138）可得

$$\sigma_{f\max} = \frac{E_f\, M_{\max}}{D} y \qquad\qquad (3\text{-}139)$$

当夹层结构面板层很薄时（$t_f \ll c$），$y = \dfrac{d}{2} = \dfrac{(t_f + c)}{2} \approx \dfrac{c}{2}$，单位宽度

$D = \dfrac{E_f\, t_f\, c^2}{2}$，代入式（3-139）可得

$$\sigma_{f\max} = \frac{E_f\, M_{\max}}{\dfrac{E_f\, t_f\, c^2}{2}}\, \frac{c}{2} = \frac{M_{\max}}{t_f\, c} \qquad\qquad (3\text{-}140)$$

■ 3.6.2 蜂窝夹层结构的扭转特性

夹层结构除了受到侧向载荷、平面弯矩外，在某些情况下也受到扭转载荷。随着夹层结构的应用日益广泛，国内外越来越多的机构和个人开始研究夹层结构在受到扭转载荷作用时的力学特性，尤其是夹层结构的扭转刚度计算[102-114]。扭转刚度也称为抗扭刚度或截面扭转刚度，是指截面抵抗扭曲变形的能力。图 3-44 所示为夹层结构受到扭转载荷 P 的示意图。图 3-45 所示为夹层结构受到扭矩的示意图，其中 T 为夹层结构受到的扭矩。

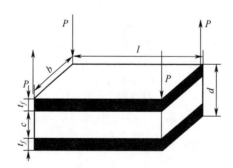

图 3-44 夹层结构受到扭转载荷 P 的示意图

当受到扭转载荷或者扭矩时，夹层结构各层将受到剪切力的作用。本书主要研究其剪切强度和扭转刚度问题。过去的几十年，国内外许多研究机构和个人都针对夹层结构在受到剪切力的作用时的剪切特性进行了深入的研究[113,115-117]，其中 Vinson[117] 推导的剪切特性最为完善。Vinson 对夹层结构

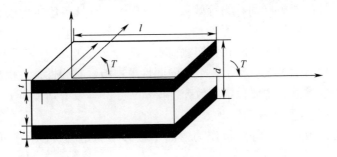

图 3-45 夹层结构受到扭矩的示意图

面板层、夹芯层和胶黏剂层的剪切特性分别进行了研究和推导，得到了夹层结构各层的面内剪切强度（in-plane shear strength）公式，这些公式将作为本节后续研究工作的基础。

根据 Vinson 推导的结论可知，夹层结构面板层剪切强度 σ_{fs} 为

$$\sigma_{fs} = \frac{\pm P}{2t_f c} \qquad (3-141)$$

夹层结构夹芯层剪切强度 σ_{cs} 为

$$\sigma_{cs} = \pm \left(\frac{P}{2t_f c} \right) \left(\frac{G_{cxy}}{G_f} \right) \qquad (3-142)$$

式中，P 为夹层结构受到的扭转载荷，N；G_f 为面板层在 xy 平面上的（等效）剪切模量，MPa；G_{cxy} 为夹芯在 xy 平面上的等效剪切模量，MPa。

面板层材料一般为单一材料，其 G_f 为该材料的剪切模量；如果面板层材料采用复合材料层合板，则 G_f 为面板层在 xy 平面上的等效剪切模量，其具体推导过程将在 3.6.3 小节详细描述。

根据 Seide[114] 提出的经典公式，可以得到单位宽度（$b = 1$）的夹层结构扭转刚度的表达式为

$$K = \frac{2}{3} G_f t_f^3 + G_f t_f^2 c + \frac{G_f t_f c^2}{2} + \frac{G_{cxy} c^3}{12} \qquad (3-143)$$

式中，K 为夹层结构扭转刚度，N·m。

▌3.6.3 蜂窝夹层结构力学等效模型

夹层复合材料的等效力学性能将通过其夹层结构力学等效模型来反映。本小节将采用等效板理论来研究夹层结构力学等效模型[118]。

等效板理论的基本思想为：将夹层结构即夹层板等效成与原夹层板不等厚

度的各向同性的薄板（简称为等效板）；等效板同时具备弯曲平板和平面应力板的特征，即等效板除了承受弯曲载荷、扭转载荷和垂直于板面的剪切载荷外，同时还承受面内的拉压和剪切载荷。

夹层结构力学等效模型是一个各向同性单层板，其弹性常数也称为夹层结构的等效弹性常数，主要包括等效弹性模量 E_{eq}、等效剪切模量 G_{eq}、泊松比 v_{eq}、等效密度 ρ_{eq}。

根据等效板理论，等效板作为弯曲平板必须满足小挠度薄板的基尔霍夫（Kirchhoff）假设。

（1）直法线假设：即变形前垂直于中面的直线，变形后仍垂直于弯曲后的中面，且其长度不因受力而发生改变。

（2）略去垂直于面板的正应力：$\sigma_z = 0$。

（3）板的中面上各点没有平行于中面的位移。依据 Kirchhoff 假设，等效板的弯曲刚度可以通过弹性力学知识推导得到[89]：

$$D_{eq}^B = \frac{E_{eq} t_{eq}^3}{12(1 - v_{eq}^2)} \qquad (3-144)$$

式中，E_{eq} 为等效板的弹性模量，MPa；t_{eq} 为等效板的厚度，mm；v_{eq} 为等效板的泊松比；D_{eq}^B 为等效板的弯曲刚度，N·m。

同时，等效板作为平面应力板，只承受面内的载荷，产生沿厚度方向均匀的正应力和剪应力，从而得到平面应力的刚度：

$$D_{eq}^P = E_{eq} t_{eq} \qquad (3-145)$$

$$D_{eq}^S = G_{eq} t_{eq} \qquad (3-146)$$

式中，G_{eq} 为等效板的剪切模量，MPa；D_{eq}^P 为等效板的平面刚度，N·m；D_{eq}^S 为等效板的剪切刚度，N·m。

为了求得等效板的弹性常数，本小节采用等刚度法，也即夹层结构平板和等效板两者具有相同的刚度。运用等刚度法的思想，结合工程算法，可以得到

$$\begin{cases} \dfrac{E_{eq} t_{eq}^3}{12(1 - v_{eq}^2)} = \dfrac{E_f t_f (t_f + c)^2}{2(1 - v_f^2)} \\ E_{eq} t_{eq} = 2E_f t_f + E_c c \\ G_{eq} t_{eq} = 2G_f t_f + G_c c \\ v_{eq} = v_f \end{cases} \qquad (3-147)$$

式中，E_c 为 E_{cx} 或者 E_{cy}，为夹芯在 x 或者 y 方向上的等效弹性模量，MPa；G_c 为 G_{cxy}，为夹芯在 xy 平面上的等效剪切模量，MPa。

求解方程组（3-147）可以求得

$$\begin{cases} t_{eq} = (t_f + c) \sqrt{\dfrac{E_f t_f}{2E_f t_f + E_c c}} \\[3mm] E_{eq} = \dfrac{2E_f t_f + E_c c}{t_{eq}} \\[3mm] G_{eq} = \dfrac{2G_f t_f + G_c c}{t_{eq}} \\[3mm] v_{eq} = v_f \end{cases} \tag{3-148}$$

若夹层结构为正六边形蜂窝夹层结构，则根据 3.3 节的式（3-51）可知

$$\begin{cases} E_c = E_{cx} = E_{cy} \approx \dfrac{4}{\sqrt{3}} E_s \dfrac{t^3}{l^3} \\[3mm] G_c = G_{cxy} = \dfrac{E_s}{\sqrt{3}} \dfrac{t^3}{l^3} \end{cases} \tag{3-149}$$

将式（3-149）代入式（3-148）中，可以得到正六边形蜂窝夹层结构的等效弹性常数。

由于夹层板等效前后质量相等，则等效密度 $\rho_{eq}(\text{kg/m}^3)$ 为

$$\rho_{eq} = \frac{2\rho_f t_f + \rho_c c}{t_{eq}} \tag{3-150}$$

本节根据复合材料力学理论和材料力学理论，对夹层复合结构的力学特性，主要包括夹层结构的弯曲特性和扭转特性，分别进行研究，导出其强度、刚度和质量的计算公式，以作为夹层复合材料轻量化设计的理论基础；运用等效板理论，构建了承载夹层复合材料夹层结构的力学等效模型，对等效模型的弹性常数的计算公式进行了推导。

3.7　本章小结

（1）本章采用经典梁弯曲理论和能量法对方形、六边形和类方形、类蜂窝夹芯主要等效力学参数进行推导，采用有限元仿真的方法，对六边形、类方形蜂窝夹芯模型和类蜂窝夹芯模型进行仿真计算，使用经典梁弯曲理论和能量法推导出的公式对该模型进行等效力学参数计算，将仿真值与理论值进行对比，验证了推导出的公式的正确性。

（2）类方形蜂窝夹芯结构[119]作为六边形蜂窝结构的演变体，泊松比为 0

可以作为求解蜂窝结构等效弹性常数的重要验证条件使用，具有重要的理论和实际意义。

（3）运用等效板理论，构建了承载夹层复合材料夹层结构的力学等效模型，并对等效模型的弹性常数的计算公式进行了推导，为夹层复合材料结构优化设计奠定理论基础。

通过本章的论述可以看出，有关蜂窝芯层等效参数的研究已经取得了很大的进展，尤其是在蜂窝芯层面内等效参数方面。结合本书的研究工作，作者认为还有以下几个方面需要加强和完善。

（1）深化夹层复合材料的力学特性研究。运用复合材料力学和材料力学等理论，针对其他形状结构的夹层复合材料及其力学特性继续深入研究，同时考虑胶黏剂对夹层结构力学性能的影响，扩大夹层复合材料在工程中的应用范围。

（2）针对夹芯结构的力学等效模型和等效方法做进一步研究。本章主要针对方形、六边形、类方形和类蜂窝夹芯结构进行了系统的总结，因此下一步的工作将需要对其他新型夹芯结构的力学性能进行研究，同时研究不同的等效方法，建立更加精确的力学等效模型。

（3）拓展夹层复合材料的应用范围。结合更多与卫星结构有着类似结构与设计特点的产品实例，采用夹层复合材料代替其原有材料，研究其轻量化设计方法，以拓宽夹层复合材料的应用范围。

第4章

蜂窝夹层结构的振动特性

4.1 引 言

■ 4.1.1 蜂窝夹层结构振动特性的研究现状

蜂窝夹层结构材料作为一种强度高、质量轻、稳定性非常好的复合型材料，其夹芯层密度低、相对刚性较高，面板层则拥有刚度高、弹性模量大的优点，利用胶黏剂将面板和夹芯层有效结合后，在航空航天、交通运输、建筑工程、物品保存等方面得到了广泛的应用。随着当今国内外对蜂窝夹层结构的深入研究，传统的一些蜂窝夹层结构已经不能保障在所有工况下的相对稳定性，导致一些结构之间相互发生共振而产生失效，因此对蜂窝夹层结构的振动特性进行分析和研究就具有非常重要的实际工程意义，从而防止复合结构因为固有频率接近而发生共振造成结构的破坏，多年来，许多学者对蜂窝夹层结构的振动特性进行了一些相关的研究和探索。

Cheng 等[120]和 Buannic 等[121]利用均质化理论和有限元数值方法分别研究了波纹型芯层和折板型芯层夹层板的等效弹性常数问题；王展光等[122]将金字塔型芯层夹层板假设成均匀芯层夹层板，借助 Reissner 夹层板理论，对其自振频率以及在简谐载荷下的强迫振动进行了研究，以简支板为例，得到其解析解，并与有限元进行比较分析，两者结果吻合较好；吴晖和俞焕然[123]采用类似的方法研究了四边简支正交各向异性波纹型夹层板的自由振动问题；Lok 和 Cheng[124]采用等效弹性常数的方法研究了桁架芯层央层板的自由振动和强迫振动问题；Noor 等[125]对面板具有复合材料的夹层板采用三维计算模型分析，给出了自由振动的解析解，并讨论了该夹层板的几何参数、材料参数以及面板的复合层结构对其自由振动的影响；Lok 和 Cheng[126-127]将夹层板等效成各向异性单层板，对其进行了弯曲和振动响应分析；Kant 和 Swaminathan[128-129] 采用高阶精细理论研究了夹层板和层合板的静力和自由振动问题，在该位移场理论模型中，考虑了横向剪切变形、横向正应变及面内位移沿板厚的非线性变化，通过与其他的一阶和高阶理论比较，采用该理论得到的结果精确度更高，与三维弹性理论解相比，两者吻合较好。

Luccioni 和 Dong[130] 基于经典层合板理论，对中厚均质和复合材料层合板的固有频率进行了研究，结果表明过高估计了结构的固有频率；师俊平等[131]基于经典层合板理论和哈密顿原理推导了任意铺设层合板的自由振动变分方程，并在此基础上得到了对称和反对称铺设矩形层合板在简支条件下自由振动的基频；Thai 和 Choi[132] 即基于一阶剪切变形理论对复合材料层合板的自由振动问题进行了研究；夏传友和闻立洲[133] 基于一阶剪切层合板理论得到了对称正交铺设层合板在各种边界条件下的自振频率解析解；Reddy 和 Phan[134] 运用高阶变形理论研究层合板的稳定性和自由振动问题；Nayak 和 Shenoi[135] 和 Lee 和 Kim[136] 在 Reddy 高阶理论的基础上分别研究了复合材料层合板和夹层板的振动和屈曲问题；Ferreira 等[137] 对 Layerwise 理论进行了发展，将层合板的各子层都视为 Mindlin 板，分析了复合材料层合板的静力和自由振动问题；Marjanovic 和 Vuksanovic[138] 基于 Layerwise 理论对含分层损伤的复合材料层合板及夹层板的自由振动和屈曲进行了研究；Chalak 等[139] 基于高阶锯齿理论研究了角对称复合材料层合板和夹层板的弯曲和振动问题。

Liu 等[140] 采用半解析法对等壁厚方形蜂窝夹层板的弯曲、屈曲和自由振动进行了详细讨论；任树伟等[141] 以 Hoff 夹层板理论为基础，采用理论计算与仿真模拟相结合的方法，系统地研究了等壁厚方形蜂窝夹层曲板的振动特性；邸馗和茅献彪[142] 应用 Reddy 剪切板理论分析了对边简支负泊松比等壁厚蜂窝夹层板的弯曲自由振动特性；李永强等[143-144] 采用经典叠层板理论、一阶剪切板理论和三阶剪切板理论分别研究了双壁厚六边形蜂窝夹层板在四边简支及四边固支下的弯曲自由振动特性；王盛春等[145] 以四边简支正交各向异性矩形双壁厚六边形蜂窝夹层板为研究对象，应用 Reissner-Mindlin 夹层板剪切理论，在考虑横向剪切变形的基础上，获得了四边简支矩形蜂窝夹层板弯曲振动固有频率的精确解；李永强等[146] 以铝基蜂窝夹层结构为研究对象，利用夹层板理论对四边固支铝基蜂窝夹层板弯曲自由振动进行分析；Li 等[147] 利用同伦分析方法研究了四边简支对称矩形蜂窝夹芯板的几何非线性自由振动，建立了非线性自由振动的基本方程，研究了轴向半波、高度和高度比对蜂窝夹层板非线性自由振动的影响。Burlayenko 和 Sadowski[148] 研究了泡沫材料对六角蜂窝夹芯板自由振动和屈曲特性的影响。Zhao 等[149] 以蜂窝夹芯梁和蜂窝夹芯板为研究对象，在考虑自由边界条件的情况下，通过数值和物理实验，得到了结构的振动响应。

Li 等[150-151]研究了四边简支对称矩形蜂窝夹芯板的非线性主共振，利用 Hamilton 原理和 Reddy 三阶剪切变形理论，推导了对称矩形蜂窝夹芯板在横向激励下的非线性控制方程，建立了主共振的频率响应曲线，研究了厚长比、宽长比和横向激励对蜂窝夹层板非线性主响应的影响。Wang 等[152]研究了分层复合蜂窝夹芯夹层板的振动特性，采用分层复合材料蜂窝夹芯正交异性本构模型，建立等效模型，利用有限元模型及模态试验对夹层板的固有频率和振型进行了预测，发现利用等效模型得到的预测结果与实验和三维有限元分析结果相吻合。Upreti 等[153]利用有限元软件 ANSYS，以 5052 铝为六角形蜂窝芯材，以碳/玻璃纤维单向复合材料为面板，研究蜂窝夹层结构的固有频率，在静态载荷下，计算了面板厚度从 0.5 mm 到 2.5 mm 的试件的固有频率，结果表明：随着面板厚度的增加，固有频率逐渐增大并趋于收敛。Zhang 等[154]综合研究了蜂窝波纹混合芯微穿孔夹芯梁的模态性能，利用有限元方法和模态分析技术对其固有频率和振型进行了预测，实验和三维有限元计算结果表明，微穿孔夹层梁的固有频率略低于相应阶次的非微穿孔夹层梁的固有频率。李威[155]运用夹层板理论，建立几类主流的蜂窝芯夹层板结构在四边简支边界条件下的振动控制方程，利用仿真软件对其进行建模和模拟仿真，得到各阶模态及其对应频率，并将数值解析的计算结果同软件仿真的模拟结果进行对比，验证了理论模型的正确性与可靠性。Yang 等[156]采用正弦扫频试验研究了不同蜂窝芯尺寸的纸蜂窝夹层结构在不同静应力作用下的最大振动传递率，分析了蜂窝单元长度、夹层结构厚度和静应力对最大振动传递率的影响，得到了最大振动传递率的线性多项式方程，结果表明，随着蜂窝体单元长度、夹层结构厚度和静应力的增加，最大振动传递率稳定增大。董宝娟和张君华[157]针对具有梯度的负泊松比蜂窝夹层板，计算出前十阶的固有频率，从理论方法和仿真结果进行对比。何彬和李响为了得到合理的能满足不同性能要求的蜂窝夹层结构夹芯层构型，提出一种夹芯层的近似设计方法，研究了其轴向承载性能和振动特性[158-160]。卢翔等[161]以双层蜂窝夹芯结构为研究对象，采用理论计算与仿真模拟相结合的方法分析其自由振动特性。朱秀芳和张君华[162]研究了负泊松比蜂窝夹层板几何参数变化对板振动频率的影响，并得到了频率随泊松比的变化规律，研究结果表明，系统的固有频率随板的芯厚比、蜂窝芯胞元倾角、蜂窝芯壁厚与斜壁之比的增加都在减少，而随着板长厚比的增加而增加，并且分别研究了正负泊松比对蜂窝夹层结构固有振动特性的影响。李响等[163]对四边简支条件下类方形蜂窝振动特性进行了研究，认为影响夹层结构固有频率的三个主要因素所占权重由大到小依次为蜂窝夹芯 yOz 面等效剪切模量、蜂窝夹芯等效密度、蜂窝夹芯壁厚。

▌4.1.2 本章主要研究内容

本章将以六边形蜂窝夹层结构、类方形蜂窝夹层结构和类蜂窝夹层结构这三种蜂窝夹层结构为研究对象，采用理论分析、数值模拟相结合的方法，分别对这三种蜂窝夹层结构的振动特性进行分析和研究。

本章主要研究内容如下。

（1）4.1 节为本章的引言部分，介绍了国内外学者对蜂窝夹层结构振动特性的研究现状以及本章的主要研究内容。

（2）4.2 节内容主要修正了双壁厚六边形蜂窝芯层等效参数的表达式并且在此基础上研究了六边形蜂窝结构的自由振动问题。

1）基于 Y 形胞元模型，考虑胞壁的剪切变形影响，利用 Timoshenko 梁理论推导了双壁厚六边形蜂窝芯层等效参数的表达式，然后通过特征单胞的有限元数值模拟证明了理论计算公式的正确性。

2）基于 Reissner 理论考虑夹芯的剪应变，推导出了正交各向异性矩形蜂窝夹层板的自由振动控制方程，并给出了四边简支条件下矩形蜂窝夹层板弯曲振动固有频率的精确解。然后采用一阶剪切层合板理论来分析复合材料蜂窝夹层板的固有频率，将理论计算结果与有限元数值模拟结果对比以验证该方法的可行性。最后在此基础上研究了蜂窝夹层板各项特征参数对其固有频率的影响。

（3）4.3 节内容针对四边简支类方形蜂窝夹层结构，在深入对比等壁厚与双壁厚六边形蜂窝夹芯等效弹性参数的基础上，推导类方形蜂窝夹芯的等效弹性参数；然后以蜂窝夹层结构的实际构造为基础，根据类方形蜂窝结构与凸六边形蜂窝结构的相似性，引用蜂窝夹层结构的自由振动方程，采用理论计算与仿真模拟相结合的方法，求解四边简支条件下类方形蜂窝夹层结构的振动特性；最后分析夹芯壁厚、夹芯等效密度及等效剪切模量等对四边简支类方形蜂窝夹层结构固有频率的影响。

（4）4.4 节内容针对新型类蜂窝结构在力学性能的基础上研究其振动特性。

1）基于 Reissner 夹层板剪切理论，建立了新型类蜂窝夹层结构的力学模型，运用能量法推导出类蜂窝夹芯纵向剪切模量和夹芯结构的等效密度。

2）基于类蜂窝夹层结构的力学模型，构建了类蜂窝夹层结构的振动模型，推导出类蜂窝夹层结构在四边简支边界条件下的固有频率方程，并利用有限元数值模拟对其进行验证。经对比发现：由理论计算所得到的类蜂窝夹层板的固有频率与数值模拟所得到的结果误差保持在 8% 以内，验证了振动模型的正确性。

3）研究了类蜂窝夹芯结构的各胞元尺寸、夹芯层厚度、面板厚度以及胞元数量等因素对其固有频率的影响，分析了类蜂窝夹层结构固有频率的变化规律，得出在整体类蜂窝结构最稳定的状态下各个参数尺寸的大小及变化规律。

本章的研究在理论和实践上为轻量化材料和结构的创新构型和可靠性设计提供了新思路，同时也可促进新型夹层结构材料在工程领域中的应用推广。

4.2　六边形蜂窝夹层结构的振动特性

▌4.2.1　基于 Y 模型的蜂窝芯层等效参数的修正

到目前为止，对于蜂窝芯层等效参数的研究工作大部分是根据 Gibson 提出的胞元材料理论，即对蜂窝壁板采用 Euler–Bernoulli 梁理论，在小变形条件下只考虑了蜂窝壁板的弯曲变形，给出的双壁厚蜂窝芯层面内等效弹性参数表达式为

$$
\begin{cases}
E_1 = E_s \dfrac{t^3}{l^3} \dfrac{\cos\theta}{(\beta + \sin\theta)\sin^2\theta} \\[2mm]
E_2 = E_s \dfrac{t^3}{l^3} \dfrac{\beta + \sin\theta}{\cos^3\theta} \\[2mm]
G_{12} = E_s \dfrac{t^3}{l^3} \dfrac{\beta + \sin\theta}{\beta^2(1 + \beta/4)\cos\theta}
\end{cases}
,\quad
\begin{aligned}
v_{12} &= \dfrac{\cos^2\theta}{(\beta + \sin\theta)\sin\theta} \\[2mm]
v_{21} &= \dfrac{(\beta + \sin\theta)\sin\theta}{\cos^2\theta}
\end{aligned}
\tag{4-1}
$$

式中，$\beta = h/l$；E_s 为蜂窝夹芯材料的弹性模量；t 为倾斜胞壁的厚度；l 为倾斜胞壁的长度；h 为竖直胞壁的长度；θ 为蜂窝特征角，如图 4-1 所示。

式（4-1）未考虑蜂窝壁板的伸缩和剪切变形的影响，在有限元分析时，蜂窝芯层等效成均质的正交异性层，其应力应变关系为

$$
\begin{Bmatrix} \sigma_1 \\ \sigma_2 \\ \tau_{12} \end{Bmatrix} = D \begin{Bmatrix} \varepsilon_1 \\ \varepsilon_2 \\ \gamma_{12} \end{Bmatrix} = \begin{bmatrix} \dfrac{E_1}{1 - v_{12}v_{21}} & \dfrac{v_{21}E_1}{1 - v_{12}v_{21}} & 0 \\[3mm] \dfrac{v_{12}E_2}{1 - v_{12}v_{21}} & \dfrac{E_2}{1 - v_{12}v_{21}} & 0 \\[3mm] 0 & 0 & G_{12} \end{bmatrix} \begin{Bmatrix} \varepsilon_1 \\ \varepsilon_2 \\ \gamma_{12} \end{Bmatrix}
\tag{4-2}
$$

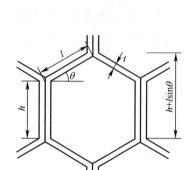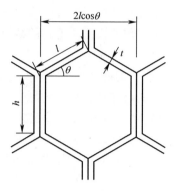

图 4-1 蜂窝胞元几何模型

将式（4-1）代入式（4-2）可以发现 $v_{12}v_{21}=1$，这将导致结构刚度矩阵产生奇异。为克服这一缺陷，富明慧在 Gibson 公式的基础上，进一步考虑了蜂窝壁板伸缩变形的影响，给出了以下双壁厚蜂窝芯层面内等效参数表达式：

$$\begin{cases} E_1 = E_s \dfrac{t^3}{l^3} \dfrac{\cos\theta}{(\beta + \sin\theta)\sin^2\theta}\left(1 - \dfrac{t^2}{l^2}\cot^2\theta\right) \\[2mm] v_{12} = \dfrac{\cos^2\theta}{(\beta + \sin\theta)\sin\theta}\left(1 - \dfrac{t^2}{l^2}\csc^2\theta\right) \\[2mm] E_2 = E_s \dfrac{t^3}{l^3} \dfrac{\beta + \sin\theta}{\cos^3\theta}\left[1 - (\beta\sec^2\theta + \tan^2\theta)\dfrac{t^2}{l^2}\right] \\[2mm] v_{21} = \dfrac{\beta + \sin\theta}{\cos^2\theta}\left[1 - (\beta + 1)\sec^2\theta\dfrac{t^2}{l^2}\right] \end{cases} \qquad (4-3)$$

可以发现各等效参数的表达式都是在原有的 Gibson 公式上加了一个小修正项，进而使 $v_{12}v_{21}\neq1$，结构的刚度矩阵不再奇异。

近几十年来，国内外学者对蜂窝芯层等效参数的研究取得了很大的进展。但是，在这些研究文献中，鲜有考虑胞元壁板剪切变形的影响。实际上，当芯层的高度相对跨度不是太小时，Euler-Bernoulli 梁因未考虑剪切变形的影响，由此理论推导的等效参数表达式会产生一定的误差。因此本章基于赵金森[164]提出的 Y 形胞元模型，考虑胞元壁板剪切变形的影响，采用 Timoshenko 梁理论来推导蜂窝芯层等效参数的表达式。如图 4-2 所示虚线所包围的矩形就是 Y 形胞元等效模型，每个矩形有一个厚度为 $2l$ 的竖直胞壁和两个厚度为 t 的倾斜胞壁。

正六边形双壁厚蜂窝芯层的等效参数为

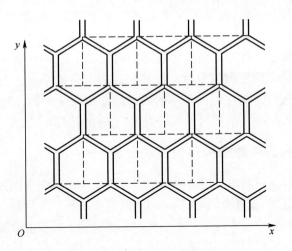

图 4-2　Y 形胞元等效模型

面内
$$\begin{cases} E_{cx} = \dfrac{4}{\sqrt{3}}E_s\dfrac{t^3}{l^3}\dfrac{1}{1+(5.4+2.2v_s)(t/l)^2} \\[3mm] v_{12} = \dfrac{1+(1.4+2.2v_s)(t/l)^2}{1+(5.4+2.2v_s)(t/l)^2} \\[3mm] E_{cy} = \dfrac{4}{\sqrt{3}}E_s\dfrac{t^3}{l^3}\dfrac{1}{1+(2.4+2.2v_s+5/3)(t/l)^2} \\[3mm] v_{21} = \dfrac{1+(1.4+2.2v_s)(t/l)^2}{1+(2.4+2.2v_s+5/3)(t/l)^2} \\[3mm] G_{cxy} = \dfrac{4}{\sqrt{3}}E_s\dfrac{t^3}{l^3}\dfrac{1}{5/4+(2.4+2.2v_s)(t/l)^2} \end{cases} \quad (4-4)$$

面外
$$\begin{cases} G_{cxz} = \dfrac{\sqrt{3}}{3}\dfrac{t}{l}G_s \\[3mm] \dfrac{\sqrt{3}}{2}\dfrac{t}{l}G_s \leqslant G_{cyz} \leqslant \dfrac{5\sqrt{3}}{9}\dfrac{t}{l}G_s \\[3mm] E_{cz} = \dfrac{8\sqrt{3}}{9}\dfrac{t}{l}G_s \end{cases} \quad (4-5)$$

密度
$$\rho_c = \dfrac{8\sqrt{3}}{9}\dfrac{t}{l}\rho_s \quad (4-6)$$

由理论的推导可知双壁厚正六边形蜂窝芯层面外剪切模量 G_{cyz} 不具有确定

值，只能给出其上下限，进而给工程计算带来了困扰。在文献 [165] 中，富明慧和徐欧腾针对薄面板的情况，给出了芯材面外等效剪切模量近似弹性力学解答，并由此确定蜂窝芯体面外等效剪切模量的上限值与经典的 Gibson 公式和 Kelsey 公式给出的下限值重合，经典公式的上限值偏大，主要是因为在推导过程中将面板视为刚性的，芯体的面外翘曲被完全限制，对于薄面板（或者芯层相对面板较厚）的情况，这种假设与实际情况出入较大。

▌4.2.2　蜂窝夹层板结构自由振动分析

蜂窝夹层板一般是由三层材料构成，其中上下两层多为高强度、高模量的材料，而中间层为较厚的轻质材料。对于蜂窝夹层板，因为其具有独特的结构形式，力学特性分析较为复杂。但是现有关于蜂窝夹层板固有频率的解析解多是基于各向同性材料的夹层板壳，而由 4.2.1 小节理论部分的内容可知，蜂窝芯层是正交各向异性的，进而将在 Reissner 经典夹层板理论的基础上考虑夹芯的剪应变来推导正交各向异性蜂窝夹层板的振动方程并给出其在四边简支边界条件下自由振动固有频率的精确解，并探讨蜂窝夹层板各项特征参数对其固有频率的影响。

1. 蜂窝夹层板自由振动控制方程

现考虑一块由等厚度的各向同性上下对称面板和正交各向异性的夹芯所组成的蜂窝夹层板，如图 4-3 所示。芯层厚度为 h_c，面板厚度为 h_f，取夹层板中面为坐标平面 xy 且材料主轴与 x 轴和 y 轴一致。z 轴垂直于 xy 面，在 $z>0$ 一侧的面板为上面板，在 $z<0$ 一侧的面板为下面板。

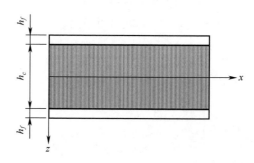

图 4-3　蜂窝夹层板构造示意图及坐标系统

在由 Reissner 夹层板理论进行分析时，常作以下几点基本假设[166]。

假设一：由于面板的厚度相对整个夹层板厚度很小，将面板当作薄膜来处理，即面板只承受面内力 σ_x、σ_y、τ_{xy}，且沿厚度均匀分布。

假设二：由于芯层较软，认为其仅能抵抗横向剪切变形，忽略芯层中平行于 x-y 平面的应力分量，即在夹芯中 $\sigma_x = \sigma_y = \tau_{xy} = 0$。

假设三：假定在夹芯和面板中 $\varepsilon_z = 0$，并且不计 σ_z 对变形的影响，即假定 $\sigma_z = 0$。

夹层板内力和应变的关系如下。

（1）剪力 Q_x、Q_y 和应变的关系。由假设二知，夹芯在面内的平衡方程可简化为

$$\frac{\partial \tau_{xz}}{\partial z} = 0, \quad \frac{\partial \tau_{yz}}{\partial z} = 0 \tag{4-7}$$

即剪应力 τ_{xz} 和 τ_{yz} 在厚度方向上是均匀分布的。

由假设一可知，只有夹芯中的剪应力组成夹层板中的总横向剪力 Q_x 和 Q_y，则有

$$\tau_{xz} = \frac{Q_x}{h_c}, \quad \tau_{yz} = \frac{Q_y}{h_c} \tag{4-8}$$

根据文献 [169] 知，当假定夹芯与面板的连接是在面板的中面上，以下的公式更接近实际情况：

$$\tau_{xz} = \frac{Q_x}{h_c + h_f}, \quad \tau_{yz} = \frac{Q_y}{h_c + h_f} \tag{4-9}$$

根据胡克定律，相应的剪应变为

$$\gamma_{xz} = \frac{\partial w}{\partial x} + \frac{\partial u}{\partial z} = \frac{Q_x}{G_{cxz}(h_c + h_f)}, \quad \gamma_{yz} = \frac{\partial w}{\partial y} + \frac{\partial v}{\partial z} = \frac{Q_y}{G_{cyz}(h_c + h_f)} \tag{4-10}$$

式中，G_{cxz}、G_{cyz} 分别为夹芯在 xz 和 yz 平面内的剪切模量。

对 z 积分，得到

$$u = -z\phi_x, \quad v = -z\phi_y \tag{4-11}$$

其中，

$$\phi_x = \frac{\partial w}{\partial x} = -\frac{Q_x}{G_{cxz}(h_c + h_f)}, \quad \phi_y = \frac{\partial w}{\partial y} = -\frac{Q_y}{G_{cyz}(h_c + h_f)} \tag{4-12}$$

将式（4-11）整理后得

$$Q_x = C_x\left(\frac{\partial w}{\partial x} - \phi_x\right), \quad Q_y = C_y\left(\frac{\partial w}{\partial y} - \phi_y\right) \tag{4-13}$$

式中，C_x、C_y 分别为夹层板在 x、y 方向上的剪切刚度，其值为

$$C_x = G_{cxz}(h_c + h_f), \quad C_y = G_{cyz}(h_c + h_f) \tag{4-14}$$

Reissner 夹层板模型弯曲变形示意图如图 4-4 所示。从图中可以看出，ϕ_x、ϕ_y 分别为直线段在 xz 平面和 yz 平面内的转角。

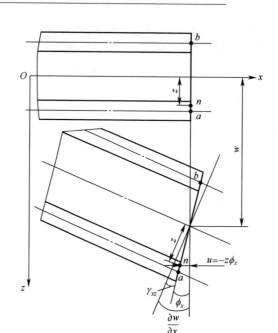

图 4-4 Reissner 夹层板模型弯曲变形示意图

（2）广义内力 M'_x、M'_y、M'_{xy} 和应变的关系。令 $u^\pm$、$v^\pm$ 分别为上下面板中面上各点在 x、y 轴方向的位移，那么根据基本假设一有

$$u^\pm = \mp \frac{h_c + h_f}{2}\phi_x , \quad v^\pm = \mp \frac{h_c + h_f}{2}\phi_y \tag{4-15}$$

令 $\sigma_x^\pm$、$\sigma_y^\pm$、$\tau_{xy}^\pm$ 为上下面板中的应力和剪力分量，则根据胡克定律有

$$\begin{cases} \sigma_x^\pm = \dfrac{E_f}{1 - v_f^2}\left(\dfrac{\partial u^\pm}{\partial x} + v_f\dfrac{\partial v^\pm}{\partial y} \right) \\[3mm] \sigma_y^\pm = \dfrac{E_f}{1 - v_f^2}\left(\dfrac{\partial v^\pm}{\partial y} + v_f\dfrac{\partial u^\pm}{\partial x} \right) \\[3mm] \tau_{xy}^\pm = \dfrac{E_f}{2(1 + v_f)}\left(\dfrac{\partial u^\pm}{\partial y} + \dfrac{\partial v^\pm}{\partial x} \right) \end{cases} \tag{4-16}$$

式中，E_f 和 v_f 分别是面板的弹性模量和泊松比。

那么夹层板中的总弯矩 M_x、M_y 和总扭矩 $M_{xy} = M_{yx}$ 为

$$\begin{cases} M_x = \dfrac{1}{2}h_f(h_c + h_f)(\sigma_x^+ - \sigma_x^-) \\[3mm] M_y = \dfrac{1}{2}h_f(h_c + h_f)(\sigma_y^+ - \sigma_y^-) \\[3mm] M_{xy} = \dfrac{1}{2}h_f(h_c + h_f)(\tau_{xy}^+ - \tau_{xy}^-) \end{cases} \tag{4-17}$$

将式 (4-15) 和式 (4-16) 代入式 (4-17)，化简后得

$$\begin{cases} M_x = -D\left(\dfrac{\partial \phi_x}{\partial x} + v_f \dfrac{\partial \phi_y}{\partial y}\right) \\[3mm] M_y = -D\left(\dfrac{\partial \phi_y}{\partial y} + v_f \dfrac{\partial \phi_x}{\partial x}\right) \\[3mm] M_{xy} = -\dfrac{D}{2}(1 - v_f)\left(\dfrac{\partial \phi_x}{\partial y} + \dfrac{\partial \phi_y}{\partial x}\right) \end{cases} \tag{4-18}$$

其中，$D = \dfrac{E_f(h_c + h_f)^2 h_f}{2(1 - v_f^2)}$，为夹层板的抗弯刚度。 $\qquad$ (4-19)

夹层板自由振动控制方程组如下：

夹层板振动的控制方程为

$$\begin{cases} \dfrac{\partial N_x}{\partial x} + \dfrac{\partial N_{xy}}{\partial y} = 0 \\[3mm] \dfrac{\partial N_{xy}}{\partial x} + \dfrac{\partial N_y}{\partial y} = 0 \\[3mm] \dfrac{\partial M_x}{\partial x} + \dfrac{\partial M_{xy}}{\partial y} - Q_x = 0 \\[3mm] \dfrac{\partial M_{xy}}{\partial x} + \dfrac{\partial M_y}{\partial y} - Q_y = 0 \\[3mm] \dfrac{\partial Q_x}{\partial x} + \dfrac{\partial Q_y}{\partial y} + N_x\dfrac{\partial^2 w}{\partial x^2} + N_y\dfrac{\partial^2 w}{\partial y^2} + 2N_{xy}\dfrac{\partial^2 w}{\partial x \partial y} + (2\rho_f h_f + \rho_c h_c)\dfrac{\partial^2 w}{\partial t^2} = 0 \end{cases} \tag{4-20}$$

式中，ρ_c 和 ρ_f 分别为夹芯和面板的体积密度；w 为夹层板在横向载荷作用下的挠度。

在这里只关心夹层板在垂直于中面方向的横向振动，忽略中面内位移所产生的惯性力。将式 (4-13) 和式 (4-18) 代入式 (4-20)，化简后即可得到正交各向异性蜂窝夹层板的横向自由弯曲振动控制方程组为

$$\begin{cases} D\left(\dfrac{\partial^2 \phi_x}{\partial x^2} + \dfrac{1-\nu_f}{2}\dfrac{\partial^2 \phi_x}{\partial y^2} + \dfrac{1+\nu_f}{2}\dfrac{\partial^2 \phi_y}{\partial x\partial y}\right) + C_x\left(\dfrac{\partial w}{\partial x} - \phi_x\right) = 0 \\[2mm] D\left(\dfrac{\partial^2 \phi_y}{\partial y^2} + \dfrac{1-\nu_f}{2}\dfrac{\partial^2 \phi_y}{\partial x^2} + \dfrac{1+\nu_f}{2}\dfrac{\partial^2 \phi_x}{\partial x\partial y}\right) + C_y\left(\dfrac{\partial w}{\partial y} - \phi_y\right) = 0 \\[2mm] C_x\left(\dfrac{\partial^2 w}{\partial x^2} - \dfrac{\partial \phi_x}{\partial x}\right) + C_y\left(\dfrac{\partial^2 w}{\partial y^2} - \dfrac{\partial \phi_y}{\partial y}\right) + \rho\,\dfrac{\partial^2 w}{\partial t^2} = 0 \end{cases} \quad (4\text{-}21)$$

式中，$\rho = 2\rho_f h_f + \rho_c h_c$，为单位面积上的密度。

上述控制方程组中含有 3 个广义位移 w、ϕ_x 和 ϕ_y，在这里引入位移函数 ω，将方程组简化为仅含有位移函数 ω 的单一方程。

将式（4-21）的前两式合并写成以下形式：

$$L_1\frac{\partial \phi_x}{\partial y} = L_2\phi_y \quad (4\text{-}22)$$

式中，L_1 和 L_2 为运算算子，其表达式如下：

$$L_1 = -\frac{D}{C_x}\frac{\partial^2}{\partial x^2} - \frac{1-\nu_f}{2}\frac{D}{C_x}\frac{\partial^2}{\partial y^2} + \frac{1+\nu_f}{2}\frac{D}{C_y}\frac{\partial^2}{\partial x^2} + 1 \quad (4\text{-}23)$$

$$L_2 = \frac{1+\nu_f}{2}\frac{D}{C_x}\frac{\partial^3}{\partial x\partial y^2} - \frac{1-\nu_f}{2}\frac{D}{C_y}\frac{\partial^3}{\partial x^3} - \frac{D}{C_y}\frac{\partial^3}{\partial x\partial y^2} + \frac{\partial}{\partial x} \quad (4\text{-}24)$$

引入位移函数 ω，并令

$$\phi_x = L_2\omega \quad (4\text{-}25)$$

则有

$$L_2\phi_y = L_1\frac{\partial}{\partial y}(L_2\omega) = L_1 L_2\frac{\partial \omega}{\partial y} \quad (4\text{-}26)$$

即

$$\phi_y = L_1\frac{\partial \omega}{\partial y} \quad (4\text{-}27)$$

结合式（4-21）和式（4-23）～式（4-27），广义位移 w、ϕ_x 和 ϕ_y 用位移函数 ω 表示为

$$\phi_x = \left[1 - \frac{1-\nu_f}{2}D\left(\frac{1}{C_y}\frac{\partial^2}{\partial x^2} + \frac{1}{C_x}\frac{\partial^2}{\partial y^2}\right) + \left(\frac{D}{C_x} - \frac{D}{C_y}\right)\frac{\partial^2}{\partial y^2}\right]\frac{\partial \omega}{\partial x} \quad (4\text{-}28)$$

$$\phi_y = \left[1 - \frac{1-\nu_f}{2}D\left(\frac{1}{C_y}\frac{\partial^2}{\partial x^2} + \frac{1}{C_x}\frac{\partial^2}{\partial y^2}\right) - \left(\frac{D}{C_x} - \frac{D}{C_y}\right)\frac{\partial^2}{\partial x^2}\right]\frac{\partial \omega}{\partial y} \quad (4\text{-}29)$$

$$w = \left[1 - D\left(\frac{1}{C_x}\frac{\partial^2}{\partial x^2} + \frac{1}{C_y}\frac{\partial^2}{\partial y^2}\right)\right]\left[\omega - \frac{1-\nu_f}{2}D\left(\frac{1}{C_y}\frac{\partial^2\omega}{\partial x^2} + \frac{1}{C_x}\frac{\partial^2\omega}{\partial y^2}\right)\right] -$$

$$\frac{1-v_f}{2}\frac{D^2}{C_x^2 C_y^2}(C_x - C_y)^2 \frac{\partial^4 \omega}{\partial x^2 \partial y^2} \tag{4-30}$$

其中 ω 满足如下方程：

$$D\left(\frac{\partial^2}{\partial x^2} + \frac{\partial^2}{\partial y^2}\right)^2\left[\omega - \frac{1-v_f}{2}D\left(\frac{1}{C_y}\frac{\partial^2 \omega}{\partial x^2} + \frac{1}{C_x}\frac{\partial^2 \omega}{\partial y^2}\right)\right] = -\rho\frac{\partial^2 w}{\partial t^2} \tag{4-31}$$

将式（4-28）~式（4-30）代入式（4-31），则可得到正交各向异性蜂窝夹层板自由振动的控制方程为

$$D\left(\frac{\partial^2}{\partial x^2} + \frac{\partial^2}{\partial y^2}\right)^2\left[\omega - \frac{1-v_f}{2}D\left(\frac{1}{C_y}\frac{\partial^2 \omega}{\partial x^2} + \frac{1}{C_x}\frac{\partial^2 \omega}{\partial y^2}\right)\right] =$$
$$-\rho\frac{\partial^2}{\partial t^2}\left\{\left[1 - D\left(\frac{1}{C_x}\frac{\partial^2}{\partial x^2} + \frac{1}{C_y}\frac{\partial^2}{\partial y^2}\right)\right]\left[\omega - \frac{1-v_f}{2}D\left(\frac{1}{C_y}\frac{\partial^2 \omega}{\partial x^2} + \frac{1}{C_x}\frac{\partial^2 \omega}{\partial y^2}\right)\right]\right\}$$
$$\tag{4-32}$$

2. 四边简支的蜂窝夹层板的固有频率

如图 4-5 所示为四边简支矩形蜂窝夹层板示意图，其边界条件如下。

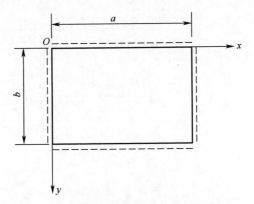

图 4-5　四边简支矩形蜂窝夹层板示意图

在 $x=0$ 及 $x=a$ 处，$w=0$，$\dfrac{\partial \phi_x}{\partial x}=0$，$\phi_y=0$。

在 $y=0$ 及 $y=b$ 处，$w=0$，$\dfrac{\partial \phi_y}{\partial y}=0$，$\phi_x=0$。

由式（4-28）~式（4-30）知，引入位移函数 ω 后，上述边界条件可以简化为

在 $x=0$ 及 $x=a$ 处，$\omega=0$，$\dfrac{\partial^2 \omega}{\partial x^2}=0$，$\dfrac{\partial^4 \omega}{\partial x^4}=0$。

在 $y = 0$ 及 $y = b$ 处，$\omega = 0$，$\dfrac{\partial^2 \omega}{\partial y^2} = 0$，$\dfrac{\partial^4 \omega}{\partial y^4} = 0$。

显然，满足上述边界条件的控制方程的解具有如下形式：

$$\omega = A\sin\frac{m\pi x}{a}\sin\frac{n\pi y}{b}\exp(\mathrm{j}\Omega t) \tag{4-33}$$

式中，Ω 为蜂窝夹层板的固有频率。将式（4-33）代入控制方程（4-32）中，可得

$$D\left[\left(\frac{m\pi}{a}\right)^2 + \left(\frac{n\pi}{b}\right)^2\right]^2\left[1 + \frac{(1-v_f)D}{2C_y}\left(\frac{m\pi}{a}\right)^2 + \frac{(1-v_f)D}{2C_x}\left(\frac{n\pi}{b}\right)^2\right]\omega =$$

$$\rho\Omega^2\Bigg\{\left[1 + \frac{D}{C_x}\left(\frac{m\pi}{a}\right)^2 + \frac{D}{C_y}\left(\frac{n\pi}{b}\right)^2\right]\left[1 + \frac{(1-v_f)D}{2C_y}\left(\frac{m\pi}{a}\right)^2 + \frac{(1-v_f)D}{2C_x}\left(\frac{n\pi}{b}\right)^2\right] -$$

$$\frac{(1-v_f)}{2}\frac{D^2}{C_x^2 C_y^2}(C_x - C_y)^2\left(\frac{m\pi}{a}\right)^2\left(\frac{n\pi}{b}\right)^2 \tag{4-34}$$

化简后得到

$$\Omega^2 = \cfrac{\dfrac{D}{\rho}\left[\left(\dfrac{m\pi}{a}\right)^2 + \left(\dfrac{n\pi}{b}\right)^2\right]^2}{1 + \cfrac{\dfrac{D}{C_x}\left(\dfrac{m\pi}{a}\right)^2 + \dfrac{D}{C_y}\left(\dfrac{n\pi}{b}\right)^2 + \dfrac{(1-v_f)D^2}{2C_x C_y}\left[\left(\dfrac{m\pi}{a}\right)^2 + \left(\dfrac{n\pi}{b}\right)^2\right]^2}{1 + \dfrac{(1-v_f)D}{2C_y}\left(\dfrac{m\pi}{a}\right)^2 + \dfrac{(1-v_f)D}{2C_x}\left(\dfrac{n\pi}{b}\right)^2}} \tag{4-35}$$

其中，

$$D = \frac{E_f(h_c + h_f)^2 h_f}{2(1-v_f^2)}, \quad C_x = G_{cxz}(h_c + h_f) \tag{4-36}$$

$$C_y = G_{cyz}(h_c + h_f), \quad \rho = 2\rho_f h_f + \rho_c h_c \tag{4-37}$$

选取不同的模态序数 (m, n)，将会得到夹层板不同阶的固有频率。当 $m = 1$ 及 $n = 1$ 时，即可得到自由振动基频的表达式：

$$\Omega^2 = \cfrac{\dfrac{D}{\rho}\left[\left(\dfrac{\pi}{a}\right)^2 + \left(\dfrac{\pi}{b}\right)^2\right]^2}{1 + \cfrac{\dfrac{D}{C_1}\left(\dfrac{\pi}{a}\right)^2 + \dfrac{D}{C_2}\left(\dfrac{\pi}{b}\right)^2 + \dfrac{(1-v_f)D^2}{2C_1 C_2}\left[\left(\dfrac{\pi}{a}\right)^2 + \left(\dfrac{\pi}{b}\right)^2\right]^2}{1 + \dfrac{(1-v_f)D}{2C_2}\left(\dfrac{\pi}{a}\right)^2 + \dfrac{(1-v_f)D}{2C_1}\left(\dfrac{\pi}{b}\right)^2}} \tag{4-38}$$

3. 数值模拟分析

为验证理论方法的可行性，选取与文献［167］相同的四边简支矩形蜂窝

夹层板作为研究对象，板长 a 为 1828.8 mm，宽 b 为 1219.2 mm，上、下面板厚度 h_f 均为 0.4064 mm，蜂窝芯层厚度 h_c 为 6.35 mm，其材料参数如表 4-1 所示。蜂窝夹层板固有频率比较如表 4-2 所示。

表 4-1　蜂窝夹层板材料参数

参　数	杨氏模量/GPa	剪切模量/GPa		泊松比	密度/(kg/m³)
面板	68.984	25.924		0.3	2768
芯层	0.1379	$G_{xy} = 0$		0	121.83
		$G_{xz} = 0.13445$			
		$G_{yz} = 0.05171$			

表 4-2　蜂窝夹层板固有频率比较　　　　　　　　单位：Hz

结　果	第1阶固有频率	第2阶固有频率	第3阶固有频率	第4阶固有频率	第5阶固有频率	第6阶固有频率
仿真结果	23.01	44.09	71.59	80.66	90.38	123.10
理论结果	23.15	44.13	70.70	78.32	91.12	124.43

由表 4-2 可知，理论公式计算得到的固有频率与数值模拟结果吻合性较好，证明了理论模型的可行性。如图 4-6 所示为蜂窝夹层板的前 6 阶模态振型图。

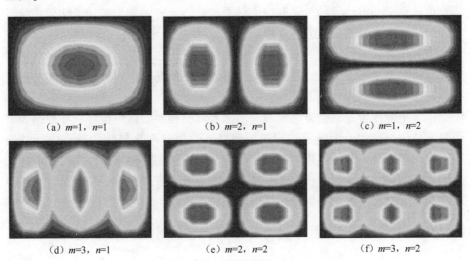

（a）m=1，n=1　　　　（b）m=2，n=1　　　　（c）m=1，n=2

（d）m=3，n=1　　　　（e）m=2，n=2　　　　（f）m=3，n=2

图 4-6　蜂窝夹层板的前 6 阶模态振型图

本节首先基于 Y 形胞元模型，考虑了蜂窝胞壁的弯曲、伸缩和剪切变形，利用 Timoshenko 梁理论对双壁厚胞壁形式的蜂窝芯层进行了等效材料参数的推导，通过特征单胞的有限元数值模拟证明了理论计算公式的正确性。然后在 Reissner 经典夹层板理论的基础上考虑了夹芯的剪应变，推导出了正交各向异性矩形蜂窝夹层板的自由振动控制方程，并给出了四边简支条件下矩形蜂窝夹层板弯曲振动固有频率的精确解。最后介绍了用一阶剪切层合板理论计算蜂窝夹层板的固有频率的方法，将理论计算结果和数值模拟结果对比，验证了该方法的可行性；并在此基础上研究了夹层板各项特征参数对其固有频率的影响。

4.3　类方形蜂窝夹层结构的振动特性

类方形蜂窝从某种意义上来说是方形蜂窝胞元间错位排列形成的一种新型蜂窝结构，也可看作六边形蜂窝的一种特殊形式，研究不同壁厚类型下其夹芯特有的力学性能及其夹层结构的振动特性显得尤为重要。针对方形蜂窝夹层板弯曲问题，刘均[168]提出了一种新的解法，所提方法未采用传统的芯层均匀等效方法，考虑芯层的离散特性，视其为板梁组合体，直接对其离散的模型进行分析，运用能量法建立方形蜂窝夹层板的弯曲控制方程。假设夹层板位移为双傅里叶级数形式，采用伽辽金法求解。以固支和简支方形蜂窝夹层板为例进行了数值计算，并将计算的位移和应力结果与有限元三维模型的计算结果进行了比较。研究结果表明理论方法简单、计算量小、收敛较快，具有较好的精度，同时该方法直接对夹层板的实际离散结构建立平衡方程，夹层板的实际几何参数和材料参数全部保留在方程中，能够方便地在此基础上对方形蜂窝夹层板进行参数化研究和结构优化设计。

本节主要内容是对类方形蜂窝夹芯的等效弹性参数进行推导；并根据类方形蜂窝结构与凸六边形蜂窝结构的相似性，引用蜂窝夹层结构的自由振动方程，采用理论计算与仿真模拟相结合的方法，求解四边简支条件下类方形蜂窝夹层结构的振动特性，分析夹芯壁厚、夹芯等效密度及等效剪切模量等对四边简支类方形蜂窝夹层结构固有频率的影响。

■ 4.3.1　双壁厚与等壁厚类方形蜂窝夹芯的等效弹性参数

1. 类方形蜂窝夹芯等效弹性参数理论计算

图 4-7 所示为常见的六边形蜂窝夹芯胞元结构。其中，h 为直壁板的长度，t 为斜壁板的厚度，l 为斜壁板的长度，θ 为蜂窝特征角。

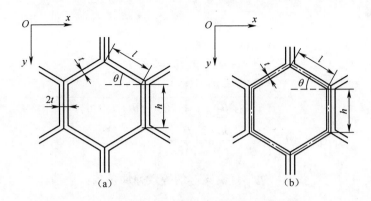

图 4-7　双壁厚与等壁厚六边形蜂窝夹芯胞元结构

　　针对六边形蜂窝夹芯面内等效弹性参数的研究已广泛开展，以 Gibson 提出的胞元材料理论为基础，富明慧等[169]重新考虑了蜂窝壁板的伸缩变形对面内刚度的影响，对 Gibson 公式进行了修正，利用修正公式得到的双壁厚和等壁厚六边形蜂窝夹芯的面内等效弹性参数的计算式分别见式（4-39）和式（4-40）。

$$\begin{cases} E_{cx} = E_s \dfrac{t^3}{l^3} \dfrac{\cos\theta}{(\beta + \sin\theta)\sin^2\theta}\left(1 - \cot^2\theta \dfrac{t^2}{l^2}\right) \\[3mm] E_{cy} = E_s \dfrac{t^3}{l^3}\dfrac{\beta + \sin\theta}{\cos^3\theta}\left[1 - (\beta\sec^2\theta + \tan^2\theta)\dfrac{t^2}{l^2}\right] \\[3mm] G_{cxy} = E_s \dfrac{t^3}{l^3}\dfrac{\beta + \sin\theta}{\beta^2(\beta/4 + 1)\cos\theta} \end{cases} \quad (4-39)$$

$$\begin{cases} E_{cx}^* = E_s \dfrac{t^3}{l^3} \dfrac{\cos\theta}{(\beta + \sin\theta)\sin^2\theta}\left(1 - \cot^2\theta \dfrac{t^2}{l^2}\right) \\[3mm] E_{cy}^* = E_s \dfrac{t^3}{l^3}\dfrac{\beta + \sin\theta}{\cos^3\theta}\left[1 - (2\beta\sec^2\theta + \tan^2\theta)\dfrac{t^2}{l^2}\right] \\[3mm] G_{cxy}^* = E_s \dfrac{t^3}{l^3}\dfrac{\beta + \sin\theta}{\beta^2(\beta + 1)\cos\theta} \end{cases} \quad (4-40)$$

式中，$\beta = h/l$；E_{cx}、E_{cy}、E_{cx}^*、E_{cy}^* 分别表示双壁厚和等壁厚六边形蜂窝夹芯结构的面内等效弹性模量；G_{cxy}、G_{cxy}^* 分别表示双壁厚和等壁厚六边形蜂窝夹芯结构的面内等效剪切模量。

　　鉴于实际结构中 $t \ll l$，将式（4-39）做进一步变形，得到了文献［53］中采用三明治夹芯理论对夹芯层进行等效推导的双壁厚六边形蜂窝夹芯的等效

弹性参数:

$$\begin{cases} E_{cx} = E_s \dfrac{t^3}{l^3} \dfrac{\cos\theta}{\beta + \sin\theta} \dfrac{1}{\left[\sin^2\theta + \cos^2\theta(t^2/l^2)\right]} \\[3mm] E_{cy} = E_s \dfrac{t^3}{l^3} \dfrac{\beta + \sin\theta}{\cos^3\theta} \dfrac{1}{\left[1 + (\beta\sec^2\theta + \tan^2\theta)t^2/l^2\right]} \\[3mm] G_{cxy} = E_s \dfrac{t^3}{l^3} \dfrac{\beta + \sin\theta}{\beta^2(\beta/4 + 1)\cos\theta} \end{cases} \quad (4\text{-}41)$$

同理可得到等壁厚六边形蜂窝夹芯的等效弹性参数:

$$\begin{cases} E_{cx}^* = E_s \dfrac{t^3}{l^3} \dfrac{\cos\theta}{\beta + \sin\theta} \dfrac{1}{\left[\sin^2\theta + \cos^2\theta(t^2/l^2)\right]} \\[3mm] E_{cy}^* = E_s \dfrac{t^3}{l^3} \dfrac{\beta + \sin\theta}{\cos^3\theta} \dfrac{1}{\left[1 + (2\beta\sec^2\theta + \tan^2\theta)t^2/l^2\right]} \\[3mm] G_{cxy}^* = E_s \dfrac{t^3}{l^3} \dfrac{\beta + \sin\theta}{\beta^2(2\beta + 1)\cos\theta} \end{cases} \quad (4\text{-}42)$$

比较图 4-8 的蜂窝夹芯胞元结构可知,当传统的六边形蜂窝特征角 $\theta = 0°$ 时,六边形蜂窝夹芯可演变成类方形蜂窝夹芯。类方形蜂窝夹芯胞元结构中的直壁板是斜壁板的 2 倍,即 $h = 2l$。因此可在传统六边形蜂窝夹芯等效弹性参数的基础上,推导得到类方形蜂窝夹芯的等效弹性参数。

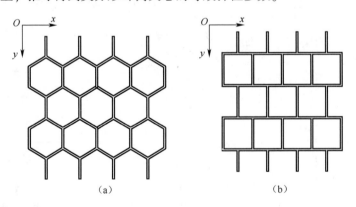

（a）　　　　　　　　　　　　（b）

图 4-8　六边形蜂窝夹芯和类方形蜂窝夹芯

对于类方形蜂窝夹芯,有 $\theta = 0°$,$\beta = 2$,将该值分别代入式 (4-41)、式 (4-42) 中得到双壁厚和等壁厚类方形蜂窝夹芯的面内等效弹性参数:

$$\begin{cases} E_{cx} = \dfrac{E_s t}{2l} \\[3mm] E_{cy} = \dfrac{2E_s t^3}{l^3 + 2lt^2} \\[3mm] G_{cxy} = \dfrac{E_s t^3}{3l^3} \end{cases} \qquad (4\text{-}43)$$

$$\begin{cases} E_{cx}^* = \dfrac{E_s t}{2l} \\[3mm] E_{cy}^* = \dfrac{2E_s t^3}{l^3 + 4lt^2} \\[3mm] G_{cxy}^* = \dfrac{E_s t^3}{10l^3} \end{cases} \qquad (4\text{-}44)$$

采用文献 [35] 中求解等效密度的方法,求得双壁厚和等壁厚类方形蜂窝夹芯结构的等效密度分别为

$$\begin{cases} \rho_c = \dfrac{3t}{2l} \rho_s \\[3mm] \rho_c^* = \dfrac{t}{l} \rho_s \end{cases} \qquad (4\text{-}45)$$

根据文献 [170] 中求解六边形蜂窝夹芯结构面外刚度 E_{cz} 的方法,可以得到双壁厚和等壁厚类方形蜂窝夹芯的面外刚度分别为

$$\begin{cases} E_{cz} = \dfrac{2t}{l} E_s \\[3mm] E_{cz}^* = \dfrac{t}{l} E_s \end{cases} \qquad (4\text{-}46)$$

由图 4-9 (a) 可知,双壁厚六边形蜂窝夹芯胞元结构只有 3 边受剪,由此可得图 4-9 (b) 所示的胞元结构剪切变形时的总变形能。

双壁厚六边形蜂窝夹芯胞元结构剪切变形时的总变形能为

$$U = \frac{\tau^2}{2G_s} \Delta V = 2 \frac{1}{2G_s} \left(\frac{T}{t} \right)^2 t l h_c + 2 \frac{1}{2G_s} \left(\frac{2T}{2t} \right)^2 t h h_c = \frac{3}{G} \left(\frac{T}{t} \right)^2 t l h_c \quad (4\text{-}47)$$

式中,τ 为夹芯胞元结构所受剪应力;G_s 为各向同性材料的剪切模量;h_c 为夹芯高度。

如果将胞元结构等效成一个等体积均质实心单元,则该等效单元在 yOz 面内与所取胞元结构有相同的剪切模量。该等效单元在 yOz 面内所承受的剪应力为

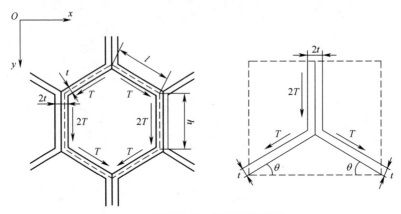

（a）yOz面受剪时xOy面的剪流示意图

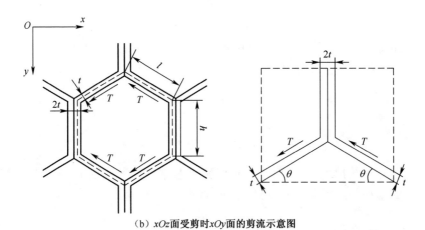

（b）xOz面受剪时xOy面的剪流示意图

图4-9 双壁厚六边形蜂窝夹芯胞元结构面内受剪切作用示意图

$$\widetilde{\tau}_{yz} = \frac{2Tl\sin\theta + 2Th}{(h + l\sin\theta)2l\sin\theta} \tag{4-48}$$

对于类方形蜂窝夹芯，有 $\theta = 0°$，$h = 2l$，于是可得 $\widetilde{\tau}_{yz} = \dfrac{T}{l}$，设等效单元在 yOz 面内的剪切模量为 G_{cyz}，则等效单元的总变形能为

$$\widetilde{U} = \frac{\widetilde{\tau}_{yz}^2}{2G_{cyz}}\left[2l\cos\theta(h + l\sin\theta)h_c\right] = \frac{3T^2h_c}{G_{cyz}} \tag{4-49}$$

根据假设，等效单元与胞元结构的总变形能应相等，即 $\widetilde{U} = U$，可得

$$\frac{3T^2 h_c}{G_{cyz}} = \frac{3}{G_s}\left(\frac{T}{t}\right)^2 tlh_c \tag{4-50}$$

由式（4-50）可得

$$G_{cyz} = \left(\frac{t}{l}\right) G_s \tag{4-51}$$

双壁厚六边形蜂窝夹芯胞元结构在 xOz 面内所受剪切作用与 yOz 面内求解类似，参考式（4-48）可得到其等效单元在 z 方向上所承受的剪应力为

$$\widetilde{\tau}_{xz} = \frac{2Tl\sin\theta}{(h + l\sin\theta)2l\sin\theta} \tag{4-52}$$

当 $\theta = 0°$，$h = 2l$ 时，$\widetilde{\tau}_{xz} = \dfrac{T}{2l}$，根据能量守恒定律，可得双壁厚类方形蜂窝夹芯的等效剪切模量 G_{cxz} 为

$$G_{cxz} = \frac{1}{2}\left(\frac{t}{l}\right) G_s \tag{4-53}$$

采用上述方法求解得到等壁厚类方形蜂窝夹芯胞元结构的等效剪切模量 G_{cxz}^*、G_{cyz}^* 为

$$\begin{cases} G_{cxz}^* = \dfrac{1}{2}\left(\dfrac{t}{l}\right) G_s \\[3mm] G_{cyz}^* = \dfrac{1}{3}\left(\dfrac{t}{l}\right) G_s \end{cases} \tag{4-54}$$

综上所述，得到双壁厚和等壁厚类方形蜂窝夹芯的等效弹性参数分别为

$$\begin{cases} E_{cx} = \dfrac{E_s t}{2l} \\[3mm] E_{cy} = \dfrac{2E_s t^3}{l^3 + 2lt^2} \\[3mm] G_{cxy} = \dfrac{E_s t^3}{3l^3} \\[3mm] E_{cz} = \dfrac{2t}{l} E_s \\[3mm] G_{cxz} = \dfrac{t}{2l} G_s \\[3mm] G_{cyz} = \dfrac{t}{l} G_s \\[3mm] \rho_c = \dfrac{3t}{2l} \rho_s \end{cases} \tag{4-55}$$

$$\begin{cases} E_{cx}^* = \dfrac{E_s t}{2l} \\[4mm] E_{cy}^* = \dfrac{2E_s t^3}{l^3 + 4lt^2} \\[4mm] G_{cxy}^* = \dfrac{E_s t^3}{10l^3} \\[4mm] E_{cz}^* = \dfrac{t}{l}E_s \\[4mm] G_{cxz}^* = \dfrac{t}{2l}G_s \\[4mm] G_{cyz}^* = \dfrac{t}{3l}G_s \\[4mm] \rho_c^* = \dfrac{t}{l}\rho_s \end{cases} \tag{4-56}$$

由式（4-55）和式（4-56）可以看出，在蜂窝夹芯基本结构参数相同的条件下，双壁厚类方形蜂窝夹芯的面内等效剪切模量、面外刚度以及等效密度均比等壁厚类方形蜂窝夹芯大。

2. 等壁厚类方形蜂窝夹芯有限元模拟

为验证上述推导的合理性，运用有限元分析软件，建立等壁厚类方形铝蜂窝夹芯的精细有限元模型，取模型长 $a=80$ mm，宽 $b=160$ mm 和高 $h_c=10$ mm，并分别对等壁厚类方形铝蜂窝夹芯施加 x 和 y 方向载荷及相应约束，进行数值模拟。在模拟过程中，采用载荷步的方法，对模型进行多次分析，得到等壁厚类方形铝蜂窝夹芯在 x 和 y 方向上的应变，经计算得到等壁厚类方形铝蜂窝夹芯的等效弹性参数数值模拟结果，如表4-3所示。

表4-3　等壁厚类方形铝蜂窝夹芯的等效弹性参数数值模拟结果

单位：Pa

对比项	E_{cx}^*	E_{cy}^*	G_{cxy}^*
理论计算值	3.45×10^9	1.3529×10^8	2.2962×10^6
仿真分析值	1.136×10^9	1.6624×10^8	8.2882×10^6

从表4-3可以看出，等壁厚类方形铝蜂窝夹芯 y 方向的等效弹性模量 E_{cy}^*

的理论值和仿真值吻合较好，x 方向的等效弹性模量 E_{cx}^* 和面内等效剪切模量 G_{cxy}^* 的误差较大，这可能与仿真建模方法有关。但总体来说，理论计算和仿真分析结果基本吻合，这验证了蜂窝夹芯结构力学等效模型的正确性和可靠性。

■ 4.3.2　类方形蜂窝夹层结构自由振动基本方程

图 4-10 所示为一块由厚度均为 h_f 的上、下面板和厚度为 h_c 的类方形蜂窝夹芯组成的正交各向异性类方形蜂窝夹层结构，夹层结构边长为 a 和 b。因为类方形蜂窝结构由六边形蜂窝演变而来，两者的本质属性相似，所以将采用六边形蜂窝夹层结构的振动方程对类方形蜂窝夹层结构进行求解。

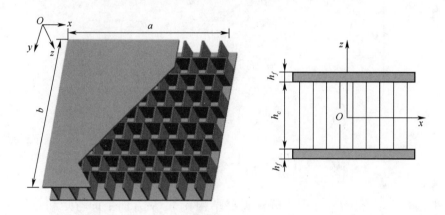

图 4-10　类方形蜂窝夹层结构示意图

根据经典层合板理论，不考虑层间应力和横向剪切力的影响，将蜂窝夹芯层等效为一正交异性层，并作以下基本假设。

（1）表层相对芯层较薄，把它们看作普通的薄板。

（2）由于夹芯层较软，忽略夹芯层中平行于 xOy 平面的应力分量，即假设夹芯层的 $\sigma_x = \sigma_y = \tau_{xy} = 0$ MPa。

（3）考虑夹层板的反对称变形，假设夹芯层的 $\varepsilon_z = 0$，并假设夹芯层的 σ_z 很小，即 $\sigma_z = 0$ MPa。

（4）假设夹层结构在自由振动时，其中面内的位移振幅要比横向的挠度振幅小得多，因此忽略夹层结构在中面内运动所产生的惯性力。

类方形蜂窝夹层结构中面的应力-应变关系为

$$\begin{cases} \dfrac{\partial u}{\partial x} = \dfrac{1}{B}(N_x - \mu_f N_y) \\[3mm] \dfrac{\partial v}{\partial y} = \dfrac{1}{B}(N_y - \mu_f N_x) \\[3mm] \dfrac{\partial u}{\partial y} + \dfrac{\partial v}{\partial x} = \dfrac{1 + \mu_f}{2B}N_{xy} \end{cases} \quad (4-57)$$

式中，N_x、N_y 和 N_{xy} 为中面力；u、v 为夹层结构的中面位移；B 为夹层结构的平面拉伸刚度。

类方形蜂窝夹层结构的弯矩、横向剪切力和广义位移的关系为

$$\begin{cases} M_x = -D\left(\dfrac{\partial \varphi_x}{\partial x} + \mu_f \dfrac{\partial \varphi_y}{\partial y}\right) - 2D_f\left(\dfrac{\partial^2 w}{\partial x^2} + \mu_f \dfrac{\partial^2 w}{\partial y^2}\right) \\[3mm] M_y = -D\left(\dfrac{\partial \varphi_y}{\partial y} + \mu_f \dfrac{\partial \varphi_x}{\partial x}\right) - 2D_f\left(\dfrac{\partial^2 w}{\partial x^2} + \mu_f \dfrac{\partial^2 w}{\partial y^2}\right) \\[3mm] M_{xy} = -\dfrac{D}{2}(1 - \mu_f)\left(\dfrac{\partial \varphi_x}{\partial y} + \mu_f \dfrac{\partial \varphi_y}{\partial x}\right) - 2D_f(1 - \mu_f)\dfrac{\partial^2 w}{\partial x \partial y} \end{cases} \quad (4-58)$$

$$\begin{cases} Q_x = C_x\left(\dfrac{\partial w}{\partial x} - \varphi_x\right) - 2D_f\dfrac{\partial}{\partial x}\left(\dfrac{\partial^2 w}{\partial x^2} + \dfrac{\partial^2 w}{\partial y^2}\right) \\[3mm] Q_y = C_y\left(\dfrac{\partial w}{\partial x} - \varphi_y\right) - 2D_f\dfrac{\partial}{\partial y}\left(\dfrac{\partial^2 w}{\partial x^2} + \dfrac{\partial^2 w}{\partial y^2}\right) \end{cases} \quad (4-59)$$

式中，M_x、M_y 和 M_{xy} 分别为蜂窝夹层结构在 x、y 方向上的弯矩和总扭矩；Q_x、Q_y 为蜂窝夹层结构总的横向剪切力；w 为蜂窝夹层结构的横向挠度；$C_x = G_{cxz}\dfrac{(h_c + h_f)^2}{h_c}$，$C_y = G_{cyz}\dfrac{(h_c + h_f)^2}{h_c}$，分别为蜂窝夹芯在 x、y 方向上的剪切刚度；$D_f = \dfrac{E_f h_f^3}{12(1 - \mu_f^2)}$，为上、下面板的弯曲刚度；$D_f = \dfrac{E_f(h_c + h_f)^2 h_f}{2(1 - \mu_f^2)}$，为蜂窝夹层结构的整体弯曲刚度；$\varphi_x$、$\varphi_y$ 分别为变形前垂直于夹层结构 xOy 面的直线变形后在 xOz、yOz 平面内的广义位移；μ_f 为上、下面板泊松比。

类方形蜂窝夹层结构的运动方程为

$$\begin{cases} \dfrac{\partial N_x}{\partial x} + \dfrac{\partial N_{xy}}{\partial y} = 0 \\[3mm] \dfrac{\partial N_{xy}}{\partial x} + \dfrac{\partial N_y}{\partial y} = 0 \end{cases} \quad (4-60)$$

$$\begin{cases} \dfrac{\partial M_x}{\partial x} + \dfrac{\partial M_{xy}}{\partial y} - Q_x = 0 \\[3mm] \dfrac{\partial M_{xy}}{\partial x} + \dfrac{\partial M_y}{\partial y} - Q_y = 0 \\[3mm] \dfrac{\partial Q_x}{\partial x} + \dfrac{\partial Q_y}{\partial y} + \rho \widetilde{\omega}^2 w = 0 \end{cases} \tag{4-61}$$

式中，$\rho = h_c \rho_c + 2 h_f \rho_f$，其中 ρ_f 为面板的体积密度；$\widetilde{\omega}$ 为夹层结构振动角频率。

引入位移函数 ω、f，则得到控制方程中的 3 个广义位移分别为

$$\begin{cases} \varphi_x = \dfrac{\partial w}{\partial x} + \dfrac{\partial f}{\partial y} \\[3mm] \varphi_y = \dfrac{\partial w}{\partial y} - \dfrac{\partial f}{\partial x} \\[3mm] w = \omega - \dfrac{D}{C_y} \nabla^2 \omega \end{cases} \tag{4-62}$$

式中，$\nabla^2 = \dfrac{\partial^2}{\partial x^2} + \dfrac{\partial^2}{\partial y^2}$。

综合上述力学基本方程可以得到类方形蜂窝夹层结构做自由振动时的基本控制方程为

$$\begin{cases} \dfrac{D}{2}(1 - \mu_f)\, \nabla^2 f - C_y f = 0 \\[3mm] \dfrac{C_x}{C_y} D\, \nabla^2 \dfrac{\partial^2 \omega}{\partial^2 x} + C_x \dfrac{\partial^2 f}{\partial x \partial y} + \nabla^2 \dfrac{\partial^2 \omega}{\partial^2 y} - C_y \dfrac{\partial^2 f}{\partial x \partial y} + \\[3mm] 2 D_f\, \nabla^4 \omega - \dfrac{2 D D_f}{C_y} \nabla^6 \omega - \rho \widetilde{\omega}^2 \left(\omega - \dfrac{D}{C_y} \nabla^2 \omega \right) = 0 \end{cases} \tag{4-63}$$

针对本章研究的四边简支类方形蜂窝的夹层结构，其四边简支边界条件如下。

（1）在 $x = 0$ 和 $x = a$ 处：

$$\omega = \dfrac{\partial^2 \omega}{\partial x^2} = \dfrac{\partial^4 \omega}{\partial x^4} = 0, \quad \dfrac{\partial f}{\partial x} = 0 \tag{4-64}$$

（2）在 $y = 0$ 和 $y = b$ 处：

$$\omega = \dfrac{\partial^2 \omega}{\partial y^2} = \dfrac{\partial^4 \omega}{\partial y^4} = 0, \quad \dfrac{\partial f}{\partial y} = 0 \tag{4-65}$$

在四边简支条件下，$f \equiv 0$，则简支边界条件可设为

$$\omega = A_{mn} \sin \dfrac{m \pi x}{a} \sin \dfrac{n \pi y}{b}, \ f \equiv 0 \tag{4-66}$$

由此得到四边简支类方形蜂窝夹层结构做自由振动时的基本控制方程为

$$
\begin{cases}
D\left(\dfrac{C_x}{C_y}\dfrac{m^2\pi^2}{a^2}+\dfrac{n^2\pi^2}{b^2}\right)\left(\dfrac{m^2\pi^2}{a^2}+\dfrac{n^2\pi^2}{b^2}\right)+2D_f\left(\dfrac{m^2\pi^2}{a^2}+\dfrac{n^2\pi^2}{b^2}\right)^2+\\[4mm]
\qquad \dfrac{2DD_f}{C_y}\left(\dfrac{m^2\pi^2}{a^2}+\dfrac{n^2\pi^2}{b^2}\right)^3-\rho\widetilde{\omega}^2\left[1+\dfrac{D}{C_y}\left(\dfrac{m^2\pi^2}{a^2}+\dfrac{n^2\pi^2}{b^2}\right)\right]=0\\[6mm]
\dfrac{\rho\widetilde{\omega}^2}{D}\dfrac{b^4}{\pi^4}=\dfrac{\left(\dfrac{C_x}{C_y}\dfrac{m^2b^2}{a^2}+n^2\right)\left(\dfrac{m^2b^2}{a^2}+n^2\right)}{1+\dfrac{\pi^2}{b^2}\dfrac{D}{C_y}\left(\dfrac{m^2b^2}{a^2}+n^2\right)}+\\[8mm]
\qquad \dfrac{\dfrac{2D_f}{D}\left(\dfrac{m^2b^2}{a^2}+n^2\right)^2}{1+\dfrac{\pi^2}{b^2}\dfrac{D}{C_y}\left(\dfrac{m^2b^2}{a^2}+n^2\right)}+\dfrac{\dfrac{2D_f}{D}\dfrac{D}{C_y}\dfrac{\pi^2}{b^2}\left(\dfrac{m^2b^2}{a^2}+n^2\right)^3}{1+\dfrac{\pi^2}{b^2}\dfrac{D}{C_y}\left(\dfrac{m^2b^2}{a^2}+n^2\right)}
\end{cases}
\tag{4-67}
$$

化简后得到

$$
K_\omega=\dfrac{\left(\dfrac{C_x}{C_y}m^2\eta^2+n^2\right)(m^2\eta^2+n^2)}{1+\delta_b(m^2\eta^2+n^2)}+k_f(m^2\eta^2+n^2)^2
\tag{4-68}
$$

式中,

$$
K_\omega=\dfrac{\rho\widetilde{\omega}^2b^4}{D},\quad \delta_b=\dfrac{\pi^2}{b^2}\dfrac{D}{C_y},\quad \eta=\dfrac{b}{a},\quad k_f=\dfrac{2D_f}{D}
$$

其中,K_ω 为四边简支类方形蜂窝夹层结构振动强度。

■ 4.3.3　双壁厚与等壁厚类方形蜂窝夹层结构固有频率分析

1. 双壁厚与等壁厚类方形蜂窝夹层结构有限元振动分析

采用有限元软件 ABAQUS 建立类方形蜂窝夹层结构精细有限元模型,分别对四边简支条件下双壁厚和等壁厚类方形蜂窝夹层结构进行模态分析。其模型尺寸如表4-4所示,夹层结构上、下面板及夹芯材料均采用 Al6061,在夹层结构的4个边界处分别施加平行边界方向及 z 向位移约束,模拟简支边界条件。表4-5所示为双壁厚和等壁厚类方形蜂窝夹芯的等效弹性参数。

表 4-4 双壁厚和等壁厚类方形蜂窝夹层结构有限元模型几何参数　单位：mm

参数	a	b	h_f	h_c	t	l
数值	500	500	0.5	7.6	0.04	4

表 4-5 双壁厚和等壁厚类方形蜂窝夹芯的等效弹性参数

参数	E_{cy} /MPa	G_{cxy} /MPa	E_{cz} /MPa	G_{cxz} /MPa	G_{cyz} /MPa	ρ_c /(kg/m³)
数值	0.138	0.023	1 380	130	260	40.5
参数	E_{cy}^* /MPa	G_{cxy}^* /MPa	E_{cz}^* /MPa	C_{cxz}^* /MPa	G_{cyz}^* /MPa	ρ_c^* /(kg/m³)
数值	0.138	0.0069	690	130	87	27

　　根据表 4-4 和表 4-5 数据，采用理论计算与有限元仿真模拟的方法，得出了四边简支条件下双壁厚类方形蜂窝夹层结构固有频率的理论计算结果与有限元仿真模拟结果的误差，如表 4-6 所示。

表 4-6 双壁厚四边简支类方形蜂窝夹层结构固有频率理论
计算结果与有限元模拟结果对比

阶数	模态 (m, n)	有限元模拟结果/Hz	理论计算结果/Hz	误差/%
1	(1, 1)	230.1	218.9	−4.87
2	(2, 1)	497.87	474.77	−4.64
3	(1, 2)	594.03	581.24	−2.15
4	(2, 2)	858.48	824.6	−3.95
5	(3, 1)	906.59	866.7	−4.40
6	(1, 3)	1148.2	1138.5	−0.84
7	(3, 2)	1240.7	1196	−3.60
8	(2, 3)	1396.8	1360	−2.63
9	(3, 3)	1660.8	1701	2.42
10	(4, 1)	1786.8	1842	3.08

　　表 4-6 表明，通过两种不同方法得到的数据吻合度较好，这说明采用上述蜂窝夹层板理论模型，并代入精确的类方形蜂窝夹芯结构等效弹性参数，可得到较为精确的类方形蜂窝夹层结构固有频率。

　　为更好地研究双壁厚和等壁厚类方形蜂窝夹层结构在振动特性上的区别，采用上述有限元模型与几何参数，得到四边简支条件下等壁厚类方形蜂窝夹层结构的前 10 阶固有频率，并与双壁厚类方形蜂窝夹层结构的固有频率结果进行对比，结果如表4-7所示。

表4-7 双壁厚与等壁厚四边简支类方形蜂窝夹层结构固有频率理论计算结果对比

阶数	双壁厚类方形蜂窝		等壁厚类方形蜂窝		差值比/%
	模态（m, n）	固有频率/Hz	模态（m, n）	固有频率/Hz	
1	(1,1)	218.9	(1,1)	275.97	26.1
2	(2,1)	474.77	(2,1)	596.52	25.6
3	(1,2)	581.24	(1,2)	672.85	15.8
4	(2,2)	824.6	(2,2)	948.42	15.0
5	(3,1)	866.7	(3,1)	1042	20.2
6	(1,3)	1138.5	(1,3)	1224	7.5
7	(3,2)	1196	(3,2)	1341	12.1
8	(2,3)	1360	(2,3)	1449	6.5
9	(3,3)	1701	(3,3)	1550	-8.9
10	(4,1)	1842	(4,1)	1780	-3.4

从表4-7可以看出，在低阶振动模态下，双壁厚类方形蜂窝夹层结构的固有频率比等壁厚的固有频率低，两者的固有频率差值比较大；随着阶数的增大，两者差值比呈现减少趋势，且在第9阶和第10阶时，双壁厚蜂窝夹层结构的固有频率较等壁厚的固有频率略高。由表4-7还可以看出，两种不同壁厚类方形蜂窝的夹层结构的振动模态也发生较大变化，在前10阶模态中，除1阶、4阶模态没有发生变化，其余模态都发生了变化。结合表4-5中的数据可以看出，两种不同壁厚类方形蜂窝夹层结构的主要区别在于夹芯层的面外刚度 E_{cz}、等效剪切模量 G_{cxy} 和 G_{cyz} 及等效密度 ρ_c 有较大差异，进一步结合蜂窝夹层结构的振动方程可知，影响两种蜂窝夹层结构固有频率的主要参数为等效剪切模量 G_{cyz} 和夹芯等效密度 ρ_c，下面分别分析这两个等效弹性参数对两种壁厚类方形蜂窝夹层结构固有频率的影响。

2. 等效弹性参数对夹层结构固有频率的影响

等效密度对夹层结构固有频率的影响如下。

图4-11所示为类方形蜂窝夹芯壁厚在0.01～0.04 mm内变化时，改变等壁厚类方形蜂窝夹芯等效密度 ρ_c^*，得到的四边简支类方形蜂窝夹层结构固有频率变化曲线。

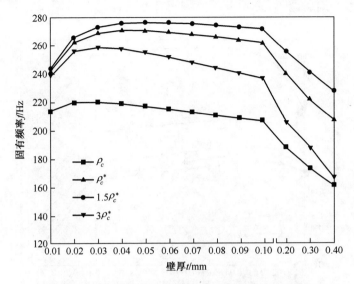

图 4-11 不同等效密度下双壁厚与等壁厚四边简支类
方形蜂窝夹层结构固有频率随壁厚变化的曲线

从图 4-11 可以看出，不论双壁厚还是等壁厚类方形蜂窝夹层结构，在不同等效密度下，其固有频率均随壁厚的增大呈现先增大后减小的趋势。当蜂窝夹芯壁厚较小时（$t < 0.02$ mm），壁厚 t 的增大导致蜂窝夹芯层等效弹性模量增大，进而导致整体夹层结构的弯曲刚度增大，且此时壁厚 t 的增大对夹芯结构的等效密度影响较小，则类方形蜂窝夹层结构固有频率随壁厚增大呈现缓慢上升趋势；当蜂窝夹芯壁厚较大（$t > 0.02$ mm）时，随着壁厚的增大，它对等效密度的影响增强，对弯曲刚度的影响减弱，此时固有频率随壁厚的增大呈下降趋势。

从图 4-11 还可以看出，随着等壁厚类方形蜂窝夹层结构夹芯层等效密度的增大，夹层结构的固有频率呈现明显减少趋势，这与上述描述一致。结合式（4-55）和式（4-56）可知，双壁厚类方形蜂窝夹芯等效密度为等壁厚类方形蜂窝夹芯的 1.5 倍（$\rho_c = 1.5\rho_c^*$），但当两种壁厚的类方形蜂窝夹芯等效密度相等时，两者夹层结构的固有频率相差较大，随着等壁厚蜂窝夹芯等效密度进一步增大，两种壁厚的类方形蜂窝夹层结构的固有频率越来越接近，由此可知等效密度对蜂窝夹层结构的固有频率的影响比壁厚更大。

等效剪切模量对夹层结构固有频率的影响如下。

图 4-12 所示为类方形蜂窝夹芯壁厚在 $0.01 \sim 0.04$ mm 内变化时，改变等壁厚类方形蜂窝夹芯等效剪切模量 G_{cyz}^2，得到的四边简支类方形蜂窝夹层结构

固有频率变化曲线。

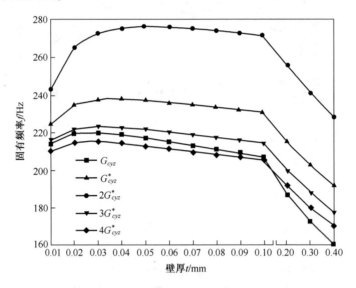

图 4-12　不同等效剪切模量下双壁厚与等壁厚四边简支类方形
蜂窝夹层结构固有频率随壁厚变化的曲线

从图 4-12 可见，不论双壁厚还是等壁厚类方形蜂窝夹层结构，在不同剪切模量下，其固有频率均随着壁厚的增大，呈现先增大后减小的趋势，这与图 4-11 中情况类似。

从图 4-12 可知，在类方形蜂窝夹层结构基本参数相同时，等壁厚类方形蜂窝夹层结构的固有频率相对于双壁厚的要高，由上述振动理论可知等效剪切模量主要影响夹层结构弯曲模量，从而影响夹层结构的固有频率。改变等壁厚类方形蜂窝夹芯的等效剪切模量 G_{cyz}^* 时，夹层结构的固有频率发生明显变化；结合式（4-55）和式（4-56）可知，当等壁厚类方形蜂窝夹芯的等效剪切模量 G_{cyz}^* 增大到原来的 3 倍时，两种蜂窝夹层结构在 y 方向上的剪切刚度一致，两种夹层结构的固有频率差别较小，且随着两种夹层结构的等效剪切模量趋于一致，忽略等效密度的影响，两者的固有频率趋于相等。当壁厚从 0.01 mm 变化到 0.1 mm 时，双壁厚与等壁厚类方形蜂窝夹层结构的固有频率变化并不明显，但改变等壁厚类方形蜂窝夹层结构的等效剪切模量 G_{cyz}^* 时，其固有频率变化程度显然比壁厚改变时大。

针对四边简支类方形蜂窝夹芯夹层结构的振动特性，在六边形蜂窝的研究基础上，本节分别推导了双壁厚和等壁厚类方形蜂窝夹芯结构影响夹层结构振动特性的等效弹性参数的公式；同时以蜂窝夹层结构的实际构造为基础，根据类方形蜂窝结构与六边形蜂窝结构的相似性，引用蜂窝夹层结构的自由振动方程，采用理论计算与仿真模拟相结合的方法，系统分析了夹芯的壁厚、等效密度及等效剪切模量对四边简支类方形蜂窝夹层结构固有频率的影响，得到如下结论。

（1）采用改进的 Gibson 公式得到了双壁厚及等壁厚类方形蜂窝夹芯结构的等效弹性参数，发现这两种不同壁厚类方形蜂窝夹芯的面外刚度、yOz 面等效剪切模量及等效密度等有较大差异，这为进一步研究类蜂窝夹层板的振动特性奠定了基础。

（2）采用蜂窝夹层板理论计算得到四边简支类方形蜂窝夹层结构的固有频率与有限元模拟结果的一致性较好，进一步证明了采用改进 Gibson 公式得到的类方形蜂窝夹芯等效弹性参数的正确性，证明了将该振动理论运用到一般蜂窝夹层结构研究的可行性。

（3）在保证四边简支类方形蜂窝夹芯壁长不变情况下，增大类方形蜂窝夹芯壁厚，两种壁厚类型的类方形蜂窝夹层结构的固有频率均呈现先增大后减小的变化趋势；当壁厚 t 较小时，t 对蜂窝夹层结构弯曲刚度作用较等效密度明显，夹层结构固有频率呈上升趋势；当壁厚 t 增大到较大水平（$t > 0.02$ mm）时，等效密度较弯曲刚度对固有频率影响更显著，此时夹层结构固有频率随壁厚增大而减小。

（4）在保证四边简支类方形蜂窝夹层结构整体参数不变情况下，为弄清影响两种不同壁厚类型类方形蜂窝夹层结构在固有频率及振动模态上的主导因素，分别对这两种壁厚类型蜂窝夹层结构的壁厚、等效密度及 yOz 面等效剪切模量详细讨论，可知这 3 个主要因素对固有频率影响所占权重由大到小依次为 yOz 面等效剪切模量、等效密度、壁厚。

4.4　类蜂窝夹层结构的振动特性

4.4.1　类蜂窝夹层结构的力学模型

1. 类蜂窝夹芯结构

夹芯是夹层结构的重要组成部分，合理的夹芯结构不仅减轻夹层结构的质量，而且可以在某种程度上提升夹层结构的力学性能。Reissner 夹层板理论[46]作为最简单的夹层板理论之一，在经典薄板理论的基础上考虑了夹芯的剪应变，这一点正是夹层板区别于单层板的最主要因素。由于其数学方程同其他理论相比较为简单，并且能够解决许多具体问题，同时大量工作实践也证实了对于多数工程问题来说，这种模型具有足够的精度，基于前期的研究基础从仿生学和创新构型的角度出发，提出了"类蜂窝"[50]夹层结构的概念，即拟通过优化排列六边形和四边形夹芯胞元，设计合适的六边形和四边形组合胞元结构，如图4-13所示，构造新型类蜂窝夹芯结构，如图4-14所示。

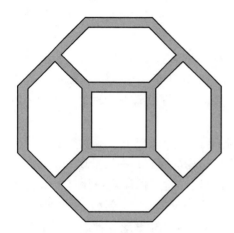

图4-13　胞元结构

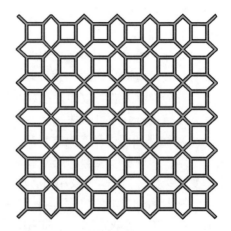

图4-14　类蜂窝胞元排列的夹芯结构

　　类蜂窝夹芯结构中最基本的单元如图4-13所示，它由四个规则的六边形通过胶黏剂黏结而成，胞元六边形边长为l（mm），胞元正方形边长为h（mm），胞元壁厚为t（mm），六边形边与竖直方向的夹角为θ，根据类蜂窝夹层结构的特点，$\theta = 45°$。类蜂窝胞元结构参数变量如图4-15所示。

　　2. 类蜂窝夹芯纵向剪切模量G_{cyz}的计算

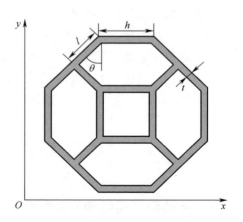

图4-15　类蜂窝胞元结构参数变量

　　当夹层板受到纵向剪力作用时，剪应力以剪流的形式沿格壁传递[171]，如图4-16所示，由于类蜂窝夹芯结构在x、y方向处于完全对称的状态，在此节中我们只用分析纵向剪力Q_{yz}在夹芯结构上的传递情况。

　　在此次计算中将选取如图 4-17 所示单元体为研究对象（未选用完整胞元结构作为研究对象，是由于胞元在夹芯结构中的特殊的排列方式所决定的，文中所取代表单元体既可以反映夹芯结构宏观力学性能，也能对后面的推导计算起到一定的简化作用），当夹层结构受 Q_{yz} 作用时，在该单元体内的剪流如图 4-17 所示，垂直于剪力的格壁不受剪力。

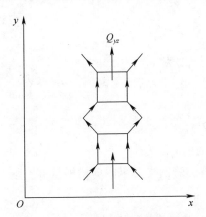

图 4-16　夹层板受纵向剪力示意图

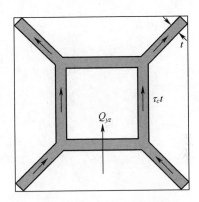

图 4-17　类蜂窝夹心结构单元体

　　此时此单元体所受剪力 Q_c 可表示为

$$Q_c = (4l + 2h)\tau_c t \tag{4-69}$$

式中，τ_c 为作用在格壁单位长度的剪应力；$\tau_c t$ 为作用在格壁单位长度上的剪力，通称剪流。在此剪流作用下，格壁上单位体积的形变势能 u_c 为

$$u_c = \frac{1}{2}\tau_c \gamma_{yz} = \frac{\tau_c^2}{2G_c} \tag{4-70}$$

式中，G_c 为格壁材料的剪切模量；γ_{yz} 为格壁材料的剪应变。

　　对于上述代表单元体，其总能量为

$$U_c = u_c V_c = \frac{\tau_c^2}{2G_c}(4ltH + 2htH) = \frac{Q_c^2 H}{4(2l + h)G_c t} \tag{4-71}$$

　　代表单元体相当于均质体[172]，设该单元体所受到的等效剪切应力为 τ_{yz}，则单元体所受剪力 Q_{yz} 可表示为

$$Q_{yz} = \tau_{yz}(h + \sqrt{2}l)^2 \tag{4-72}$$

　　假设此相当单元体的横向等效剪切模量为 G_{cyz}，则此相当单元体单位体积的形变势能 u_e 为

$$u_e = \frac{\tau_{yz}^2}{2G_{cyz}} \tag{4-73}$$

故整个单元体的形变势能 U_e 为

$$U_e = u_e V_e = \frac{\tau_{yz}^2}{2G_{cyz}}(h + \sqrt{2}l)^2 H = \frac{Q_{yz}^2 H}{2(h + \sqrt{2}l)^2 G_{cyz}} \tag{4-74}$$

式中，H 为类蜂窝夹心层厚度。

由于等效前后单元体总的变形能相等，因此有

$$U_c = U_e \tag{4-75}$$

于是得到

$$\frac{Q_c^2 H}{4(2l + h)G_c t} = \frac{Q_{yz}^2 H}{2(\sqrt{2}l + h)^2 G_{cyz} t} \tag{4-76}$$

又因为

$$Q_c = (4h + 2l)\tau_c t \tag{4-77}$$

$$Q_{yz} = (2\sqrt{2}l + 2h)\tau_c t \tag{4-78}$$

于是由式（4-76）~式（4-78）可求得类蜂窝夹芯纵向剪切模量 G_{cyz} 为

$$G_{cyz} = \frac{2t}{h + 2l}G_c \tag{4-79}$$

3. 类蜂窝夹芯结构等效密度 ρ_c^* 的计算

以图 4-18 所示类蜂窝夹芯单元体为研究对象，其总质量 m_c 为

$$m_c = (4ltH + 4htH)\rho_c = (4h + 4l)tH\rho_c \tag{4-80}$$

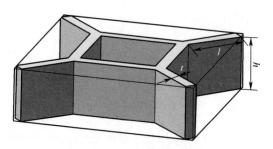

图 4-18　类蜂窝夹芯单元体

等效体积 V_c 为

$$V_c = (h + \sqrt{2}l)(h + \sqrt{2}l)H = (h + \sqrt{2}l)^2 H \tag{4-81}$$

故类蜂窝夹芯等效密度 ρ_c^* 为

$$\rho_c^* = \frac{m_c}{V_c} = \frac{(4h + 4l)tH\rho_c}{(h + \sqrt{2}l)^2 H} = \frac{4(h + l)t}{(h + \sqrt{2}l)^2}\rho_c \tag{4-82}$$

式中，ρ_c 为蜂窝夹芯基体材料密度。

4.4.2　类蜂窝夹层结构的振动模型

1. 类蜂窝夹层结构的自由振动分析

类蜂窝夹层结构示意图如图 4-19 所示，蜂窝夹层板由铝制的上面板、下面板和类蜂窝层夹芯胶结组成。两块面板的厚度均为 d，长度为 a，宽度为 b，类蜂窝夹芯层的厚度为 H，胞元壁的厚度为 t。假设上、下面板均为薄板，且满足 $d \ll H$。

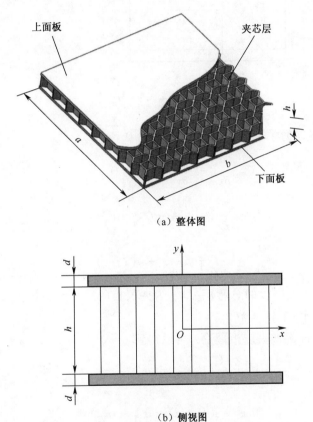

（a）整体图

（b）侧视图

图 4-19　类蜂窝夹层结构示意图

根据 Reissner 剪切理论，对薄面板夹层板提出几点假设。

（1）面板的厚度 d 与整个夹层板厚度相比较小，可做薄膜处理，它只承受面内力，且沿其厚度方向均匀分布。

（2）夹芯材质较软，可以忽略夹芯中平行于 xy 平面的应力分量，即假定

在夹芯中 $\sigma_{xc} = \sigma_{yc} = \tau_{xyc} = 0$。

（3）夹层板弯曲时上下面板弯向同一方向，可以假定 $\varepsilon_z = 0$。

在夹层板受到纵向载荷作用时，其受力如图4-20所示。

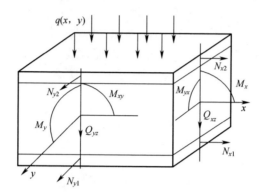

图4-20　内力分布

夹层板的纵向力学平衡方程为

$$\frac{\partial M_x}{\partial x} + \frac{\partial M_{xy}}{\partial y} - Q_{xz} = 0 \qquad (4-83)$$

$$\frac{\partial M_y}{\partial x} + \frac{\partial M_y}{\partial y} - Q_{yz} = 0 \qquad (4-84)$$

$$\frac{\partial Q_{xz}}{\partial x} + \frac{\partial Q_{yz}}{\partial y} - \rho \frac{\partial^2 w}{\partial t^2} + q(x,\ y) = 0 \qquad (4-85)$$

式中，M_x、M_y 为夹层板的总弯矩；M_{xy} 为夹层板的总扭矩，根据类蜂窝夹层板材料的各向同性有 $M_{xy} = M_{yx}$。

根据 Reissner 经典夹层板理论，可以得到

$$M_x = \frac{1}{2}(H+d)d(\sigma_{x1} - \sigma_{x2}) \qquad (4-86)$$

$$M_y = \frac{1}{2}(H+d)d(\sigma_{y1} - \sigma_{y2}) \qquad (4-87)$$

$$M_{xy} = \frac{1}{2}(H+d)d(\tau_{xy1} - \tau_{xy2}) \qquad (4-88)$$

对于各向同性材料的面板，其应力为

$$\sigma_{xi} = \frac{E_f}{1 - v_f^2}(\varepsilon_{xi} + v_f \varepsilon_{yi}) = \frac{E_f}{1 - v_f^2}\left(\frac{\partial u_i}{\partial x} + v_f \frac{\partial v_i}{\partial y}\right) \qquad (4-89)$$

$$\sigma_{yi} = \frac{E_f}{1 - v_f^2}(\varepsilon_{yi} + v_f \varepsilon_{xi}) = \frac{E_f}{1 - v_f^2}\left(\frac{\partial v_i}{\partial y} + v_f \frac{\partial u_i}{\partial x}\right) \tag{4-90}$$

$$\tau_{xyi} = \frac{E_f}{2(1 + v_f)}\gamma_{xyi} = \frac{E_f}{2(1 + v_f)}\left(\frac{\partial u_i}{\partial y} + \frac{\partial v_i}{\partial x}\right)(i = 1,\ 2) \tag{4-91}$$

式中，u_i、v_i 分别是上下面板中面处的位移：

$$u_1 = -\frac{1}{2}(H + d)\varphi_x \tag{4-92}$$

$$v_1 = -\frac{1}{2}(H + d)\varphi_y \tag{4-93}$$

$$u_2 = \frac{1}{2}(H + d)\varphi_x \tag{4-94}$$

$$v_2 = \frac{1}{2}(H + d)\varphi_y \tag{4-95}$$

于是，有

$$M_x = -D\left(\frac{\partial \varphi_x}{\partial x} + v_f \frac{\partial \varphi_y}{\partial y}\right) \tag{4-96}$$

$$M_y = -D\left(\frac{\partial \varphi_y}{\partial y} + v_f \frac{\partial \varphi_x}{\partial x}\right) \tag{4-97}$$

$$M_{xy} = -\frac{1}{2}D(1 - v_f)\left(\frac{\partial \varphi_x}{\partial y} + \frac{\partial \varphi_y}{\partial x}\right) \tag{4-98}$$

$$Q_{xz} = C\left(\frac{\partial w}{\partial x} - \varphi_x\right) \tag{4-99}$$

$$Q_{yz} = C\left(\frac{\partial w}{\partial y} - \varphi_y\right) \tag{4-100}$$

式中，φ_x、φ_y 为变形前垂直于中面的直线段在变形后的转角；w 为中面的挠度；D 为夹层板的抗弯刚度，$D = \frac{E_f(H + d)^2 d}{2(1 - v_f^2)}$；$C$ 为夹芯的抗剪刚度，$C = G_{cyz}(H + d)$；E_f 为面板弹性模量；v_f 为面板泊松比；G_{cyz} 为夹芯的剪切模量；ρ 为夹层板单位面积的质量，$\rho = H\rho_c^* + 2d\rho_f$，$\rho_c^*$ 为夹芯结构的等效密度，ρ_f 为夹层结构面板的密度。

将式（4-89）~式（4-93）代入平衡方程，得

$$D\left(\frac{\partial^2 \varphi}{\partial x^2} + \frac{1 - v_f}{2}\frac{\partial^2 \varphi_x}{\partial y^2} + \frac{1 + v_f}{2}\frac{\partial^2 \varphi_y}{\partial x \partial y}\right) + C\left(\frac{\partial w}{\partial x} - \varphi_x\right) = 0 \tag{4-101}$$

$$D\left(\frac{\partial^2 \varphi_y}{\partial y^2} + \frac{1-v_f}{2}\frac{\partial^2 \varphi_y}{\partial x^2} + \frac{1+v_f}{2}\frac{\partial^2 \varphi_y}{\partial x \partial y}\right) + C\left(\frac{\partial w}{\partial y} - \varphi_y\right) = 0 \quad (4\text{-}102)$$

$$C\left(\frac{\partial^2 w}{\partial x^2} + \frac{\partial^2 w}{\partial y^2} - \frac{\partial \varphi_x}{\partial x} - \frac{\partial \varphi_y}{\partial y}\right) - \rho\frac{\partial^2 w}{\partial t^2} + q(x, y) = 0 \quad (4\text{-}103)$$

在这三个基本方程中，由于三个广义位移是相互交叉耦合的，由方程组直接求解不是很方便，于是引入位移函数 $\omega(x, y)$ 和 $f(x, y)$，并令

$$\varphi_x = \frac{\partial \omega}{\partial x} + \frac{\partial f}{\partial y} \quad (4\text{-}104)$$

$$\varphi_y = \frac{\partial \omega}{\partial y} - \frac{\partial f}{\partial x} \quad (4\text{-}105)$$

将 φ_x、φ_y 代入式（4-94）~式（4-95），得

$$\frac{\partial}{\partial x}\left[D\nabla^2\omega + C(w - \omega)\right] + \frac{\partial}{\partial y}\left[\frac{D}{2}(1 - v_f)\nabla^2 f - Cf\right] = 0 \quad (4\text{-}106)$$

$$\frac{\partial}{\partial y}\left[D\nabla^2\omega + C(w - \omega)\right] + \frac{\partial}{\partial x}\left[\frac{D}{2}(1 - v_f)\nabla^2 f - Cf\right] = 0 \quad (4\text{-}107)$$

式中，$\nabla^2 = \dfrac{\partial^2}{\partial x^2} + \dfrac{\partial^2}{\partial y^2}$。

可以证明，满足齐次方程（4-108）和（4-109）的函数 $\omega(x, y)$、$f(x, y)$ 即是方程的解。

$$\frac{D}{2}(1 - v_f)\nabla^2 f - Cf = 0 \quad (4\text{-}108)$$

$$D\nabla^2\omega + C(w - \omega) = 0 \quad (4\text{-}109)$$

由方程可得

$$w = \omega - \frac{D}{C}\nabla^2\omega \quad (4\text{-}110)$$

夹层板弯曲过程中的广义位移 w、φ_x、φ_y 可表示成如下形式：

$$\begin{cases} \varphi_x = \dfrac{\partial \omega}{\partial x} + \dfrac{\partial f}{\partial y} \\[2mm] \varphi_y = \dfrac{\partial f}{\partial x} - \dfrac{\partial \omega}{\partial y} \\[2mm] w = \omega - \dfrac{D}{C}\nabla^2\omega \end{cases} \quad (4\text{-}111)$$

将式（4-96）~式（4-98）代入耦合方程组中，可得夹层板的振动控制方程：

$$D\,\nabla^2\nabla^2\omega + \rho\,\frac{\partial^2}{\partial t^2}\!\left(\omega - \frac{D}{C}\,\nabla^2\omega\right) = 0 \tag{4-112}$$

$$\frac{D}{2}(1 - v_f)\,\nabla^2 f - Cf = 0 \tag{4-113}$$

对于四边简支条件下的夹层板，其边界条件可以表示成如下形式：

在 $x = 0$ 和 $x = a$ 处：$w = 0$，$M_x = 0$，$\varphi_y = 0$。

在 $y = 0$ 和 $y = b$ 处：$w = 0$，$M_y = 0$，$\varphi_x = 0$。

引入函数 ω，f 后，有

在 $x = 0$ 和 $x = a$ 处：$\omega = \dfrac{\partial^2\omega}{\partial x^2} = \dfrac{\partial^4\omega}{\partial x^4} = 0$，$\dfrac{\partial f}{\partial x} = 0$。

在 $y = 0$ 和 $y = b$ 处：$\omega = \dfrac{\partial^2\omega}{\partial y^2} = \dfrac{\partial^4\omega}{\partial y^4} = 0$，$\dfrac{\partial f}{\partial y} = 0$。

显然，对于函数 $f(x, y)$，取 $f = 0$ 即可满足边界条件。因此对于四边简支的类蜂窝夹层结构，振动方程可以简化为

$$D\,\nabla^2\nabla^2\omega + \rho\,\frac{\partial^2}{\partial t^2}\!\left(\omega - \frac{D}{C}\,\nabla^2\omega\right) = 0 \tag{4-114}$$

设同时满足边界条件和控制方程的试函数为

$$\omega = \sum_{m=1}^{\infty}\sum_{n=1}^{\infty} A_{mn}\sin\frac{m\pi x}{a}\sin\frac{n\pi y}{b}\mathrm{e}^{\mathrm{j}\omega_{mn}t} \tag{4-115}$$

式中，A_{mn} 为待定系数；ω_{mn} 为夹层板无阻尼振动圆频率。

将 ω 代入控制方程可得

$$\omega_{mn}^2 = \frac{D\pi^4(m^2 + \lambda^2 n^2)^2 C}{\rho a^3\left[\,\pi\sqrt{DC}(m^2 + \lambda^2 n^2) + Ca\,\right]} \tag{4-116}$$

式中，m，$n = 1, 2, \cdots$；λ 为边长比，$\lambda = \dfrac{a}{b}$，a、b 为整个蜂窝结构的长度和宽度。

由此可得，类蜂窝夹层结构在四边简支边界条件下的固有频率：

$$f_{mn} = \frac{\omega_{mn}}{2\pi} = \sqrt{\frac{CD\pi^2(m^2 + \lambda^2 n^2)^2}{4\rho a^2\left[D\pi^2(m^2 + \lambda^2 n^2) + a^2 C\right]}} \tag{4-117}$$

式中，m，$n = 1, 2, \cdots$。

2. 类蜂窝夹层结构的数值模拟分析

为了验证振动模型的可行性，利用 ABAQUS 有限元软件建立类蜂窝夹层

结构有限元模型，如图4-21所示，并对四边简支条件下的类蜂窝夹层结构进行数值模拟分析，如图4-22所示，参数尺寸如表4-8所示，将数值模拟得到的结果和理论计算的结果进行对比分析，如表4-9所示。为了便于计算以及仿真分析，这里将类蜂窝结构夹层板上、下面板及夹芯材料均采用铝金属，面板弹性模量 $E_f = 71$ GPa，面板泊松比 $v_f = 0.33$，夹层结构面板的密度 $\rho_f = 2700$ kg/m³。

图4-21　类蜂窝夹层结构有限元模型

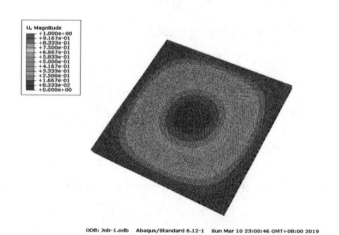

(a)

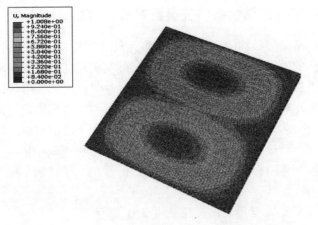

ODB: Job-1.odb　Abaqus/Standard 6.12-1　Sun Mar 10 23:00:46 GMT+08:00 2019

Step: Step-1
Mode　2: Value = 3.21038E+08 Freq = 2851.7　(cycles/time)
Primary Var: U, Magnitude
Deformed Var: U　Deformation Scale Factor: +1.000e+00

（b）

图 4-22　类蜂窝结构的数值模拟结果

表 4-8　类蜂窝结构各参数尺寸　　　　　　　　单位：mm

参数	a	b	H	d	l	t	h
数值	229.2	229.2	10	0.5	2.7	0.2	3.8

表 4-9　类蜂窝夹层板固有频率模拟值和理论值

阶数	模态 (m, n)	模拟值/Hz	理论值/Hz
1	(1, 1)	1387.5	1204.6
2	(1, 2)	2851.7	2875.4
3	(2, 1)	2853.0	2875.4
4	(2, 2)	4328.5	4439.1
5	(1, 3)	5154.5	5378.5
6	(3, 1)	5317.9	5378.5
7	(2, 3)	6371.1	6639.0
8	(3, 2)	6374.3	6639.0

　　由表 4-9 所示的结果可知，类蜂窝夹层板的固有频率理论解和数值模拟解吻合良好，两者的误差保持在 8% 以内，该结论验证了本书振动模型的正确性。同时，从图 4-22 可以看出类蜂窝夹层结构的振动模态是类似于均质薄板

的，这也说明将蜂窝夹层结构等效为均质薄板研究其振动特性是合理有效的。

▋4.4.3 类蜂窝夹层结构各特征参数对其固有频率的影响

分析了类蜂窝夹层结构的设计参数如胞元尺寸、夹芯层厚度、面板厚度、胞元数量对结构的模态频率的影响情况以及类蜂窝夹层结构固有频率的变化规律，为类蜂窝夹层结构在实际工程中的优化设计提供一定的参考价值。为了便于研究各参数尺寸对类蜂窝夹层结构固有频率的影响，这里的类蜂窝结构夹层板上、下面板及夹芯材料均采用铝金属，这样面板和夹芯的材料是相同的，查阅相关资料可知，面板弹性模量 $E_f = 71$ GPa，面板泊松比 $v_f = 0.33$，格壁材料的剪切模量和面板材料的剪切模量是相等的，夹层结构面板的密度 $\rho_f = 2700$ kg/m³。

1. 类蜂窝结构胞元壁厚对固有频率的影响

类蜂窝夹层结构胞元壁厚 t 是决定蜂窝夹芯等效密度和纵向剪切模量的重要因素，这两者的变化均会对夹层结构固有频率产生影响，因此研究胞元壁厚对类蜂窝结构振动特性的影响意义重大。在分析类蜂窝夹层结构胞元壁厚 t 对固有频率的影响的过程中，需要把类蜂窝的其他参数尺寸保持一致，仅仅改变胞元壁厚 t 的尺寸大小，从而分析类蜂窝夹层结构胞元壁厚 t 对整个类蜂窝夹层结构固有频率的影响。其他各参数尺寸如表 4-10 所示。

表 4-10　类蜂窝夹层结构各参数尺寸 1　　　　　单位：mm

参数	a	b	H	d	l	h
数值	229.2	229.2	10	0.5	2.7	3.8

这里主要研究了类蜂窝夹芯胞元壁厚 t 在 $0.01 \sim 0.2$ mm 之间变化时，类蜂窝夹层结构固有频率随胞元壁厚的变化曲线如图 4-23 所示。

由图 4-23 可知，在其他因素保持不变的条件下，增大胞元壁厚，类蜂窝夹层结构的各阶固有频率均出现一种先增大后减小的趋势。这可以解释为在不同壁厚范围内，胞元壁厚对类蜂窝夹层结构纵向等效剪切模量和等效密度的影响力具有差异性。在胞元壁厚较小的情况下，壁厚增加过程中导致等效剪切模量增加，进而导致夹层结构整体抗剪刚度增加，但是此时，胞元壁厚的增大对类蜂窝夹芯等效密度的影响较小，于是类蜂窝夹层结构的各阶固有频率出现一种增大的趋势；随着胞元壁厚的不断增加，它对类蜂窝夹层结构等效密度的影响开始增强，对抗剪刚度的影响逐渐减弱，这导致了类蜂窝夹层结构的各阶固有频率开始随胞元壁厚增加而减少。在胞元壁厚相同时，随着振动模态阶数的增加，类蜂窝夹层结构的固有频率呈增大的趋势。因此在类蜂窝夹层结构优化设计过程中，在其他条件相同的情况下，要得到最大固有频率，胞元壁厚 $t =$ 0.1 mm 最佳，所得的类蜂窝结构稳定性最好。

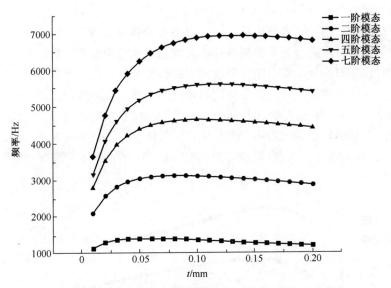

图 4-23　类蜂窝夹层结构固有频率随胞元壁厚的变化曲线

2. 类蜂窝结构胞元正方形边长对固有频率的影响

类蜂窝夹层结构胞元正方形边长 h 的变化会直接影响蜂窝夹芯等效密度和纵向剪切模量，而这两者的变化均会对类蜂窝夹层结构固有频率产生影响，因此类蜂窝胞元正方形边长也是影响整个类蜂窝结构振动特性的一个重要因素。在分析类蜂窝夹层结构胞元正方形边长 h 对固有频率的影响的过程中，需要把类蜂窝的其他参数尺寸保持一致，仅仅改变胞元正方形边长 h 的尺寸大小，从而分析类蜂窝夹层结构胞元正方形边长 h 的尺寸对整个类蜂窝夹层结构固有频率的影响。其他尺寸参数如表 4-11 所示。

表 4-11　类蜂窝夹层结构各参数尺寸 2　　　　单位：mm

参数	a	b	H	d	l	t
数值	229.2	229.2	10	0.5	2.7	0.2

这里主要研究了类蜂窝夹芯胞元正方形边长 h 在 1~40 mm 之间变化时，类蜂窝夹层结构固有频率随胞元正方形边长的变化曲线如图 4-24 所示。

由图 4-24 可知，在其他因素保持不变的条件下，增大胞元正方形边长，类蜂窝夹层结构的各阶固有频率均出现一种先增大后减小的趋势。这可以解释为在不同胞元正方形边长范围内，胞元正方形边长对类蜂窝夹层结构纵向等效剪切模量和等效密度的影响力具有差异性。在胞元正方形边长较小的情况下，它的增加导致等效剪切模量增加，进而导致类蜂窝夹层结构整体抗剪刚度增加，但是此时，胞元正方形边长的增大对夹芯等效密度的影响较小，于是类蜂窝夹层结构的各阶固有频率出现一种增大的趋势；当胞元正方形边长增加到一定程度时，它对类蜂窝夹层结构等效密度的影响开始增强，对抗剪刚度的影响逐渐减弱，这导致了类蜂窝夹层结构的各阶固有频率开始随胞元正方形边长增加而减小。在胞元正方形边长相同时，随着振动模态阶数的增加，类蜂窝夹层结构的固有频率呈增大的趋势。因此在其他条件保持一致的情况下，胞元正方形边长 $h = 10$ mm 时所得到的结构固有频率最大，此时整体类蜂窝夹层结构的稳定性最佳。

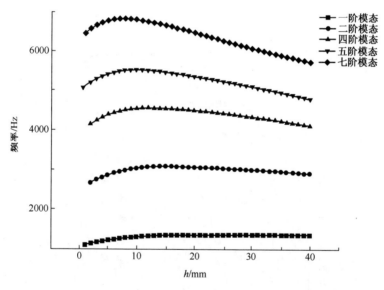

图 4-24 类蜂窝夹层结构固有频率随胞元正方形边长的变化曲线

3. 类蜂窝结构胞元六边形边长对固有频率的影响

类蜂窝夹层结构胞元六边形边长 l 的改变对蜂窝夹芯等效密度和纵向剪切模量的影响也是至关重要的，从而影响类蜂窝夹层结构固有频率，因此类蜂窝夹层结构胞元六边形边长的改变对整体结构的振动特性产生影响。在分析类蜂窝夹层结构胞元六边形边长 l 对固有频率的影响的过程中，需要把类蜂窝的其他参数尺寸保持一致，仅仅改变胞元六边形边长 l 的尺寸，从而分析类蜂窝夹层结构胞元六边形边长 l 的尺寸对整个类蜂窝夹层结构固有频率的影响。其他各参数尺寸如表 4-12 所示。

表 4-12　类蜂窝夹层结构各参数尺寸 3　　　　单位：mm

参数	a	b	H	d	t	h
数值	229.2	229.2	10	0.5	0.2	3.8

　　这里主要研究了类蜂窝夹芯胞元六边形边长 l 在 $1\sim25$ mm 之间变化时，类蜂窝夹层结构固有频率随胞元六边形边长的变化曲线如图 4-25 所示。

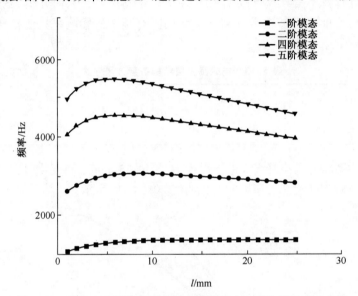

图 4-25　类蜂窝夹层结构固有频率随胞元六边形边长的变化曲线

　　由图 4-25 可知，在其他因素保持不变的条件下，增大胞元六边形边长，类蜂窝夹层结构的各阶固有频率均出现一种先增大后减小的趋势。这可以解释为不同的胞元六边形边长对类蜂窝夹层结构纵向等效剪切模量和等效密度的影响程度是不同的。在胞元六边形边长较小的情况下，它的增加导致类蜂窝结构等效剪切模量增加，进而导致夹层结构整体抗剪刚度增加，但是此时，胞元六边形边长的增大对夹芯结构等效密度的影响较小，于是类蜂窝夹层结构的各阶固有频率出现一种增大的趋势；当胞元六边形边长增加到一定程度时，它对类蜂窝夹层结构等效密度的影响开始增强，对抗剪刚度的影响逐渐减弱，这导致了类蜂窝夹层结构的各阶固有频率开始随胞元六边形边长增加而减小。在胞元六边形边长相同时，随着振动模态阶数的增加，类蜂窝夹层结构的固有频率呈增大的趋势。所以在其他条件保持一致的情况下，胞元六边形边长 $l=7$ mm 时所得的类蜂窝结构固有频率最大，这样整体类蜂窝夹层结构的稳定性最好。

4. 类蜂窝夹层结构夹芯层厚度对固有频率的影响

类蜂窝夹芯层厚度 H 的变化会直接改变夹层结构的抗剪刚度、抗弯曲刚度和等效密度，进而影响整体结构的固有频率，并且夹芯层厚度的变化会影响整体类蜂窝结构的质量，因此这也是值得特别关注的一个影响因素。在分析类蜂窝夹层结构夹芯层厚度 H 对固有频率的影响的过程中，需要把类蜂窝的其他参数尺寸保持不变，仅仅改变夹芯层厚度 H 的尺寸，从而分析类蜂窝夹层结构夹芯层厚度 H 对整个类蜂窝夹层结构固有频率的影响。其他各参数尺寸如表 4-13 所示。

表 4-13　类蜂窝夹层结构各参数尺寸 4　　　　　单位：mm

参数	a	b	d	l	t	h
数值	229.2	229.2	0.5	2.7	0.2	3.8

这里主要研究了类蜂窝夹芯层厚度 H 在 $1\sim25$ mm 之间变化时，类蜂窝夹层结构固有频率随夹芯层厚度的变化曲线如图 4-26 所示。

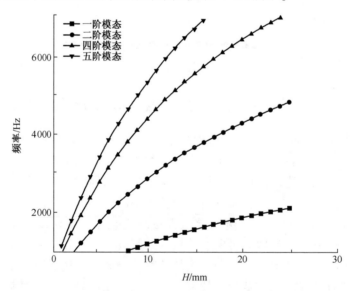

图 4-26　类蜂窝夹层结构固有频率随夹芯层厚度的变化曲线

在其他条件保持不变的情况下，增大类蜂窝夹芯层的厚度，虽然其整体质量会随之增加，但从图 4-26 可以看出类蜂窝夹层结构的各阶固有频率并没有随着夹芯层厚度的增加而下降，反而是随着厚度的增加而不断增大，这说明此时类蜂窝夹层结构的抗弯曲强度和抗剪切强度是影响其固有频率的主导因素。在夹芯层厚度相同时，随着振动模态阶数的增加，类蜂窝夹层结构的固有频率呈增大的趋势。从上述现象可以得出一个结论：在研究类蜂窝夹层结构的振动特性过程中，往往改变其中一个影响因素，会带来多个影响因素的变化，但是这些因素的影响力具有主次性，了解这些影响因素的主次性有利于对类蜂窝夹层结构振动特性的整体把握。因此在其他条件保持一致的情况下，类蜂窝夹芯层厚度越大，类蜂窝整体结构的固有频率越高，但是夹芯层厚度越大需要更多的材料，实际工程中越难生产加工，并且整体结构的质量会增加，所以在结构优化设计中根据实际的需求来合理决定夹芯层厚度，保障其整体的稳定性。

5. 类蜂窝夹层结构面板厚度对固有频率的影响

由振动模型可知，类蜂窝夹层结构面板的厚度 d 会直接影响到其整体质量，从而影响类蜂窝结构的固有频率，因此有必要研究其对类蜂窝夹层结构振动特性的影响。在分析类蜂窝夹层结构面板厚度 d 对固有频率的影响的过程中，需要使类蜂窝的其他参数尺寸保持一致，仅仅改变面板厚度 d 的尺寸大小，从而分析类蜂窝夹层结构面板厚度 d 对整个类蜂窝夹层结构固有频率的影响。其他尺寸参数如表 4-14 所示。

表 4-14　类蜂窝夹层结构各参数尺寸 5　　单位：mm

参数	a	b	H	l	t	h
数值	229.2	229.2	10	2.7	0.2	3.8

这里主要研究了类蜂窝结构面板厚度 d 在 0.1~2.0 mm 之间变化时，类蜂窝夹层结构固有频率随面板厚度的变化曲线如图 4-27 所示。

在保证其他参数不变的情况下，仅改变类蜂窝面板的厚度，可得到如图 4-27 所示反映类蜂窝夹层结构第一、二、四、五阶固有频率随面板厚度变化的曲线。由图像可知，类蜂窝夹层结构各阶固有频率会随其面板厚度的增多而不断减少，最终聚集在一个小的集中的频率范围内；在面板厚度相同时，随着振动模态阶数的增加，类蜂窝夹层结构的固有频率呈增大的趋势。上述现象符合结构振动的一般规律，即结构自由振动的固有频率会随着其质量的增加而降低。因此在其他条件相同时，类蜂窝夹层板厚度越小，所得的结构固有频率越大，但是面板太薄会导致整体结构强度和刚度等力学性能降低，所以在优化设计过程中要根据实际工程需求来合理决定夹层板厚度，以保证整体结构的稳定性。

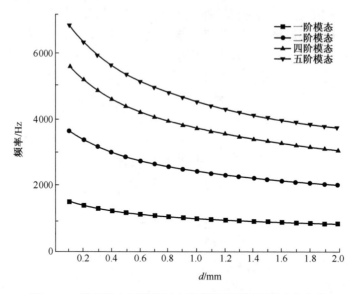

图 4-27 类蜂窝夹层结构固有频率随面板厚度的变化曲线

6. 类蜂窝夹层结构夹层板胞元数量对固有频率的影响

夹层结构胞元数量会直接影响到其整体质量，进而影响整体类蜂窝结构的固有频率，因此有必要研究一下胞元数量对类蜂窝结构的振动特性。在分析类蜂窝夹层结构夹层板胞元数量对固有频率的影响的过程中，需要把类蜂窝的其他参数尺寸固定下来，仅仅改变夹层板胞元数量，从而分析类蜂窝夹层结构夹层板胞元数量对固有频率的影响，而改变胞元的数量最直接的方式就是改变夹层板的长宽尺寸。为了便于分析研究，改变夹层板一个边的长度 a 的尺寸，其他尺寸参数保持不变。其他尺寸参数如表 4-15 所示。

表 4-15　类蜂窝夹层结构各参数尺寸6　　　　　单位：mm

参数	b	H	d	l	t	h
数值	229.2	10	0.5	2.7	0.2	3.8

类蜂窝夹层结构固有频率随胞元数量的变化曲线如图 4-28 所示。

在保证其他参数不变的情况下，仅改变类蜂窝夹层板边长的大小，可得到如图 4-28 所示反映类蜂窝夹层结构第一、二、四、五阶固有频率随夹层板边长变化的曲线。由图像可知，类蜂窝夹层结构各阶固有频率会随其胞元数量的增多而不断减少，最终聚集在一个小的集中的频率范围内；在胞元数量相同时，随着振动模态阶数的增加，类蜂窝夹层结构的固有频率呈增大的趋势。因

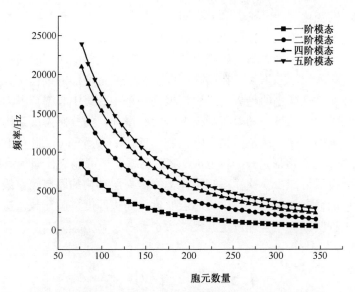

图 4-28　类蜂窝夹层结构固有频率随胞元数量的变化曲线

此在其他条件相同时，理论上类蜂窝胞元数量越少，则类蜂窝结构的固有频率越大，但是胞元数量过少会导致类蜂窝整体结构的尺寸过小，所以在实际设计过程中要根据需求合理设定胞元数量以保障整体结构的稳定性。

　　本节以新型类蜂窝夹层结构为研究对象，以理论方法建立了类蜂窝夹层结构的力学模型，然后在力学模型的基础上构建类蜂窝夹层结构的振动模型，采用有限元数值模拟分析的方法验证了理论振动模型的正确性，并且研究了类蜂窝夹层结构各参数尺寸对其固有频率的影响，分析了类蜂窝夹层结构固有频率的变化规律，为后续研究类蜂窝夹层结构在复杂工程应用中奠定了一定的理论基础和参考价值。主要研究工作总结如下。

　　（1）应用 Reissner 夹层板剪切理论，建立了新型类蜂窝夹层结构的力学模型，运用能量法推导出类蜂窝夹芯纵向剪切模量和夹芯结构的等效密度表达式。

　　（2）在力学模型的基础上构建了类蜂窝夹层结构的振动模型，推导出类蜂窝夹层结构在四边简支边界条件下的固有频率方程，并利用有限元数值模拟对其进行验证。经对比发现：由理论计算所得到的类蜂窝夹层结构的固有频率与数值模拟所得到的结果误差保持在 8% 以内，证明了振动模型的准确性。

　　（3）在已得到的振动模型的基础上分别研究类蜂窝夹芯结构的各胞元尺寸、夹芯层厚度、面板厚度以及胞元数量等因素对其固有频率的影响，分析了类蜂窝夹层结构固有频率的变化规律，得出类蜂窝夹层结构固有频率随各个参数尺寸大小的变化规律。研究结果表明，保持其他条件一致时，随着类蜂窝夹层结构胞元壁厚、胞元正方形边长、胞元六边形边长的增加，类蜂窝夹层结构的固有频率均呈现一种先增大后减小的趋势；随着夹芯层厚度的增加，类蜂窝结构的固有频率均不断增大；在面板厚度、胞元数量增加的过程中，类蜂窝结构的固有频率呈现减小的趋势，最后汇聚到一个小的集中频率范围内；在各个参数保持相同的情况下，随着振动模态阶数的增加，类蜂窝夹层结构的固有频率均呈现增大的变化。结论：当类蜂窝胞元壁厚 $t=0.1$ mm，胞元正方形边长 $h=10$ mm，胞元六边形边长 $l=7$ mm，夹芯层厚度尽可能大，面板厚度尽可能小，胞元数量尽可能少，这样得到整体类蜂窝夹层结构的固有频率最大，类蜂窝整体结构的稳定性最好；其中夹芯层厚度、面板厚度、胞元数量这三个变量需要根据工程实际应用合理设定其尺寸大小。

4.5 本章小结

本章以六边形蜂窝夹层结构、类方形蜂窝夹层结构和类蜂窝夹层结构这 3 种蜂窝夹层结构为研究对象，采用理论分析、数值模拟仿真以及实例验证相结合的思想，分别对这 3 种蜂窝夹层结构的振动特性进行分析和研究。主要得到如下结论。

（1）首先基于 Y 形胞元模型，考虑了蜂窝胞壁的弯曲、伸缩和剪切变形，利用 Timoshenko 梁理论对双壁厚胞壁形式的蜂窝芯层进行了等效材料参数的推导，通过特征单胞的有限元数值模拟证明了理论计算公式的正确性；然后在 Reissner 经典夹层板理论的基础上考虑了夹芯的剪应变，推导出了正交各向异性矩形蜂窝夹层板的自由振动控制方程，并给出了四边简支条件下矩形蜂窝夹层板弯曲振动固有频率的精确解；接下来介绍了用一阶剪切组合板理论计算蜂窝夹层板的固有频率的方法，将理论计算结果和数值模拟结果对比，验证了该方法的可行性；最后在此基础上研究了夹层板各项特征参数对其固有频率的影响。

（2）首先运用改进的 Gibson 公式得到了双壁厚及等壁厚类方形蜂窝夹芯结构的等效弹性参数。然后采用蜂窝夹层板理论计算得到四边简支类方形蜂窝夹层结构的固有频率与有限元模拟结果的一致性较好，证明了改进 Gibson 公式得到的类方形蜂窝夹芯等效弹性参数的正确性。接下来在保证四边简支类方形蜂窝夹芯壁长不变情况下，增大类方形蜂窝夹芯壁厚，两种壁厚类型的类方形蜂窝夹层结构的固有频率均呈现先增大后减小的变化趋势；当壁厚 t 较小时，t 对蜂窝夹层结构弯曲刚度作用较等效密度明显，夹层结构固有频率呈上升趋势；当壁厚 t 增大到较大水平（$t > 0.02$ mm）时，等效密度较弯曲刚度对固有频率影响更显著，此时夹层结构固有频率随壁厚增大而减小。最后在保证四边简支类方形蜂窝夹层结构整体参数不变情况下，为弄清影响两种不同壁厚类型类方形蜂窝夹层结构在固有频率及振动模态上的主导因素，分别对这两种壁厚类型蜂窝夹层结构的壁厚、等效密度及等效剪切模量详细讨论，得出这 3 个主要因素对固有频率影响所占权重由大到小依次为：yOz 面等效剪切模量、等效密度、壁厚。

以等壁厚和双壁厚类方形蜂窝夹芯结构的固有频率响应分析为例，说明在基本结构参数相同的条件下这两种结构固有频率响应有较大的差异。结果还表明，这两种类型的结构在低阶时差异较大，随着固有频率阶次增加，这种误差有逐渐减小的趋势。

（3）应用 Reissner 夹层板剪切理论，建立了新型类蜂窝夹层结构的力学模型，运用能量法推导出类蜂窝夹芯纵向剪切模量和夹芯结构的等效密度表达式。

基于力学模型构建了类蜂窝夹层结构的振动模型，推导出类蜂窝夹层结构在四边简支边界条件下的固有频率方程，并利用有限元数值模拟对其进行验证。经对比发现：由理论计算所得到的类蜂窝夹层结构的固有频率与数值模拟所得到的结果误差保持在 8% 以内，证明了振动模型的准确性。

基于振动模型分别研究类蜂窝夹芯结构的各胞元尺寸、夹芯层厚度、面板厚度以及胞元数量等因素对其固有频率的影响，分析了类蜂窝夹层结构固有频率的变化规律，得出在类蜂窝夹层结构固有频率随各个参数尺寸大小的变化规律。研究结果表明，保持其他条件一致时，随着类蜂窝夹层结构胞元壁厚、胞元正方形边长、胞元六边形边长的增加，类蜂窝夹层结构的固有频率均呈现一种先增大后减小的趋势；随着夹芯层厚度的增加，类蜂窝结构的固有频率均不断增大；在面板厚度、胞元数量增加的过程中，类蜂窝结构的固有频率呈现减小的趋势，最后汇聚到一个小的集中频率范围内；在各个参数保持相同的情况下，随着振动模态阶数的增加，类蜂窝夹层结构的固有频率均呈现增大的变化。当类蜂窝胞元壁厚 $t = 0.1$ mm，胞元正方形边长 $h = 10$ mm，胞元六边形边长 $l = 7$ mm，夹芯层厚度尽可能大，面板厚度尽可能小，胞元数量尽可能少，这样得到整体类蜂窝夹层结构的固有频率最大，类蜂窝整体结构的稳定性最好。

类蜂窝夹芯结构的冲击特性

5.1 引　　言

5.1.1 蜂窝结构冲击特性研究现状

蜂窝夹层结构的抗冲击研究一直是国内外学者关注的一个热点。特别是近年来，由于制造技术的发展，具有各种形式芯层夹层板的制造成为可能，各种金属夹层结构的抗冲击特性研究变得异常活跃。金属夹层板具有刚度高、夹芯层吸能等特点，相对于等质量的实体板具有良好的抗冲击性能，目前逐步被用于飞行器、汽车、船舶、化学工业防撞防爆装置等。其中，蜂窝夹芯作为蜂窝夹层结构的主要吸能介质，对夹层结构的吸能能力有较大影响。由于蜂窝夹芯层内部孔穴的存在，其性能不仅取决于夹芯结构材料的特性，而且很大程度上依赖于夹芯结构的孔穴拓扑形式和结构的排列方式。尤其在蜂窝夹层结构受冲击载荷而失效的研究中，不同胞元拓扑结构表现出不同的变形机制和动态力学性能。蜂窝夹芯在冲击载荷作用下会先后发生线弹性、平台区和密实化的变形过程。能量吸收主要集中在平台区，由平台区的峰应力和密实化应变决定，但是针对不同几何拓扑结构，胞元的能量吸收情况差距不尽相同。研究表明，一方面，蜂窝夹层结构的力学性能依赖于胞元的结构几何参数，如边长和壁厚等；另一方面，胞元的空间拓扑参数，将随着一种结构到另一种结构的变化而发生变化，并以重要的方式影响夹层的力学行为。尤其是在冲击载荷的作用下，载荷的高频成分将控制结构的动力响应，胞元的空间拓扑结构对于夹层结构能量吸收情况的影响变得越来越显著。

目前，国内外关于不同胞元拓扑结构的蜂窝夹层动态力学特性分析已广泛展开，针对传统的蜂窝夹芯层，国内外的研究方法与研究内容各有侧重。

其中，Wang 和 Well 给出了蜂窝夹芯层的共面峰应力公式[173]，Zhu 和 Mills 利用实验方法研究了双壁厚六边形蜂窝夹芯层的共面压缩问题[174]，Papka 和 Kyriakides 最早模拟了六边形蜂窝夹芯层的静态共面变形过程[175-177]。卢文浩和鲍荣浩模拟了共面冲击载荷作用下六边形蜂窝夹芯层的力学行为[178]，但是他们仅对蜂窝体静弹性力学性能进行了分析，且冲击速度恒定。Zhu 等研究了壁厚、边长和基材模量等参数对等壁厚蜂窝铝芯共面静态性能的影响，对峰应力公式进行了修正[179-180]。Ruan 等利用有限元法研究了单元壁厚 (t) 和冲击速度 (v) 对壁厚均匀蜂窝的共面动态压缩变形模式与峰应力的影响，并给出了计算公式[181]。孙德强和张卫红利用有限元仿真软件分析了六边形、四边形、三角形蜂窝夹芯层的共面动态压缩特性，利用最小二乘法拟合得到了共面动态峰应力关于各结构参数和冲击速度的经验关系式[182-184]。刘颖、张新春等研究了共面冲击载荷作用下胞元微拓扑结构对蜂窝夹芯层动态冲击性能的影响[185-186]。随着蜂窝夹芯层种类的进一步增多，对各种新型蜂窝夹芯层的研究也越来越受到研究人员的关注。卢子兴、胡玲玲等[187-188]采用数值模拟方法研究了四边形手性蜂窝、组合 Kagome 蜂窝、三角形蜂窝在不同冲击方向下共面冲击载荷作用下的变形模式、承载能力和能量吸收特性。Qiao 和 Chen[189]通过理论计算与有限元仿真方法研究了不同的分层蜂窝单轴材料在共面冲击载荷作用下的准静态应力与变形机理，发现分层蜂窝夹芯层较传统蜂窝夹芯层有更好的能量吸收特性。何彬和李响[190]对一种新型组合蜂窝的共面压缩特性进行研究，分析和比较了新型组合蜂窝受冲击时的能量吸收特性。

　　侯秀慧和尹冠生[191]系统分析负泊松比多凹角及凹角蜂窝在共面冲击载荷作用下的动力学性能，发现多凹角及凹角蜂窝结构的内凹拓扑构型使其在纵向受压时横向收缩，即引起相应的负泊松比效应。同时凹角蜂窝较传统正六边形蜂窝具有更高的动力学强度，揭示了凹角蜂窝结构更优的吸能效果。邓小林[192]采用 ABAQUS 研究了分层梯变负泊松比蜂窝夹芯层相对于传统的负泊松比蜂窝夹芯层，具有更低的初始峰值应力。同时也发现改变分层梯变蜂窝夹芯层的冲击端，其变形模式具有明显的不同，能量吸收能力也发生了较为明显的变化。何强等[193]采用 ABAQUS 建立了具有递变屈服强度梯度特性的圆形蜂窝夹芯层数值仿真模型，详细讨论了递变屈服强度梯度和冲击速度对圆形蜂窝夹芯层共面冲击性能的影响，研究结果表明递变梯度值对蜂窝夹芯层的变形模式有较大影响。张健等[194]以多孔泡沫金属为研究对象，采用分析蜂窝夹芯层动态冲击特性时的研究方法，定量分析了不均匀分布的不规则胞孔泡沫金属在动态压缩过程中弹塑性波的传播、惯性效应以及吸能特性，进一步扩展了在动态冲击作用时多孔泡沫金属材料的研究方法，同时也为该分析方法的进一步推广使用奠定基础。

同样，目前针对蜂窝夹芯层的异面冲击特性研究的方法主要也包括实验法和有限元仿真分析法。而采用实验法进行研究时对蜂窝样品的尺寸要求较高，很难大范围地得到多种不同尺寸的蜂窝样品，且对数据的采集精度要求较高，并且做高速冲击的实验成本较高，所以常采用有限元仿真技术对高速冲击下的蜂窝夹芯力学特性进行模拟研究。国内外已有多位学者应用有限元法和实验法，对各种类型的蜂窝夹芯异面冲击特性进行了研究，得到了很多具有重要参考价值的结论，为后续研究其他新型蜂窝夹芯结构的异面冲击特性指明了方向。Khan 等[195]通过实验与数字图像相关法研究了六边形蜂窝的共面、异面能量吸收特性，并得到在蜂窝胶合面的能量吸收能力为非胶合面的两倍。Xu 等[196]针对多个蜂窝试件，采用实验手段，在相同的压缩速度下，研究了四种不同类型的六边形铝蜂窝在大范围应变率下的异面压溃行为，以及蜂窝试件尺寸、相对密度，应变率和蜂窝胞元尺寸对蜂窝力学性能的影响。Zhang 等[197]研究了不同分层状态下六边形蜂窝的异面冲击特性，发现在质量相等的情况下，增加蜂窝等分层数量可以明显地提高蜂窝夹芯层的异面能量吸收能力，并且发现随着蜂窝胞元壁厚的增加，蜂窝夹芯层的异面能量吸收能力提高。徐天娇[198]采用单轴实验法研究了 7 种不同尺寸六边形蜂窝在同一加载速率下的异面压缩特性，发现试样的尺寸对变形模式、密实化应变及平台应力影响较小，而蜂窝的峰值应力受尺寸的影响较大。王堃等[199]研究了异面冲击时六边形铝蜂窝中结构参数对冲击变形和能量吸收特性的影响。李响等[200]创新构型了一种组合型类蜂窝结构，发现类蜂窝结构表现出更强的能量吸收能力，并且其能量吸收过程不受冲击方向的影响。

5.1.2 本章主要研究内容

本章以类方形蜂窝结构和类蜂窝结构为研究对象，采用理论分析、仿真模拟以及实例验证相结合的思想，对其冲击特性进行分析和研究。

主要研究内容如下。

(1) 5.1 节引言部分介绍了国内外学者对蜂窝结构冲击特性的研究现状以及本章的主要研究内容。

(2) 5.2 节研究了类方形蜂窝芯材在共面冲击载荷作用下的力学行为。借助有限元软件 ANSYS/LS-DYNA，建立了相应基于单元阵列的有限元模拟和分析方法。分析在不同大小速度冲击载荷作用下类蜂窝结构以及泡沫填充类方形蜂窝夹芯的面内冲击胞元变形情况、压缩反力及能量吸收情况差异性，并与未填充类方形蜂窝夹芯在不同大小速度冲击载荷作用下的变形情况、接触反力及能量吸收能力进行对比分析。

以泡沫填充类方形蜂窝夹芯层三维模型为研究对象，讨论不同大小速度冲击载荷作用下泡沫填充类方形蜂窝夹芯层的面外冲击力学性能及能量吸收能力，并与未填充类方形蜂窝夹芯层在不同冲击速度作用下的变形模式、能量吸收能力进行对比，然后利用有限元仿真得到的比吸能随壁厚变化的情况，拟合出类方形蜂窝夹芯结构吸能特性指标函数。

（3）5.3 节以特定拓扑结构形式下类蜂窝夹芯层为研究对象，讨论不同冲击速度作用下类蜂窝结构的共面冲击力学性能及能量吸收能力，并与传统的六边形蜂窝在不同方向冲击作用下的变形模式、能量吸收能力进行对比分析；在共面冲击的研究基础上，以类蜂窝夹芯层为研究对象，讨论不同冲击速度作用下类蜂窝夹芯层的异面冲击力学性能及能量吸收能力，并与传统的六边形蜂窝夹芯层、四边形蜂窝夹芯层在不同冲击速度作用下的变形模式、能量吸收能力进行对比；以类蜂窝夹芯层在受载状态下的力学响应特性为优化目标，对夹芯层的结构参数进行设计，采用正交试验设计方法对类蜂窝夹芯层的共面能量吸收能力及异面能量吸收能力等试验指标进行分析，采用极差分析和方差分析，得到不同受载状态下试验因素的主次顺序。

对泡沫填充类蜂窝夹芯结构芯层进行面内冲击仿真试验，分析泡沫填充类蜂窝在面内方向的溃缩模式，提取冲击过程中的压缩力以及各项耐撞性指标，并分析在不同冲击速度作用下蜂窝壁厚对平均碰撞力、初始峰值力、总吸能、比吸能、载荷稳定性以及吸能效率的影响，从而研究蜂窝壁厚对泡沫填充类蜂窝面内耐撞性的影响，并对比泡沫填充与未填充类蜂窝在面内方向的耐撞性；对泡沫填充类蜂窝夹芯结构芯层结构进行面外方向的冲击仿真试验，分析其在不同冲击速度作用下的溃缩模式以及蜂窝壁厚对溃缩模式的影响，提取冲击过程中的耐撞性指标，观察结构在不同冲击速度作用下类蜂窝夹芯与泡沫的压缩力变化情况，比较在低、中、高速冲击下蜂窝壁厚对泡沫填充类蜂窝压缩力、平均碰撞力、初始峰值力、总吸能、比吸能、载荷稳定性以及吸能效率的影响，进而研究蜂窝壁厚面外耐撞性的影响，最后对比泡沫填充与未填充类蜂窝在面外方向的耐撞性；根据仿真试验中提取的耐撞性指标随蜂窝壁厚及冲击速度变化的情况，拟合出泡沫填充类蜂窝夹层结构芯层的耐撞性指标函数，再运用多目标粒子群算法对泡沫填充类蜂窝夹层结构的耐撞性进行多目标优化设计，并分析耐撞性指标对蜂窝壁厚与冲击速度的敏感性问题。

5.2 类方形蜂窝结构的冲击特性

■5.2.1 类方形蜂窝夹芯结构面内冲击特性

1. 类方形蜂窝结构基本构型

类方形蜂窝夹芯结构及其结构尺寸如图 5-1 所示，本次计算所有算例中 h = 8 mm，l = 4 mm，t = 0.04 mm。

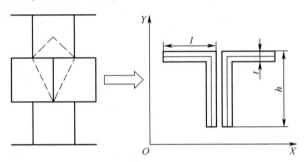

图 5-1 类方形蜂窝夹芯结构及其结构尺寸

2. 数值计算模型

选择 LS-DYNA 进行有限元分析，在软件中建立类方形蜂窝夹芯结构面内冲击有限元计算模型[201]，如图 5-2 所示，模型分为两个部分，类方形蜂窝下端固定，在距离上端2 mm 处设置一块刚性板。该模型中类方形蜂窝夹芯基体材料选用6061T4，属于双线性硬化材料，蜂窝基体材料的力学参数为：弹性模量 E_s = 69000 MPa，屈服应力 δ_y = 290 MPa，切线模量 E_{tan} = 689 MPa，密度 ρ_s = 2.7×10⁻⁶ kg/mm³，泊松比 v_s = 0.3，同时限制夹芯层在 z 方向

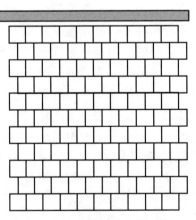

图 5-2 类方形蜂窝夹芯面内
冲击有限元模型

上的所有位移，其余方向自由运动，材料单元选用 shell163 壳单元，采用全积分 Belytscbko-Tsay 壳单元算法，为了计算结果保持收敛且算例较多，同时尽

快计算出结果，在 Y 方向定义 5 个积分点；刚性板材料选用钢板弹性模量 $E_s =$ 69000 MPa，密度 $\rho_s = 2.7 \times 10^{-6}$ kg/mm³，泊松比 $\upsilon_s = 0.3$，限制其只在 y 方向上运动，材料单元选用 solid164 单元。在此次计算中类方形蜂窝夹芯接触类型采用单面自动接触，刚性板与类方形蜂窝夹芯之间接触类型选用面面，且计算中不考虑所有摩擦。为了保证模型在 x、y 方向同时对称，计算中类方形蜂窝材料模型在 x 方向交错采用 10 个和 9 个重复胞元、y 方向采用 10 个重复胞元，由此可知组合型类蜂窝结构材料模型在 x 方向尺寸为 80 mm，在 y 方向尺寸为 88 mm。数值模拟中给上端冲击板定义一个随时间变化的线性位移保证其为匀速运动，冲击速度分别为 7 m/s、15 m/s、30 m/s，以保证能分析类方形蜂窝夹芯在多种工况下的吸能特性。

3. 类方形蜂窝夹芯变形模式

类方形蜂窝夹芯结构受低速、中速和高速冲击载荷作用时的变形模式如图 5-3~图 5-5 所示。由于类方形蜂窝结构材料是错位排列的正方形胞元，同时也是斜边与直边夹角为 0° 的特殊六边形蜂窝，其动态压溃变形模式与一般六边形存在较大差异，表现出独特的变形特征。

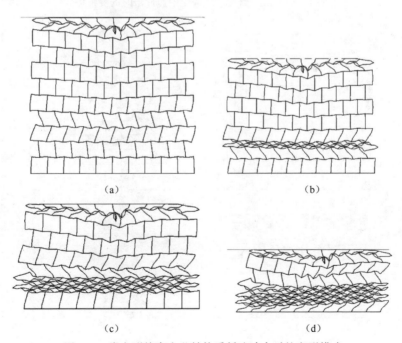

(a)　　　　　　　　　　　　(b)

(c)　　　　　　　　　　　　(d)

图 5-3　类方形蜂窝夹芯结构受低速冲击时的变形模式

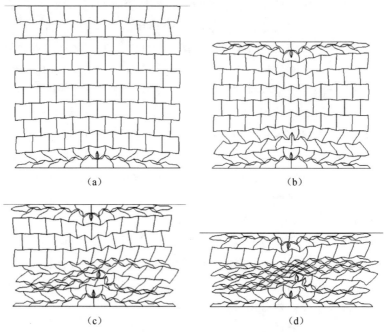

（a）   （b）

（c）   （d）

图 5-4　类方形蜂窝夹芯结构受中速冲击时的变形模式

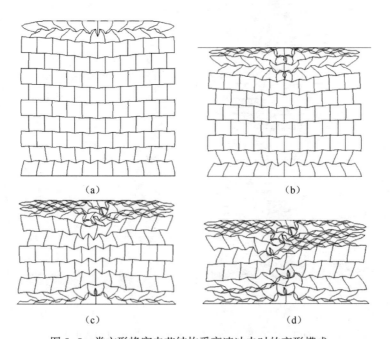

（a）   （b）

（c）   （d）

图 5-5　类方形蜂窝夹芯结构受高速冲击时的变形模式

当类方形蜂窝夹芯结构受到 7 m/s 的低速冲击时，刚性板与夹芯上端面接触瞬间，夹芯层靠近冲击端第一层胞元与第二层胞元节点处受到冲击，仅在接触区域附近产生明显局部变形，同时整个夹芯层的卜端胞元竖直边发生明显的交错倾斜，形成第一个局部变形带［图 5-3 (a)］；随后，由于下层胞元发生倾斜，整个夹芯结构已经失去稳定，其胞元出现左右交错压溃，在整个夹芯结构中形成两个明显的密实变形区域，如图 5-3 (b) 所示，此后由下往上重复第二阶段变形逐层压溃直至类方形蜂窝结构完全被压实。

由此可知，类方形蜂窝夹芯在低速冲击情况下的压缩变形模式由以下三个阶段组成：冲击开始时最上层坍塌，随后下层左右交替逐层压实，从下而上地逐层坍塌直至完全密实。

类方形蜂窝夹芯结构在中速冲击载荷下的变形模式与低速冲击情况不同。当冲击开始时，接触区域只出现微小变形，而下端的两层胞元则率先压溃，但整体夹芯结构仍然呈现左右对称的情况［图 5-4 (a)］，并且这种变形由下端向上端迅速扩展，同时由于变形，失去稳定性的上两层胞元压溃［图 5-4 (b)］。随着压缩继续进行，类方形蜂窝夹芯结构中层的胞元开始变形，此时，类方形蜂窝结构失去了对称性导致受力不均匀，形成了左倾的变形模式直至类方形蜂窝结构完全压溃。

类方形蜂窝夹芯结构受高速冲击时的变形模式如图 5-5 所示。由于冲击速度过大，胞元壁较薄，夹芯结构在接触区域惯性变形效应，接触瞬间其变形模式与低速冲击时相似，最上层胞元压溃进而扩展至相邻胞元，前半程蜂窝结构基本保持左右对称，而后半程失去稳定，上下端胞元同时向中层压溃直至冲击结束。

综上所述，低速冲击过程与中速冲击过程中变形大致相反，但仅在低速冲击过程中出现左右交替压溃，高速冲击时是上下同时向中部扩展，在上述冲击载荷下类方形蜂窝结构最后变形的都是中部胞元。

■5.2.2　泡沫填充类方形蜂窝夹芯结构面内冲击吸能特性研究

泡沫材料与蜂窝夹芯材料用途有许多相似之处，两种材料都能起到缓冲吸能的作用。泡沫材料因为质地过软、强度不够，当外力过大时极易达到屈服极限，缓冲上限不高；而蜂窝材料一般平台应力较高，能承受更大的冲击载荷，但蜂窝夹芯材料在平台之前的屈服阶段存在一个相当大的峰值应力，不利于保护物件。现将常用的缓冲材料——软质聚氨酯泡沫塑料作为类方形蜂窝夹芯的填充物，然后建立相应冲击模型，如图 5-6 所示。

聚氨酯泡沫塑料一般按硬度分为两类：硬质和软质。软质应用较广，弹性好，柔软性高，伸长率和压缩强度也是极佳，多用作缓冲材料，如坐垫、床垫等。在本节算例中选取的即是此种泡沫，在 ANSYS/LS-DYNA中选用mat57号低密度泡沫材料模型，mat63号材料模型是一种高度可压缩泡沫模型，常用于衬垫材料。在压缩过程中此模型会存在能量耗散的滞后卸载特性，尤其在单轴加载时，该模型在横向不存在耦合，在受拉伸载荷时，破坏发生前为线性，因此需要输入拉伸截止应力值，具体使用参数见表5-1。聚氨酯应力-应变关系如图5-7所示。

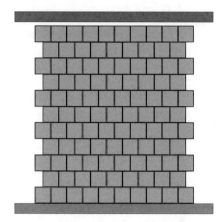

图5-6　泡沫填充类方形蜂窝面内冲击模型

表5-1　聚氨酯泡沫塑料参数

密度	4.2×10^{-8} kg/mm^3
弹性模量	39.4 MPa
应力-应变曲线	—
拉伸截止应力	40
滞后卸载因子	1（无能量耗散）
延迟常数	0.4
黏性系数	0.12
形状卸载因子	1
截止应力失效选择	0
体积黏性作用标志	0（无体积黏性）

考虑到在压缩过程中聚氨酯泡沫在面外存在一定程度的膨胀，因此在建立模型时预留了一定的间隙，泡沫块厚度略小于夹芯厚度，冲击速度为7 m/s、15 m/s、30 m/s时泡沫填充类方形蜂窝夹芯变形模式如图5-8~图5-10所示。

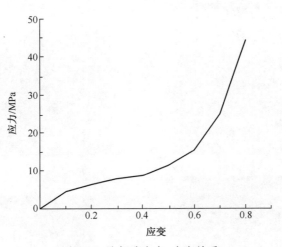

图 5-7　聚氨酯应力-应变关系

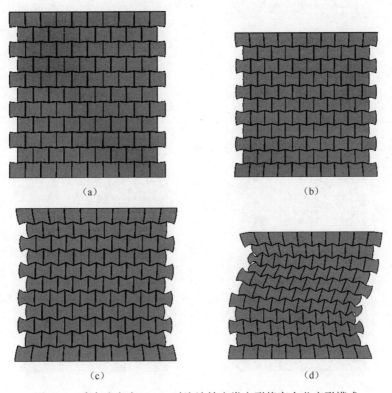

图 5-8　冲击速度为 7 m/s 时泡沫填充类方形蜂窝夹芯变形模式

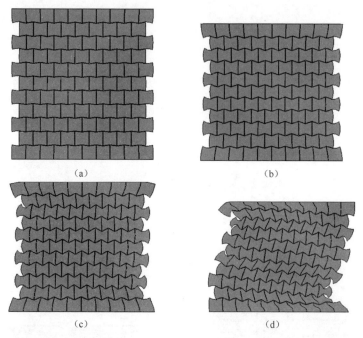

(a)　　　　　　　　　　　　(b)

(c)　　　　　　　　　　　　(d)

图 5-9　冲击速度为 15 m/s 时泡沫填充类方形蜂窝夹芯变形模式

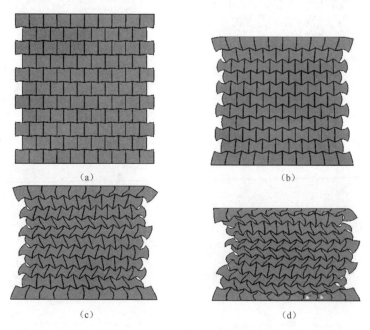

(a)　　　　　　　　　　　　(b)

(c)　　　　　　　　　　　　(d)

图 5-10　冲击速度为 30 m/s 时泡沫填充类方形蜂窝夹芯变形模式

如图 5-8~图 5-10 所示，在低速冲击载荷下，经聚氨酯泡沫塑料填充后的类方形蜂窝夹芯表现出较强的稳定性，并未出现未填充蜂窝的左右交替逐层压溃的情况，在压缩的前半程基本保持了对称性，此现象表明填充后稳定性有了显著提升，且在整个冲击过程中是由上下胞元同时向中间挤压，直至结构发生屈曲变形失去稳定性；在中速冲击载荷下，整个夹芯层已表现出一定的惯性效应，上层胞元变形比下层更为严重，在压缩的后半段胞元出现一定程度的倾斜导致层级之间失稳，随后发生屈曲；当冲击速度上升到 30 m/s 时，夹芯层惯性效应显著，甚至出现未填充时左右交错压缩，且高度冲击夹芯层达到屈曲失效时的压缩量明显比低速和中速大。以上三组图都表现出一个共同的特点，即聚氨酯填充后类方形蜂窝夹芯受到压缩载荷时表现为负泊松比，经分析认为在胞元与胞元之间的节点处受力时会同时产生向胞元内部的位移，此时方形胞元变形为内凹六边形。

蜂窝夹芯结构受冲击载荷时其动态冲击力分为三个阶段，其中最为显著也是压缩过程中最长阶段为应力平台区，拥有较长应力平台区也是其拥有优秀能量吸收能力的原因，此阶段为蜂窝夹芯结构吸收能量的主要阶段，图 5-11 中的阴影区即为类方形蜂窝夹芯在压缩过程中所吸收能量情况。

图 5-11 给出了未填充的类方形蜂窝夹芯分别在低、中、高三种冲击速度下压缩反力与位移的关系。由图 5-11 可以看出类方形蜂窝夹芯在压缩变形过程中，其压缩反力与位移之间的关系同样表现为三个阶段：①弹性变形阶段，该阶段蜂窝夹芯在弹性范围内变形，且其压缩反力在接触发生后急剧上升至一峰值并迅速回落，然后在一定范围内波动最终达到稳定值附近；②压缩稳定阶段，超过材料弹性变形范围后发生屈服，整个结构开始出现塑性坍塌，压缩反力会维持在特定水平附近波动，且波动会持续一个较长的时间；③密实化阶段，随着压缩的进一步增大，所有胞元发生坍塌后，整个夹芯结构开始压实，在该压缩阶段，压缩反力剧烈升高，基本呈线性变化。由图 5-11 可知，随着冲击速度的增大，高速冲击弹性阶段峰值应力显然比低速大，但波动更为剧烈，在低速冲击时，平台区域比高速冲击更长，压缩反力更加平稳，密实化阶段，三种速度冲击压缩反力峰值基本持平，但低速冲击与中速冲击比压缩反力上升，比高速冲击平稳。

图 5-12 给出了泡沫填充类方形蜂窝夹芯分别在低、中、高三种冲击速度下压缩反力与位移的关系。由图 5-12 可以看出泡沫填充类方形蜂窝在压缩变形过程与常规蜂窝变形相差较大，但在受到冲击的初期都为瞬态响应阶段，该阶段试件会承受一段较大的峰值应力，并迅速回落，且当冲击速度增大时试件由于惯性效应和泡沫材料的回弹，压缩反力呈现一种阻尼运动。由图 5-12 可

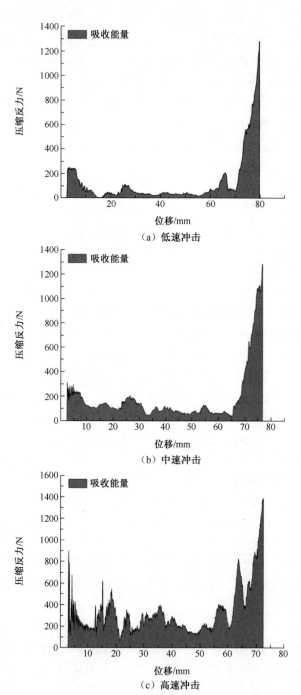

（a）低速冲击

（b）中速冲击

（c）高速冲击

图 5-11 类方形蜂窝夹芯面内冲击压缩反力与位移的关系

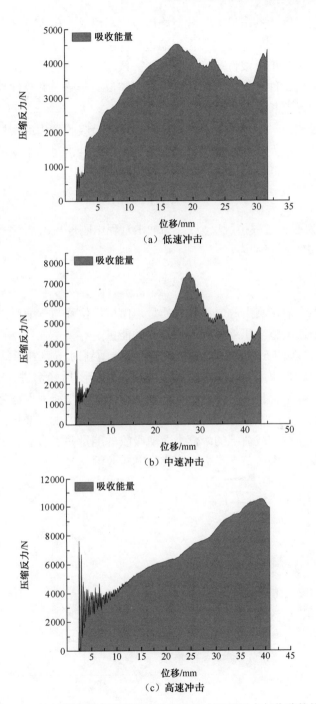

（a）低速冲击

（b）中速冲击

（c）高速冲击

图 5-12　泡沫填充类方形蜂窝夹芯面内冲击压缩反力与位移的关系

知，随着冲击速度的逐渐增大，载荷峰值也明显增大，但无论低速、中速还是高速，泡沫填充类方形蜂窝夹芯在压缩过程都没有出现平台区，在瞬态响应阶段过后压缩反力几乎呈线性增长；在经历一段较长的线性增长区后压缩反力达到最大值，随后试件开始进入屈曲阶段，压缩反力陡降，并且线性增长区随着冲击速度增大而变长。

质量比吸能是一个评价材料在压缩过程中能量吸收能力的指标，是材料单位质量吸收能量的大小，而能量吸收能力大小可用冲击过程中压缩力对压缩位移的积分来表示，即

$$E(s) = \int_0^s F(x)\,\mathrm{d}x \qquad (5-1)$$

式中，$F(x)$ 为冲击过程接触反力；s 为冲击过程中刚性板沿加载方向位移，则质量比吸能 SEA 可表示为

$$\mathrm{SEA} = \frac{E(s)}{m} \qquad (5-2)$$

式中，m 为类方形蜂窝夹芯层试件总质量。由试件位移与压缩反力的关系，可求出不同冲击速度整个压缩过程中所吸收的能量。

由图 5-13 和图 5-14 可知，在未填充泡沫塑料时，类方形蜂窝受到冲击载荷时前半段所吸收能量与压缩位移基本成正比，随后蜂窝进入密实化阶段，能量吸收效率陡增，且随着冲击速度的增加，能量吸收能力也随之增强；填充聚氨酯泡沫塑料之后，类方形蜂窝夹芯的能量吸收能力大大增强，但在低速冲击载荷下与中速冲击载荷下的蜂窝夹芯所吸收的能量并未有显著提升，甚至基本重合，在高速冲击载荷下类方形蜂窝夹芯吸收的能量有小幅提升。

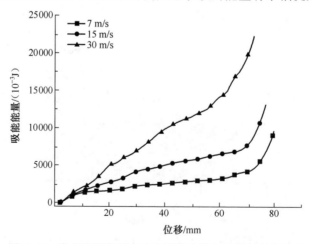

图 5-13　类方形蜂窝面内冲击压缩位移与吸收能量的关系

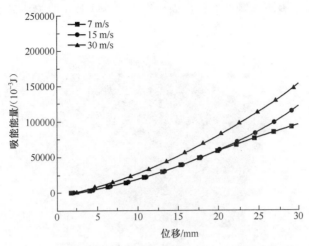

图 5-14　泡沫填充类方形蜂窝面内冲击压缩位移与吸收能量的关系

本小节主要研究了泡沫填充类方形蜂窝夹芯结构在不同大小速度冲击载荷作用下，其胞元变形情况、压缩反力随位移的变化及能量吸收情况具有差异性，并与未填充类方形蜂窝夹芯在不同大小速度冲击载荷作用下的变形情况、接触反力及能量吸收能力进行对比分析，研究结果表明未填充类方形蜂窝夹芯层更容易被压溃，在填充聚氨酯泡沫塑料后，类方形蜂窝夹芯在面外冲击载荷作用下容易发生屈曲失效且其能量吸收能力与冲击速度并无太大关联度，但其比能量吸收相对未填充类方形蜂窝夹芯得到了较大提升，且能量吸收过程相对稳定，压缩过程表现出明显的负泊松比。

▌5.2.3　类方形蜂窝夹芯结构面外冲击特性

1. 类方形蜂窝夹芯面外冲击有限元计算模型

为了更全面地研究类方形蜂窝结构的冲击性能，同时也建立了类方形蜂窝结构的面外冲击有限元模型，同样采用 LS-DYNA 建立的蜂窝结构材料面外冲击有限元计算模型，如图 5-15 所示，蜂窝夹芯基体采用与面内冲击相同材料 6061T4，胞元尺寸与面内冲击相同，夹芯层高度为 50 mm。将蜂窝结构试件置于水平放置的下端固定支撑板和上端冲击板之间，将上端冲击板定义为刚性体，材料为钢，下端支撑板也定义为刚性板，材料为铝合金，计算中同样给上端冲击板定义一个随时间变化的线性位移保证其为匀速运动，上端刚性板均约束除冲击方向外的所有位移和转动，下端刚性板约束其所有自由度。另外，仿真计算中蜂窝夹芯模型采用单面自动接触算法，防止在压缩过程中出现夹芯层的自接触，蜂窝夹芯试件与冲击板之间接触类型选用面面自动接触，蜂窝夹芯试件与支撑板上表面接触类型选用面面绑定接触，整个模型中所有表面均为光滑，不考虑摩擦带来的能量损失。

图 5-15　类方形蜂窝夹芯面外冲击模型

2. 类方形蜂窝夹芯面外冲击变形模式

图 5-16~图 5-18 分别给出了类方形蜂窝材料面外冲击载荷下胞元中间截面的变形模式。在两个不同截面中，类方形蜂窝结构都是自上而下开始变形，为了更清晰地观察试件在压缩过程中的变形情况，截取了 xOz 平面和 yOz 平面中的对称面以观察中间胞元的变形情况，发现在 xOz 面两侧胞元变形更严重，整体呈 V 形，随后扩展至外侧胞元，在 xOz 面，胞元变形均匀地向下扩展直至密实化压溃。经分析认为，造成两个截面变形模式差异的原因是在 Oy 方向有 11 个胞元，所以在对称位置沿 Ox 方向胞元数量为 9，在承受压缩载荷时，才形成倒 V 形变形模式。

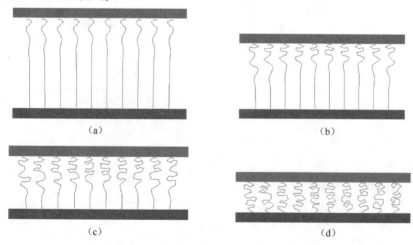

(a)　　　　　　　　　　　　　　(b)

(c)　　　　　　　　　　　　　　(d)

图 5-16　7 m/s 冲击速度 xOz 截面变形模式

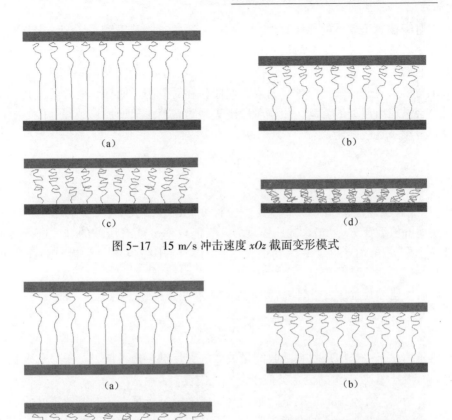

图 5-17　15 m/s 冲击速度 xOz 截面变形模式

图 5-18　30 m/s 冲击速度 xOz 截面变形模式

在低、中、高 3 种速度的冲击载荷下，蜂窝都是自上而下逐渐压溃，且在 xOz 截面中两侧胞元变形更为严重，在中速冲击时更是在压缩结束时呈现上大下小的现象，高速冲击时在起始阶段夹芯层的底部也发生了变形，这一现象在低速冲击与中速冲击时并未出现。上端刚性板冲击蜂窝夹芯时，胞元在 y 方向上向内收缩，方形胞元变形为内凹六边形，但在 x 方向结构稳定性比 y 方向更好，才导致上大下小。

综上所述，刚性板在轴向冲击类方形蜂窝结构时，无论低速、中速还是高速，均是自上而下产生变形，但在不同截面却表现出不同的变形模式，产生这种差异性是由类方形蜂窝夹芯的结构特异性引起，同时也与结构下端的约束条件、结构尺寸和胞元数量有关。

对于轴向压缩下的薄壁管件，压缩反力-位移曲线都明显划分为三个阶段：弹性变形阶段、应力平台阶段和密实化阶段。在初始的弹性变形阶段压缩反力会迅速增至峰值 F_p；在应力平台阶段中压缩反力会基本维持在一稳定值，但由于材料为薄壁较长的管件，易发生屈曲，在管件因屈曲导致失效后，其压缩反力会呈现出显著的波动；压实阶段则表现为载荷迅速增加。一般管件的吸能效率 η 由下述公式定义：

$$\eta = \frac{\int_0^s F(s)\,\mathrm{d}s}{F_m} \tag{5-3}$$

式中，s 为压缩位移；$F(s)$ 为随压缩位移变化的压缩反力；F_m 为压缩过程中除初始峰值载荷 F_p 外最大的压缩反力。吸能效率 η 随着压缩的继续进行会出现一个最大值，吸能效率达到最大时所对应的压缩位移，称为有效压缩位移 S_{ef}。

有效压缩位移 S_{ef} 与试件高度 h_c 之比为有限压缩比，即

$$\mathrm{ESR} = \frac{S_{\mathrm{ef}}}{h_c} \tag{5-4}$$

有效压缩比是一个体现材料吸收能量效率的无量纲评价指标，对于蜂窝多胞材料，有效压缩比 ESR 的概念类似于密实化应变。

在结构尺寸不变的情况下，胞元壁厚成为影响蜂窝夹芯的等效密度的决定性因素，而蜂窝夹芯层的性能主要取决于其相对等效密度，尤其以能量吸收能力关联性最大，其所占权重超出了所有其他的影响因素。于是再对相同结构尺寸胞元壁厚不同的类方形蜂窝进行数值模拟，本次计算所有算例中同样取 $l=4$ mm，$h=8$ mm，$h_c=50$ mm。由于在本次算例中，类方形蜂窝并不会发生屈曲变形，因此在压缩位移都为 40 mm 的情况下，冲击速度 $v=15$ m/s 时，分析壁厚对比吸能及吸能有效率的影响。

3. 类方形蜂窝比吸能

$$\mathrm{SEA} = \frac{E(d)}{m} = \frac{F_p S_{\mathrm{ef}}}{4\rho h t h_c} \tag{5-5}$$

式中，F_p 为压缩过程中平均压缩力，而平均压缩力与试件的极限弯矩之间存在一定的关系，假设

$$\frac{F_p}{M_0} = a\left(\frac{h}{t}\right)^n \tag{5-6}$$

式中，M_0 为材料的塑性极限弯矩，$M_0 = \sigma_y t^2 / 2\sqrt{3}$，$\sigma_y$ 为材料屈服应力；t 为胞元的壁厚；a 为一个待定系数，求得

$$SEA = 3.126 \times 10^4 a \left(\frac{t}{h} \right)^{1-n} \tag{5-7}$$

依次取壁厚 $t=0.2 \sim 0.6$ mm 的类方形蜂窝夹芯，分别对其用 $v=15$ m/s 的冲击载荷进行面外冲击，分别得到比吸能仿真值，见表 5-2。类方形蜂窝比吸能与壁厚关系如图 5-19 所示。

表 5-2　不同壁厚类方形蜂窝比吸能

壁厚/mm	0.2	0.3	0.4	0.5	0.6
比吸能/(J/kg)	5.033×10^4	6.097×10^4	6.992×10^4	7.527×10^3	8.312×10^3

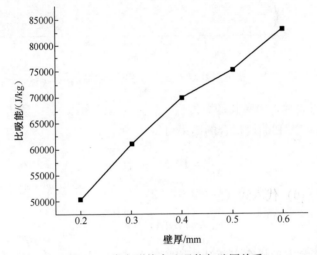

图 5-19　类方形蜂窝比吸能与壁厚关系

根据式（5-7）对图 5-19 的比吸能-壁厚关系进行曲线拟合得到

$$SEA = 2.638 \times 10^5 \left(\frac{t}{h} \right)^{0.4473} \tag{5-8}$$

类方形蜂窝比吸能与壁厚关系曲线拟合结果如图 5-20 所示。

4. 类方形蜂窝夹芯吸能有效率推导

吸能有效率 EEA 由平均压缩力 F_m 除以结构截面的净面积 A，再除以材料的屈服应力 σ_y，然后再乘以有效行程比得到，吸能有效率表现了结构在轴向压缩时体积的有效利用率：

$$EEA = \frac{W}{\sigma_y V} = \frac{\int_0^{S_{ef}} f(s) \, ds}{\sigma_y A h_c} = \frac{F_p}{\sigma_y A} \frac{S_{ef}}{h_c} \tag{5-9}$$

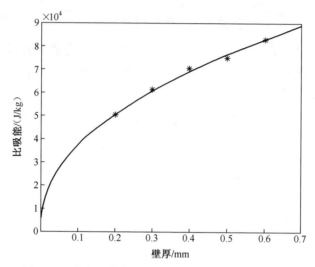

图 5-20 类方形蜂窝比吸能与壁厚关系曲线拟合结果

式中，W 为压缩过程中吸收的总能量；V 为结构的净体积。

由式（5-7）和曲线拟合的结果可得

$$\frac{F_p}{M_0} = 10.55\left(\frac{h}{t}\right)^{0.5527}\tag{5-10}$$

将式（5-10）代入式（5-9）中求得

$$EEA = 0.01\left(\frac{t}{h}\right)^{0.4473}\tag{5-11}$$

为了验证类方形蜂窝夹芯结构比吸能公式的正确性，将吸能有效率式中理论计算值与仿真分析值进行分析对比，见表 5-3。

表 5-3 不同壁厚类方形蜂窝夹芯吸能有效率理论计算值与仿真分析值

壁厚/mm	0.2	0.3	0.4	0.5	0.6
吸能有效率理论计算值	1.92×10^{-3}	2.30×10^{-3}	2.62×10^{-3}	2.89×10^{-3}	3.14×10^{-3}
吸能有效率仿真分析值	1.97×10^{-3}	2.39×10^{-3}	2.73×10^{-3}	2.95×10^{-3}	3.25×10^{-3}
误差/%	2.54	3.77	4.03	2.03	3.38

由表 5-3 可以看出，壁厚在 0.2 mm 和 0.6 mm 之间变化时，吸能有效率的理论计算值与仿真分析值误差不大于 4.03%，验证了比吸能和吸能有效率公式的正确性。

█ 5.2.4　泡沫填充类方形蜂窝结构面外冲击特性

1. 泡沫填充类方形蜂窝结构面外冲击变形模式

在填充聚氨酯泡沫塑料后，类方形蜂窝夹芯的相对等效密度发生改变，而等效密度是蜂窝夹芯结构吸能特性的重要指标。由于面外冲击模型相对面内较大，在填充泡沫之后，体积也随之增加数倍，但泡沫塑料是一种极软的材料，在计算中蜂窝夹芯及泡沫塑料都会发生严重变形，容易出现负体积，为了消除在计算中出现的负体积，在建立有限元模型时前处理使用 Hypermesh 软件，同时初始网格也调整直至适应该模型的变形场，默认的时间步长缩放系数由 0.9 改为 0.6。泡沫材料使用的是 solid164 单元，而体单元在大变形和扭曲时并不特别稳定，因此并未使用常规全积分而使用了单点积分，因为单元的一个积分点可能出现负的 Jacobian 而整个单元还维持正的体积。在使用全积分单元计算时，会因出现负的 Jacobian 而终止，因此该方法比单元积分单元的计算速度更快。计算中还加入了沙漏控制，低速与中速用 type6，高速则为 type2。

类方形蜂窝夹芯层在低速、中速和高速异面冲击作用下外部变形模式及胞元内部变形模式如图 5-21~图 5-23 所示。当刚性冲击板以低速（$v=$ 7 m/s）冲击类方形蜂窝夹芯层时，夹芯上端中部变形比外侧严重，同时夹芯固定端外侧变形比中部严重，而此时夹芯中部未发生明显的变形，蜂窝整体结构呈现中间小，上下两端胀大的结构特征；随着压缩应变增大，泡沫填充类方形蜂窝夹芯出现明显的 X 形变形带，如图 5-24（a）所示，整体结构呈现中间胀大、上下两端缩小的结构变形特征。当刚性板以中速（$v=15\text{m/s}$）面外冲击泡沫填充类方形蜂窝夹芯时，在起始阶段，z 方向上类蜂窝夹芯上端沿着夹芯胞元中部发生局部变形，与低速冲击时不同，此时靠近固定端蜂窝夹芯并未发生变形，同时在冲击端有明显的 V 形剪切变形带，蜂窝整体结构发生明显的上端增大、下端减小的变形情况；随着压缩应变增大，类蜂窝夹芯上端的弹塑性变形逐渐向蜂窝结构中下部传递，呈现蜂窝结构上端密实化压溃压缩，下端开始塑性压缩变形特征。当上端刚性板以高速（$v=$ 30 m/s）面外冲击泡沫填充类方形蜂窝夹芯时，由于冲量较大，类方形蜂窝夹芯在 z 方向上由冲击端向固定端逐层压缩，变形模式较低速冲击和中速冲击更加规则，未发生明显的变形带；随着压缩应变的增大，压缩变形从类蜂窝结构的中间向整体结构的冲击端和固定端扩展，整体结构的变形模式相对低速冲击、中速冲击时更加平稳。

2. 泡沫填充与非填充类方形蜂窝面外吸能特性对比

由于蜂窝夹芯层在受冲击载荷作用时，其结构的动力响应大小直接影响着该蜂窝夹芯层在夹层整体结构中的使用，故针对不同的蜂窝夹芯层需研究其在不同冲击速度作用时的压缩反力-位移之间的关系。

图 5-21 v=7 m/s 泡沫填充类方形蜂窝夹芯面外冲击位移云图

图 5-22 v=15 m/s 泡沫填充类方形蜂窝夹芯面外冲击位移云图

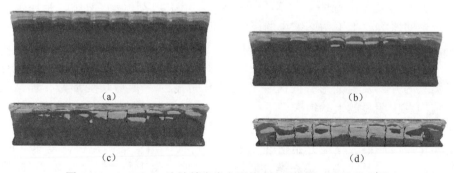

图 5-23 v=30 m/s 泡沫填充类方形蜂窝夹芯面外冲击位移云图

由图 5-25~图 5-27 可知，无论是多大速度冲击载荷，类方形蜂窝受到的压缩力都维持在相对稳定的水平，且压缩力随位移变化的趋势都大致相同。冲击开始后，压缩力迅速增长到一个峰值并快速回落，随后又逐步上升并稳定在一定范围内进入平台区，平台区结束后进入密实化阶段，此时压缩力急剧上升。在低速冲击与中速冲击时，类方形蜂窝在平台区更为稳定，高速冲击时平台区压缩力波动较大，密实化阶段压缩力增加比低速与中速更为剧烈，且随着冲击速度的增大，类方形蜂窝的平台区也随之缩短。

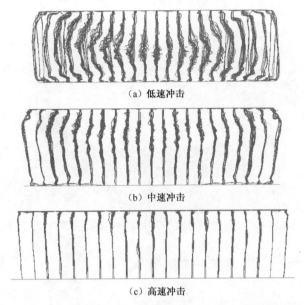

（a）低速冲击

（b）中速冲击

（c）高速冲击

图 5-24 泡沫填充类方形蜂窝夹芯面外冲击变形线框图

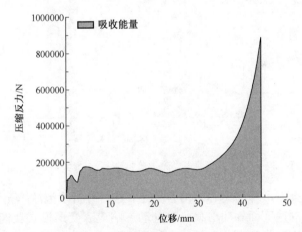

图 5-25 7 m/s 冲击载荷下类方形蜂窝夹芯面外压缩反力-位移曲线

填充聚氨酯泡沫塑料后，压缩反力随位移的变化与填充前相差较大，表现特性与面内冲击类似，冲击起始阶段压缩反力快速上升至一个峰值，随后逐渐下降至平台应力区，但在平台区面内冲击显然比面外冲击更加稳定，如图 5-28~图 5-30所示。当冲击速度 $v=7$ m/s 时，压缩试件崩溃比中速与高速更早，压缩位移较小，高速冲击时，压缩反力达到峰值后，在其进入平台区前波动比较剧烈。

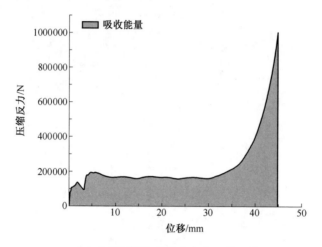

图 5-26 15 m/s 冲击载荷下类方形蜂窝夹芯面外压缩反力-位移曲线

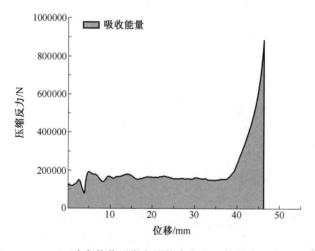

图 5-27 30 m/s 冲击载荷下类方形蜂窝夹芯面外压缩反力-位移曲线

本小节以类方形蜂窝夹芯结构为研究对象，分析了泡沫填充等壁厚类方形蜂窝夹芯受不同速度面外冲击载荷时其动态响应、变形模式及能量吸收能力，并与未填充类方形蜂窝夹芯面外冲击特性进行对比。如图 5-31 和图 5-32 所示，发现经泡沫填充后，类方形蜂窝夹芯的能量吸收能力得到极大程度提高，其变形模式随着冲击速度增加而表现出明显的惯性效应，但其峰值应力也相应增加，而未填充类方形蜂窝夹芯变形模式并未随冲击速度增加而产生明显变化，同时利用仿真结果建立了类方形蜂窝夹芯面外冲击吸能特性评价指标函数——比吸能，由比吸能推导出能量吸收效率计算公式，并与仿真分析结果对比，验证了其有效性。

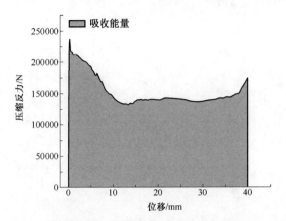

图 5-28　7 m/s 冲击载荷下泡沫填充类方形蜂窝夹芯压缩反力-位移曲线

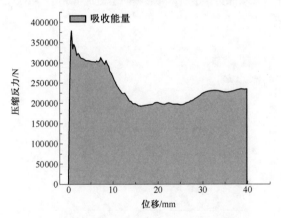

图 5-29　15 m/s 冲击载荷下泡沫填充类方形蜂窝夹芯压缩反力-位移曲线

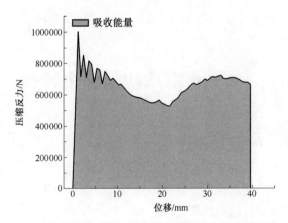

图 5-30　30 m/s 冲击载荷下泡沫填充类方形蜂窝夹芯压缩反力-位移曲线

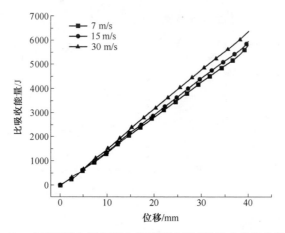

图 5-31   未填充类方形蜂窝夹芯不同速度面外冲击比吸收能量对比

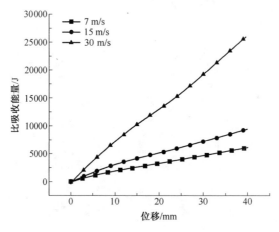

图 5-32   泡沫填充类方形蜂窝夹芯不同速度面外冲击比吸收能量对比

5.3   类蜂窝结构的冲击特性

▌5.3.1   类蜂窝夹芯共面冲击特性

本小节讨论不同冲击速度作用时类蜂窝夹芯层的共面冲击力学特性及能量吸收能力，并与传统的六边形蜂窝在不同方向冲击作用下的变形模式、能量吸收能力进行对比，为后续类蜂窝夹芯层基于共面冲击的结构参数优化设计提供参考。

1. 蜂窝夹芯层共面冲击有限元计算模型

（1）类蜂窝胞元结构。类蜂窝夹芯层胞元形状及其结构尺寸如图 5-33 所示，其中 l、h、t、θ 分别为夹芯层的斜边长、直角边长、胞元壁厚和斜边与水平方向夹角，本次计算所有算例中 $l = 2.7$ mm，$h = 1.414$ mm，$t = 0.5$ mm，$\theta = 45°$。类蜂窝夹层结构夹芯层从仿生学和创新构型角度出发，通过优化排列的六边形与四边形，设计得到合适的六边形、四边形胞元组合结构。进一步研究可知，类蜂窝胞元结构可由水平与竖直放置的六边形蜂窝胞元组合而成，如图 5-33 所示。当胞元结构进一步沿水平、竖直两个方向扩展可得宏观拓扑结构。

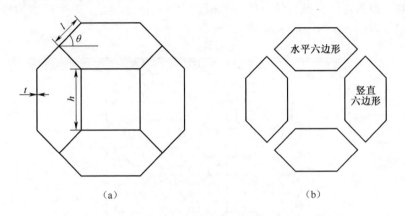

（a）　　　　　　　　　　　　（b）

图 5-33　类蜂窝夹芯层胞元形状及其结构尺寸

（2）有限元计算模型。采用大型通用商业有限元软件 LS-DYNA 建立蜂窝夹芯层的共面冲击有限元计算模型[202]，如图 5-34 所示，将蜂窝夹芯层试件置于水平放置的下端固定支撑板和上端冲击板之间，固定支撑板和冲击板均为刚性材质。蜂窝夹芯层模型中基体材料为金属铝，属于双线性硬化材料，假定计算过程中为理想弹塑性模型，蜂窝基体材料的力学参数为：弹性模量 $E_s = 69$ GPa，屈服应力 $\sigma_{ys} = 76$ MPa，密度 $\rho_s = 2700$ kg/m^3，泊松比 $v_s = 0.3$。计算中蜂窝夹芯层胞元壁板选用 shell163 壳单元（4 节点显式结构薄壳单元），沿厚度方向（z 方向）单元数量为 3，采用常用的全积分 Belytscbko-Tsay 壳单元算法，综合考虑计算收敛性及计算资源限制，沿胞元壁厚 t 方向定义 5 个积分点。同时，仿真模拟分析中各蜂窝夹芯层模型均采用自动单面接触算法，蜂窝夹芯试件沿高度方向上外表面与上下刚性板表面之间均采用面接触算法，且上下刚性冲击板表面与蜂窝夹芯层模型的外表面视为光滑，不考虑摩擦力影响。实际计算中类蜂窝夹芯层模型在 x、y 两个扩展方向上均采用 10 个重复胞元，如图 5-34（a）所示，结合上述算例尺寸 $l = 2.7$ mm，$h = 1.414l$，$t = 0.5$ mm，

$\theta = 45°$，可知类蜂窝结构材料模型在 x、y 方向尺寸均为 80.18 mm。六边形蜂窝夹芯层模型单胞尺寸与类蜂窝夹芯层中六边形胞元尺寸相同，如图 5-34（b）、（c）所示，可得水平六边形蜂窝（即 x 方向刚性板冲击时）在 x、y 方向的尺寸分别为 80.18 mm、80.27 mm，同理可得竖直六边形蜂窝夹芯层（即 y 方向刚性板冲击时）在 x、y 方向的尺寸分别为 80.27 mm、80.18 mm。仿真计算时上端刚性冲击板以一恒定速度沿竖直方向冲击不同类型的蜂窝试件，为满足冲击速度范围涵盖低速、中速、高速， 冲击速度分别取定为 7.0 m/s、35 m/s、70 m/s。另外， 冲击计算过程中约束不同蜂窝试件所有节点的异面位移，以保证蜂窝试件的整体变形模式为平面应变状态，其中模型的异面厚度（沿 z 方向）$b = 1$ mm。

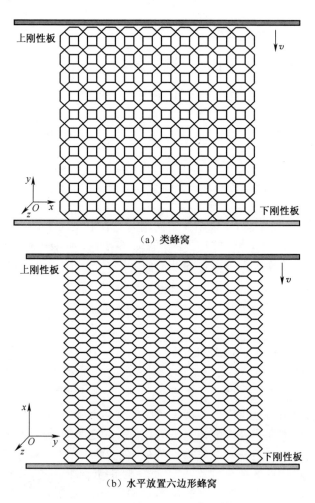

（a）类蜂窝

（b）水平放置六边形蜂窝

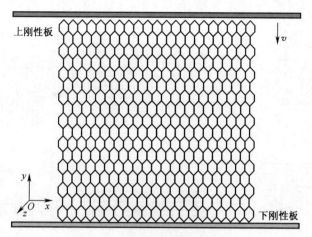

（c）竖直放置六边形蜂窝

图 5-34　蜂窝夹芯层的共面冲击有限元计算模型

2. 类蜂窝与六边形蜂窝变形模式对比

（1）类蜂窝夹芯层的变形模式。图 5-35~图 5-37 分别给出了冲击速度为 7 m/s、35 m/s、70 m/s 时类蜂窝夹芯层的共面变形模式。由于类蜂窝夹芯层是水平放置六边形蜂窝胞元与竖直放置六边形蜂窝胞元周期性排列组合而成，其动态压溃变形模式与一般六边形蜂窝存在较大差异，表现出独特变形特征。其中 ε 为冲击压缩过程中蜂窝夹芯胞元共面的名义压缩应变，即蜂窝夹芯层上端面的压缩位移与模型冲击方向初始长度的比值。

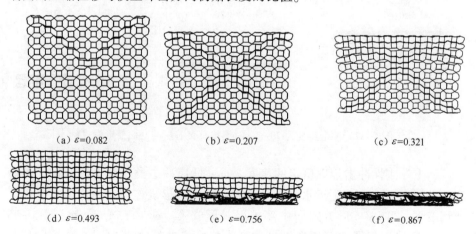

(a) $\varepsilon=0.082$　　　　(b) $\varepsilon=0.207$　　　　(c) $\varepsilon=0.321$

(d) $\varepsilon=0.493$　　　　(e) $\varepsilon=0.756$　　　　(f) $\varepsilon=0.867$

图 5-35　冲击速度为 7 m/s 时类蜂窝夹芯层的共面变形模式

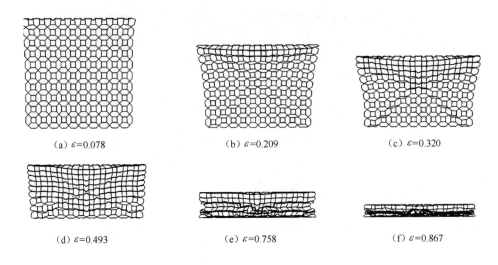

(a) $\varepsilon=0.078$ (b) $\varepsilon=0.209$ (c) $\varepsilon=0.320$

(d) $\varepsilon=0.493$ (e) $\varepsilon=0.758$ (f) $\varepsilon=0.867$

图 5-36　冲击速度为 35 m/s 时类蜂窝夹芯层的共面变形模式

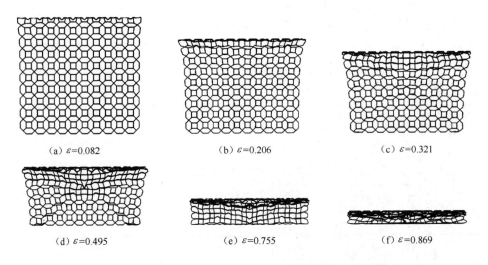

(a) $\varepsilon=0.082$ (b) $\varepsilon=0.206$ (c) $\varepsilon=0.321$

(d) $\varepsilon=0.495$ (e) $\varepsilon=0.755$ (f) $\varepsilon=0.869$

图 5-37　冲击速度为 70 m/s 时类蜂窝夹芯层的共面变形模式

　　当上端刚性冲击板以恒定的速度 7 m/s 低速冲击类蜂窝夹芯层时，类蜂窝夹芯层靠近冲击端附近水平与竖直方向的六边形绕连接点处首先发生局部剪切变形，并以 V 形方式向中部扩展，形成第一个局部变形带［图 5-35（a）］；紧接着相同的剪切变形模式从类蜂窝夹芯层中部向固定端扩展，此时结构变形从中部逐渐传递至底端并呈现为倒 V 形，形成第二个局部剪切变形带，如图 5-35（b）所示，至此位于结构对角线方向水平放置的六边形蜂窝结构完全被压实，从整体的共面变形来看，形成了 X 形的局部变形带。随着压缩进一步加剧，类蜂窝上端水平方向的六边形胞元结构逐渐被压缩，而下端位于结构对角线内侧及外侧的六边形胞元未发生明显变形，此时类蜂窝夹芯层变形模式呈现为侧立 K 形。随后，固定端的六边形胞元逐渐被压缩，变形进一步向中间六边形扩展，此时形成了如图 5-35（d）所示的 I 形四边形压缩模型，之后的变形模式与四边形低速冲击时类似，靠近类蜂窝下端先被压溃，夹芯层各部分充分接触如图 5-35（e）所示，直至整体模型被压溃，如图 5-35（f）所示。

随着上端刚性冲击板的恒定冲击速度升高到了 35 m/s 的中速时，类蜂窝夹芯层的变形特征表现出很明显的惯性效应，即夹芯层压缩端的局部变形带的形成明显领先于刚性板固定端（即类蜂窝夹芯层下端）。当冲击开始出现在上端冲击板与类蜂窝夹芯层之间时，仅在接触区域附近产生明显局部变形，以类蜂窝夹芯层上端第一层水平方向的六边形胞元压溃为主［图 5-36（a）］，并且这种变形由中间向两边迅速扩展至第二层、第三层水平方向的六边形胞元［图 5-36（b）］。在冲击载荷进一步作用下，位于类蜂窝夹芯层对角线上的六边形胞元发生明显局部变形，此时，类蜂窝夹芯层上端变形明显向左右两侧扩展，形成了与低速冲击时相似的侧立 K 形变形模式［图 5-36（c）］。随着加载位移的增大，位于对角线上下两侧的六边形胞元先后被压溃［图 5-36（d）、(e)］，这与低速冲击时 K 形压缩模式类似，随着变形进一步扩展，类蜂窝夹芯层的变形逐步向四边形的压溃模式转换，并最终以四边形的 I 形坍塌方式进入结构的密实化压溃阶段。

随着上端运动刚性冲击板的恒定速度增加到 70 m/s 的高速冲击，该类蜂窝夹芯层在冲击压缩端的惯性变形效应更加显著，变形模式以冲击端的 I 形变形带由上至下依次扩展至组合型类蜂窝夹芯层下端，整个过程伴随着六边形与四边形的交替压溃，与低中速冲击时先六边形胞元压溃，接着再四边形胞元压溃情形不同，且在类蜂窝夹芯层整个冲击过程中，没有观察到特别明显的 X 形与 K 形局部变形带，如图 5-37 所示。

（2）水平放置六边形蜂窝变形模式。为了与类蜂窝夹芯层的冲击性能进行对比，同时进一步核实文中仿真计算模型的可靠性，图 5-38、图 5-39 分别给出了冲击速度为 7 m/s、70 m/s 水平放置六边形蜂窝夹芯层共面变形模式。从上述变形模式可知，水平放置的六边形蜂窝夹芯层在低速、高速冲击压缩时具有不同的变形机制。当压缩速度为 7 m/s 的低速冲击时，首先在冲击端附近形成倒 V 形局部变形带，随着冲击位移增大，在蜂窝夹芯层模型下端附近生成正 V 形局部剪切变形带，随后，两端的 V 形变形带逐渐向蜂窝中部延伸，直至整体蜂窝夹芯层被压溃。当压缩速度为 70 m/s 的高速冲击时，整个冲击过程均未在冲击端及结构下端附近形成明显的 V 形剪切带，以冲击端附近区域 I 形变形扩展至最下端，直至蜂窝夹芯层整体压溃破坏。

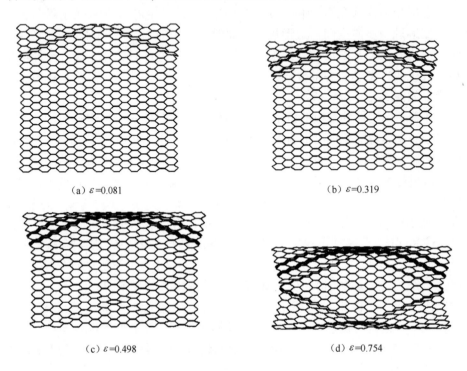

(a) $\varepsilon=0.081$ (b) $\varepsilon=0.319$

(c) $\varepsilon=0.498$ (d) $\varepsilon=0.754$

图 5-38 冲击速度为 7 m/s 水平放置六边形蜂窝夹芯层共面变形模式

（3）竖直放置六边形蜂窝变形模式。图 5-40、图 5-41 分别给出了冲击速度为 7 m/s、70 m/s 竖直放置六边形蜂窝夹芯层共面变形模式。在冲击速度相同，而冲击方向发生变化时，蜂窝夹芯层的变形模式表现出非常明显的变异性。在低速冲击时（$v=7$ m/s），首先，竖直放置六边形蜂窝夹芯层冲击端附近被压缩，且蜂窝夹芯层上端中部位置发生局部压缩变形，随着压缩位移增大，在蜂窝夹芯层下端也形成局部剪切变形带，随后以冲击端及下端的变形扩展至整个蜂窝夹芯层，直至整体被压溃。在高速冲击时（$v=70$ m/s），六边形蜂窝夹芯层的冲击端发生明显的 I 形变形，并且结构中间位置也形成 V 形整体变形，随着变形进一步扩展，固定端 I 形区域越来越大，此时沿着结构中部的 V 形变形带，逐渐将结构整体压溃。

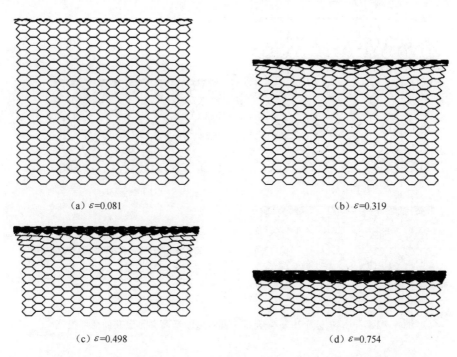

(a) ε=0.081　　　　　　　　　　　(b) ε=0.319

(c) ε=0.498　　　　　　　　　　　(d) ε=0.754

图 5-39　冲击速度为 70 m/s 水平放置六边形蜂窝夹芯层共面变形模式

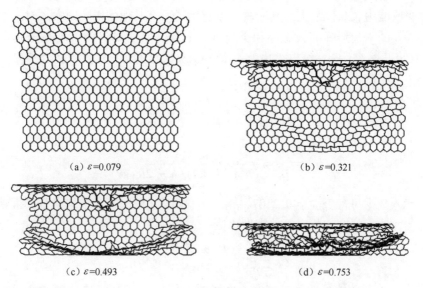

(a) ε=0.079　　　　　　　　　　　(b) ε=0.321

(c) ε=0.493　　　　　　　　　　　(d) ε=0.753

图 5-40　冲击速度为 7 m/s 竖直放置六边形蜂窝夹芯层共面变形模式

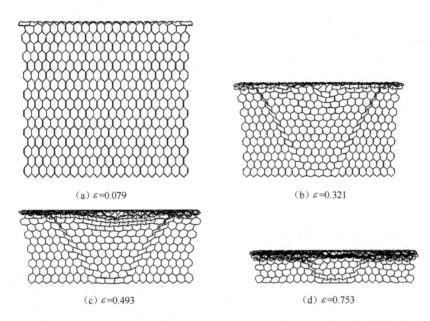

(a) $\varepsilon=0.079$

(b) $\varepsilon=0.321$

(c) $\varepsilon=0.493$

(d) $\varepsilon=0.753$

图 5-41 冲击速度为 70 m/s 竖直放置六边形蜂窝夹芯层共面变形模式

3. 类蜂窝与六边形蜂窝能量吸收能力对比

（1）相对密度。蜂窝夹芯层的性能主要取决于其相对等效密度，尤其以能量吸收能力关联性最大，其所占权重超出了所有其他的影响因素。对于本小节中涉及的六边形蜂窝夹芯层和类蜂窝夹芯层，其相对等效密度可分别由式（5-12）、式（5-13）给出，其中 ρ_c 为蜂窝夹芯层的等效密度，ρ_s 为蜂窝基体材料本身密度。

$$\rho_H^* = \frac{\rho_c}{\rho_s} = \frac{(t/l)(h/l+2)}{2\cos\theta(h/l+\sin\theta)} \qquad (5-12)$$

$$\rho_Q^* = \frac{\rho_c}{\rho_s} = \frac{4t(h+l)}{(h+2l\sin\theta)(h+2l\cos\theta)} \qquad (5-13)$$

代入数据可得：$\rho_H^* = 0.2107$，$\rho_Q^* = 0.2235$，根据本章结构模型，得到类蜂窝与六边形蜂窝的相对等效密度比值：

$$\lambda_\rho = \frac{\rho_Q^*}{\rho_H^*} = \frac{0.2235}{0.2107} = 1.06 \qquad (5-14)$$

（2）比吸收能量的确定。为了更好地评估蜂窝夹芯层的共面能量吸收能力，需引入一个评价指标——比吸收能量 E_m。其中比吸收能量为单位质量内的能量吸收能力大小，在夹层结构的轻量化设计中有着重要作用。能量吸收能力大小可用冲击过程中压缩力对压缩位移的积分来表征，即

$$E(d) = \int_0^d F(x)\,\mathrm{d}x \tag{5-15}$$

式中，$F(x)$ 为冲击过程瞬态冲击力；d 为冲击过程中刚性板沿加载方向位移，则比吸收能量 E_m 可表示为

$$E_m(d) = \frac{E(d)}{V} \tag{5-16}$$

$$m = \rho_c V \tag{5-17}$$

式中，m 为蜂窝夹芯层试件质量；ρ_c 为蜂窝夹芯层的等效密度；V 为蜂窝夹芯层试件的等效体积；$E(d)$ 为蜂窝夹芯层试件压缩过程中总体所吸收的能量。

不同速度下类蜂窝夹芯层的共面动力响应如下。

蜂窝夹层结构夹芯层之所以表现出良好的缓冲性能及能量吸收能力，其主要原因在于，在动态冲击载荷作用时，会表现出 3 个不同变形阶段，且其中第二个阶段的应力平台区为能量吸收主要区段。

图 5-42 描述了类蜂窝夹芯层在 3 种不同级别的冲击速度下的刚性板压缩反力-位移曲线。由图 5-42 可以看出，类蜂窝夹芯层的压缩变形过程与常见蜂窝夹芯层类似，也由三个不同阶段组成。首先是瞬态响应变形阶段，该阶段表现为弹性变形，且此时冲击载荷由 0 迅速增至一个峰值，并迅速回落至稳定值附近。由图 5-42 可知，高速冲击载荷峰值明显高于低速冲击载荷峰值，且随着冲击速度的逐渐增大，载荷峰值也明显增大。紧接着在蜂窝夹芯层发生屈服后，发生了塑性坍塌，经历一个较长的大变形平台缓冲区，刚性冲击板压缩反力维持在一个范围内变动，可知低速冲击时压缩反力波动主要集中于平台缓冲区中部阶段，而压缩反力的波动主要来源于固定端四边形胞元的初步压溃。随着冲击速度增大，压缩反力的波动越来越集中于平台缓冲区的开始及结束阶段，压缩反力的波动主要来源于冲击端和固定端四边形蜂窝夹芯层的接连初步压溃。随着变形的进一步增大，夹芯层中的六边形胞元完全压溃，夹芯层的变形模式为四边形胞元的接触变形，变形进入密实化区，在该压缩区段类蜂窝夹芯层下端四边形的微小变形导致载荷峰值的剧烈升高，且随着冲击速度的逐步增大，压缩载荷的峰值陡增。

（3）不同结构形式蜂窝的比吸收能量特性。比吸收能量作为评价蜂窝夹芯层在冲击载荷作用下的力学性能的重要指标，被广泛应用于各种不同蜂窝夹芯层的对比研究中。图 5-43、图 5-44 分别给出了六边形蜂窝夹芯层 x、y 方

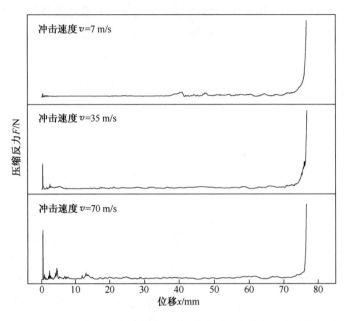

图 5-42 类蜂窝夹芯层在 3 种不同级别的冲击速度下的
刚性板压缩反力-位移曲线

向冲击与类蜂窝夹芯层在不同速度冲击作用下的比吸收能量对比曲线。其中字母 x、y 分别表示六边形蜂窝夹芯层的冲击方向为水平、竖直方向，H、Q 分别表示六边形蜂窝与类蜂窝夹芯层。由图 5-43 可知，在等效质量及压缩位移相等条件下，类蜂窝夹芯层的比吸收能量能力较 X 方向六边形蜂窝好，且在中低速压缩时，随着压缩过程的继续进行，类蜂窝夹芯层表现出了更强的能量吸收特性。由图 5-44 知，当六边形蜂窝夹芯层冲击方向发生改变时，其能量吸收能力发生较大改变，此时在不同速度作用下的能量吸收能力均大于类蜂窝夹芯层。

从引起能量吸收情况不同的变形模式讨论，可知类蜂窝夹芯层的变形能量吸收过程分为两个阶段：①水平方向六边形蜂窝的压缩变形吸能；②竖直六边形蜂窝与四边形蜂窝密实化变形吸能。其中在中低速冲击时，类蜂窝夹芯层通过对角线位置水平方向六边形蜂窝的局部变形，带动整体结构水平方向的六边形蜂窝发生变形，逐步形成稳定的六边形压缩吸能阶段；随着压缩位移增大，转变为稳定的竖直六边形及四边形压缩变形吸能阶段。类蜂窝夹芯层整个变形阶段融合了水平、竖直方向六边形蜂窝及四边形蜂窝的变形模式，让整体结构能量吸收过程更加稳定。

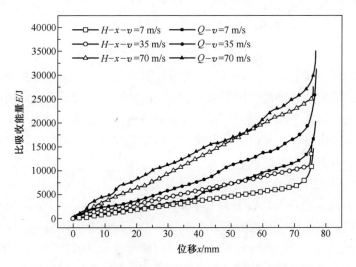

图 5-43　六边形蜂窝夹芯层 x 方向冲击与类蜂窝夹芯层在
不同速度冲击作用下的比吸收能量对比曲线

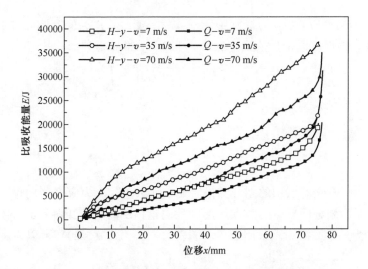

图 5-44　六边形蜂窝夹芯层 y 方向冲击与类蜂窝夹芯层在
不同速度冲击作用下的比吸收能量对比曲线

　　由此可知，合理布置不同方向上能量吸收能力不同的蜂窝夹芯层胞元，可以得到各方向能量吸收能力一致，且吸收能力稳定的类蜂窝夹芯层，这也为新型蜂窝结构夹芯层的设计指明了新方向。

▎5.3.2　类蜂窝夹芯面外冲击特性

5.3.1 小节从不同的蜂窝夹芯层的共面冲击特性角度，研究了类蜂窝夹芯层及六边形蜂窝夹芯层的动态响应特性及能量吸收特性。为了更加全面地研究类蜂窝夹芯层的动态冲击作用下的力学响应特性，再从类蜂窝夹芯层的异面冲击角度出发，对比分析类蜂窝夹芯层与构成该结构的传统六边形蜂窝及四边形蜂窝的异面冲击特性，从结构变形模式、能量吸收能力等角度，详细地讨论各蜂窝异面受载时的主要区别。

1. 蜂窝夹芯层面外冲击有限元计算模型

（1）有限元理论及材料参数。本章中对各类型蜂窝夹芯层的异面冲击特性的分析均采用非线性有限元软件 ABAQUS-Explicit 进行仿真。其中，采用显式动力学有限元中的显式时间积分对整体的蜂窝胞元进行计算，可知对于蜂窝结构的单个节点其变形量是随时间连续变化，由此可以得到动量平衡方程，具体计算式为

$$\sigma_{ij} + \rho f_i = \rho \ddot{x}_i \tag{5-18}$$

式中，σ_{ij} 为柯西应力；ρ 为蜂窝胞元基体材料密度；f_i 为蜂窝胞元体载荷；$\ddot{x}_i$ 为加速度。根据高斯定理公式（5-1）可进一步推导得到

$$\int_V \rho \ddot{x}_i \delta x_i \mathrm{d}V + \int_V \sigma_{ij} \delta x_{ij} \mathrm{d}V - \int_V \rho f_i x_i \mathrm{d}V - \int_{S^2} t_i \delta_{xi} \mathrm{d}S = 0 \tag{5-19}$$

转化为矩阵形式有

$$\sum_{i=1}^{n} \left\{ \int_V \rho \mathbf{N}^{\mathrm{T}} \mathbf{N} a \mathrm{d}v + \int_V \mathbf{B}^{\mathrm{T}} \boldsymbol{\sigma} \mathrm{d}v - \int_V \rho \mathbf{N}^{\mathrm{T}} \boldsymbol{b} \mathrm{d}v - \int_A \mathbf{N}^{\mathrm{T}} F \mathrm{d}A + \int_S \mathbf{N}^{\mathrm{T}} F_c \mathrm{d}s \right\}^i = 0 \tag{5-20}$$

式中，n 为蜂窝夹芯层中的划分网格后的单元数量；$\boldsymbol{\sigma}$ 为应力列向量；$\mathbf{N}$ 为差值矩阵；$\boldsymbol{a}$ 为划分网格后的节点加速度列向量；$\mathbf{B}$ 为应变矩阵；$\boldsymbol{b}$ 为体载荷列向量；F 为外部摩擦力。采用更一般的表示方法，式（5-20）可以表示为

$$\mathbf{M} \left[\frac{\mathrm{d}^2 u}{\mathrm{d}t^2} \right] + \mathbf{C} \left[\frac{\mathrm{d}u}{\mathrm{d}t} \right] + \mathbf{K} \{ U \} = \left[F(t) \right] \tag{5-21}$$

式中，$\mathbf{M}$ 为蜂窝结构夹芯层的质量矩阵；$\mathbf{C}$ 为其阻尼矩阵；$\mathbf{K}$ 为蜂窝结构夹芯刚度矩阵。

为了验证本章中研究方法的可行性，本章中各蜂窝夹芯层均选用 A36 钢，其为常用的热轧碳素结构钢，考虑该结构钢为各向同性 Johnson-Cook 本构硬化模型，则有如下相应本构计算模型公式：

$$\sigma_T = [A + B(\varepsilon_{\text{eff}}^P)^N]\left(1 + C\ln\frac{\dot{\varepsilon}_{\text{eff}}^P}{\dot{\varepsilon}_0}\right)\left[1 - \left(\frac{T - T_0}{T_{\text{melt}} - T_0}\right)^M\right] \quad (5-22)$$

式中，σ_T 为动态流变应力；$\varepsilon_{\text{eff}}^P$ 为等效塑性应变；$\dot{\varepsilon}_{\text{eff}}^P$ 为等效塑性应变率；$\dot{\varepsilon}_0$ 为参考应变率；A，B，N，M 和 C 均为材料具体参数；T_{melt} 为熔解温度；T_0 为转变温度，其中转变温度一般为室温 22~25 ℃，其中 A36 碳素结构钢材料参数见表 5-4。

表 5-4 A36 碳素结构钢材料参数

参数及其物理含义	数值
材料参数 A	146.7 MPa
材料参数 B	896.9 MPa
应变功率系数 N	0.320
材料参数 C	0.033
温度功率系数 M	0.323
参考应变率 $\dot{\varepsilon}_0$	1.0 s^{-1}
密度 ρ	7850 kg/m^3
熔解温度 T_m	1773 J/(kg·K)

（2）异面冲击作用有限元计算模型。本章所有类型的蜂窝夹芯层薄壁结构均采用 4 节点连续薄壳 S4R 单元，该连续单元的每个节点有 6 个自由度，即 3 个转动自由度和 3 个平动自由度。同时该连续单元也适用于本章模拟的动态冲击载荷作用结构的非线性、大变形问题的求解，综合考虑计算收敛性及计算资源限制，在 S4R 单元厚度方向定义 5 个积分点。将上端冲击板定义为刚性体，计算中上端刚性冲击板以某一恒定速度沿竖直方向冲击蜂窝试件，此时约束上端刚性板除冲击方向（即 z 方向）的所有自由度，如图 5-45 所示。为满足冲击压缩速度范围涵盖低速、中速、高速，文中冲击速度分别取定为 7 m/s、35 m/s、70 m/s，这与第 3 章中的冲击压缩速度一致。模型中所有接触面的摩擦力系数定义为 0.2。从图 5-46 中可以看出三种不同类型的蜂窝夹芯层的孔格数量相同，

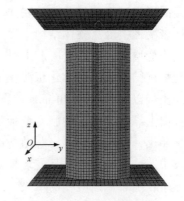

图 5-45 类蜂窝夹芯层胞元异面冲击有限元冲击模型

均为 16，其中类蜂窝夹芯由 4 个四边形孔格和 12 个六边形孔格构成。

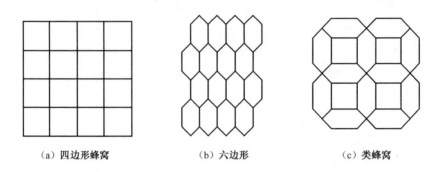

(a) 四边形蜂窝   (b) 六边形   (c) 类蜂窝

图 5-46　蜂窝夹芯层胞元截面图

2. 不同蜂窝夹芯层变形模式对比

（1）类蜂窝夹芯层的变形模式。图 5-47 分别给出了类蜂窝夹芯层在低速、中速和高速异面冲击作用下的整体变形模式与局部变形模式。当上端刚性冲击板以低速（$v = 7$ m/s）异面冲击类蜂窝夹芯层时，靠近冲击端局部位置的胞元壁板在异面方向上发生向外凸起的屈曲变形，而此时结构固定端未发生明显的变形，蜂窝整体结构呈现中间小、上下两端胀大的结构特征；随着压缩应变增大，类蜂窝夹芯结构中间位置整体屈服而发生坍塌变形，整体结构呈现中间胀大、上下两端缩小的结构变形特征。当上端刚性冲击板以中速（$v = 35$ m/s）异面冲击类蜂窝夹芯层时，冲击开始阶段，异面方向上类蜂窝夹芯上端沿着夹芯胞元中部发生局部变形，与低速冲击时不同，未发生明显的蜂窝壁板向外凸起的屈曲变形，同时在蜂窝芯的中间位置没有明显的剪切带变形，蜂窝整体结构未发生明显的局部增大或减小的变形情况；随着压缩应变增大，类蜂窝夹芯上端的弹塑性变形逐渐向蜂窝结构中下部传递，呈现蜂窝结构上端密实化压溃压缩、下端开始塑性压缩变形特征。当上端刚性冲击板以高速（$v = 70$ m/s）异面冲击类蜂窝夹芯层时，类蜂窝夹芯在异面方向上靠近冲击端的胞元壁板发生明显的凹陷屈曲变形，这与低速冲击时完全相反，同时类蜂窝夹芯结构中间位置发生对称的凹陷屈曲变形，凹陷区域较中速冲击时更大，且变形模式较低速冲击更加规则，未发生斜向的剪切变形带；随着压缩应变的增大，压缩变形从类蜂窝结构的中间向整体结构的冲击端和固定端扩展，整体结构的变形模式相对低速、中速冲击时更加平稳。

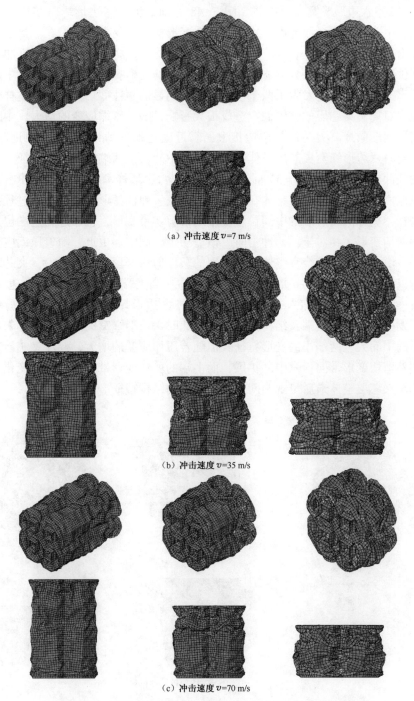

（a）冲击速度v=7 m/s

（b）冲击速度v=35 m/s

（c）冲击速度v=70 m/s

图 5-47　不同冲击速度作用时类蜂窝夹芯层异面变形模式

（2）六边形蜂窝变形模式。图 5-48 分别给出了六边形蜂窝结构材料在低速、中速和高速异面冲击作用下的整体变形模式与局部变形模式。当上端刚性冲击板以低速（$v=7$ m/s）异面冲击压缩六边形蜂窝夹芯层时，靠近冲击端局部位置的胞元壁板在异面方向上未发生明显的变形，而在蜂窝夹芯层中间位置及靠近固定端附近发生了两个不同方向上明显的塑性剪切变形带，这样的变形模式对蜂窝夹芯层的整体稳定造成很大影响，随着压缩应变的增大，中间的剪切带逐渐向蜂窝夹芯层的两边扩大，靠近固定端的剪切带未发生明显的扩展，此时六边形蜂窝夹芯层整体结构呈现出中间大、两端小的结构特征。当上端刚性冲击板以中速（$v=35$ m/s）异面冲击六边形蜂窝夹芯层时，冲击开始阶段，六边形蜂窝夹芯层整体在异面方向上发生弹性变形，随着加载过程的持续进行，类蜂窝夹芯层的中间位置发生局部剪切带变形，且靠近固定端位置也发生剪切变形，相对于低速冲击时，该剪切带距固定端更近；随着压缩应变的进一步增大，六边形蜂窝整体结构中间的塑性剪切变形带越来越大，夹芯整体结构以该剪切变形带的扩展直至整体被压溃。当上端刚性冲击板以高速（$v=70$ m/s）异面冲击压缩六边形蜂窝夹芯时，六边形蜂窝夹芯层的塑性剪切变形带发生在结构的上端及结构的下端，且此时六边形蜂窝夹芯层的整体未出现明显的中间大、两端小的变形特征，但随着压缩应变的增大，蜂窝夹芯层上端的塑性剪切变形带向蜂窝中部扩展，而上端的剪切变形带未发生明显变化，导致蜂窝夹芯层整体最后呈现中间大、两端小的结构特征。

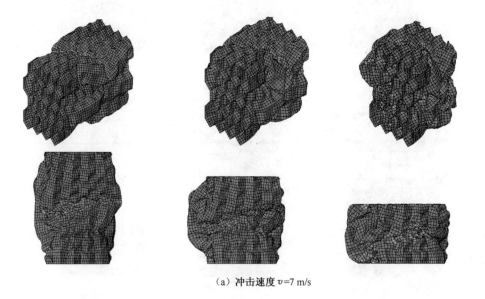

（a）冲击速度 $v=7$ m/s

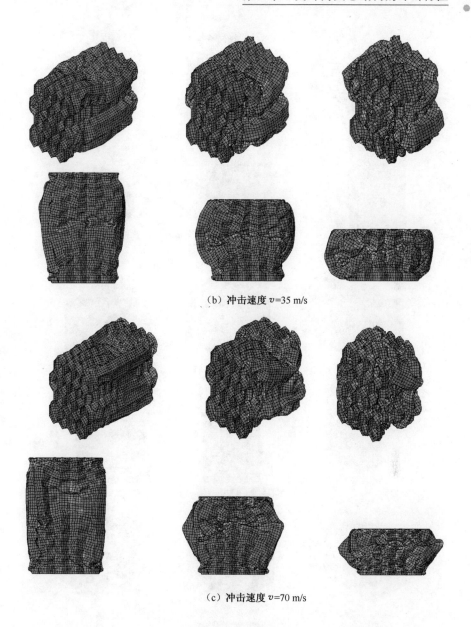

（b）冲击速度 v=35 m/s

（c）冲击速度 v=70 m/s

图 5-48　不同冲击速度作用时六边形蜂窝夹芯层异面变形模式

（3）四边形蜂窝变形模式。从图 5-49 中可以看出，当上端刚性冲击板以低速（v=7 m/s）异面冲击四边形蜂窝夹芯层时，四边形蜂窝夹芯层的异面方向将发生屈曲变形。在冲击开始阶段，蜂窝整体结构上端迅速发生局部的塑性

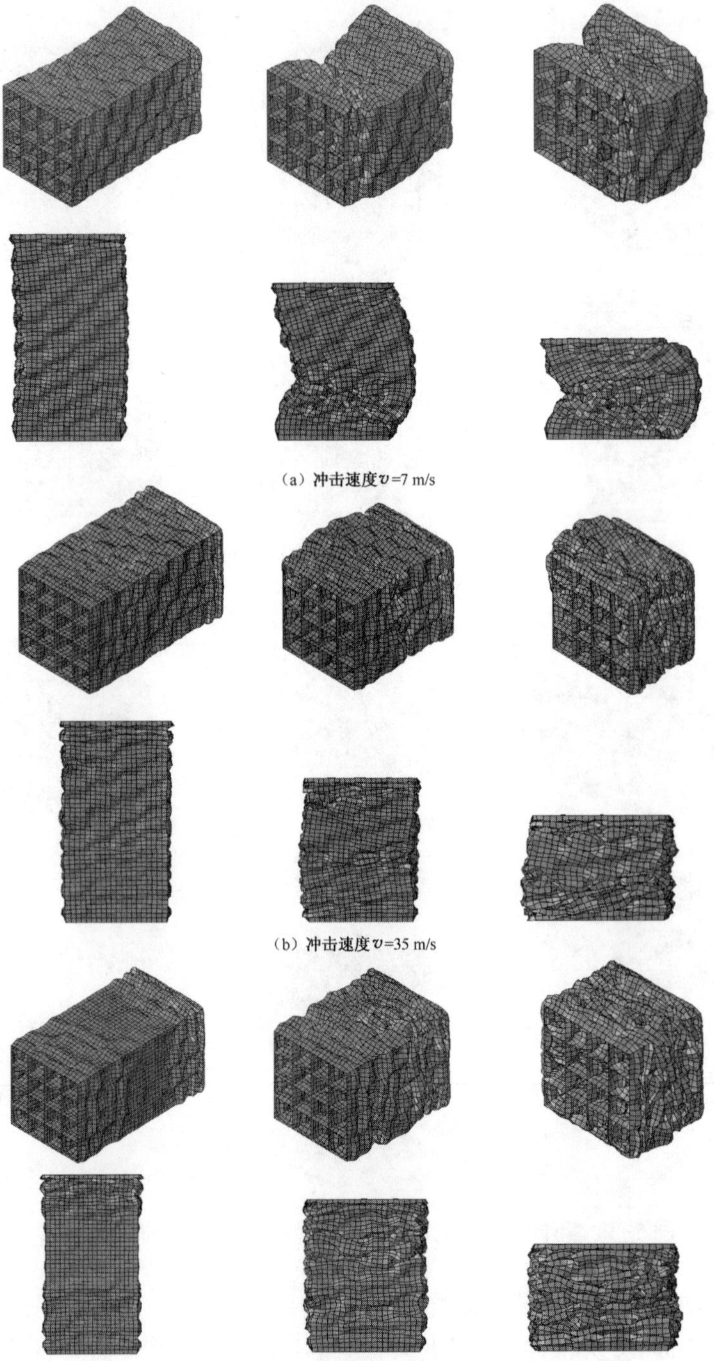

（a）冲击速度v=7 m/s

（b）冲击速度v=35 m/s

（c）冲击速度v=70 m/s

图 5-49　不同冲击速度作用时四边形蜂窝夹芯层异面变形模式

变形，蜂窝结构其他部分发生薄壁结构的塑性变形，即此时结构胞壁发生明显的非线性大变形。随着压缩应变的逐渐增大，四边形蜂窝夹芯层靠近固定端形成明显的塑性剪切变形带，这与类蜂窝夹芯层及六边形蜂窝夹芯层在低速冲击时中部形成的塑性剪切变形带有较大差别，蜂窝夹芯层下端形成的塑性剪切变形带会极大地削弱结构的整体稳定性。当上端刚性冲击板以中速（$v = 35$ m/s）异面冲击四边形蜂窝夹芯层时，四边形蜂窝夹芯层在冲击端首先发生塑性屈曲变形，上端结构发生局部坍塌，此时结构固定端发生明显的塑性屈曲变形，夹芯层整体变形呈现明显的一致性与对称性。随着冲击过程的持续进行，在蜂窝结构的中间位置形成了较为明显的塑性剪切变形带，且该剪切变形带均匀地分布于结构的中间位置，对结构的整体稳定性影响较小。当上端刚性冲击板以高速（$v = 70$ m/s）异面冲击四边形蜂窝夹芯层时，在冲击开始阶段，蜂窝结构的冲击端与固定端均发生了塑性屈曲变形，且冲击端的变形幅度较固定端明显，而蜂窝结构中间位置未发生明显的塑性屈曲变形。随着压缩应变的逐渐增大，冲击端的塑性变形快速向蜂窝整体结构中间扩展，因四边形蜂窝结构的对称性较好，蜂窝结构中未出现明显的塑性剪切带，结构的稳定性较六边形蜂窝更优。

综上所述可知，类蜂窝夹芯层受异面冲击作用下的变形特征综合了六边形蜂窝与四边形蜂窝的局部优势，不论在低速、中速还是高速冲击作用下，均能保证蜂窝整体夹芯层具有很好的稳定性。

3. 不同类型蜂窝夹芯层动态响应

（1）不同速度冲击下蜂窝夹芯结构动力响应。由于蜂窝夹芯层在受冲击载荷作用时，其结构的动力响应大小直接影响着该蜂窝芯层在夹层整体结构中的使用，故针对不同的蜂窝夹芯层需研究其在不同冲击速度作用时的压缩反力-位移之间的关系。

由图 5-50~图 5-52 可以看出，随着冲击速度的增大，三种不同蜂窝夹芯层峰值压缩反力均逐渐增大，且均在达到峰值后又迅速减小到一个稳定水平，且随着压缩位移的增大该压缩反力水平维持在一个较低水平浮动，当蜂窝夹芯层整体压溃后，压缩反力会上升到一个较高水平。

由图 5-53~图 5-55 可以看出，在同一冲击速度冲击作用下，不同蜂窝夹芯层的初始峰值压缩反力也有较大区别。在低速冲击作用下，结合图 5-53 可知各蜂窝初始峰值压缩反力由大到小为四边形蜂窝、类蜂窝、六边形蜂窝；在中速冲击作用下，各蜂窝初始峰值压缩反力由大到小为六边形蜂窝、类蜂窝、四边形蜂窝；在高速冲击作用下，各蜂窝初始峰值压缩反力由大到小为六边形蜂窝、类蜂窝、四边形蜂窝。由此可知，类蜂窝结构的初始蜂窝应力受冲击速度的影响较其他两种蜂窝更小，其结构的稳定性更好。

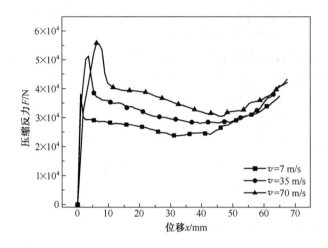

图 5-50　不同速度冲击作用下四边形蜂窝夹
芯层压缩反力-位移曲线

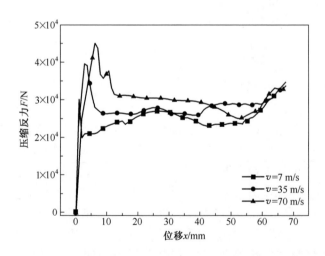

图 5-51　不同速度冲击作用下六边形蜂
窝夹芯层压缩反力-位移曲线

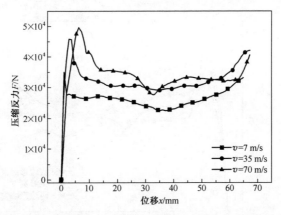

图 5-52　不同速度冲击作用下类蜂窝压缩反力-位移曲线

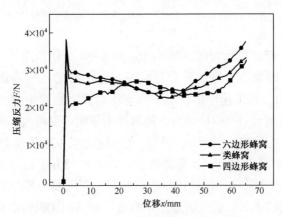

图 5-53　速度 $v=7$ m/s 冲击作用下类蜂窝夹芯层压缩反力-位移曲线

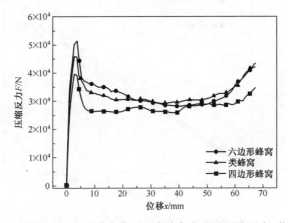

图 5-54　速度 $v=35$ m/s 冲击作用下类蜂窝夹芯层压缩反力-位移曲线

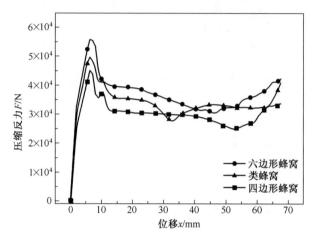

图 5-55　速度 $v = 70$ m/s 冲击作用下类蜂窝夹芯层压缩反力-位移曲线

（2）蜂窝比吸收能量对比。图 5-56 ~ 图 5-58 分别给出了在不同冲击速度作用下，四边形蜂窝、六边形蜂窝及类蜂窝夹芯层的比吸收能量对比。从图 5-56 中可以看出，在低速冲击状态下，当压缩过程刚发生时类蜂窝夹芯结构的比吸收能量略强于另外两种蜂窝，随着冲击压缩应变增大，四边形蜂窝的比吸收能量略强于类蜂窝，且此时类蜂窝夹芯的比吸收能量依然强于六边形蜂窝。从图 5-57 中可以看出，当蜂窝夹芯的异面冲击为中速冲击时，在冲击开始阶段，3 种蜂窝夹芯的比吸收能量大致相等，但随着压缩过程的持续，四边形蜂窝和类蜂窝的比吸收能量明显强于六边形蜂窝的比吸收能量，且类蜂窝夹

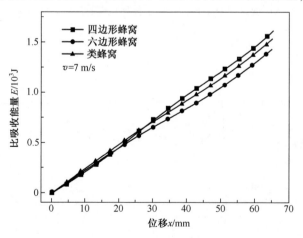

图 5-56　低速（$v = 7$ m/s）冲击时比吸收能量对比

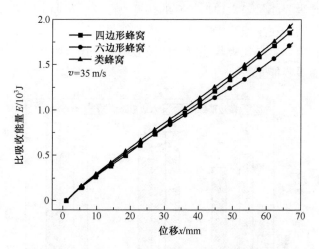

图 5-57　中速（$v=35$ m/s）冲击时比吸收能量对比

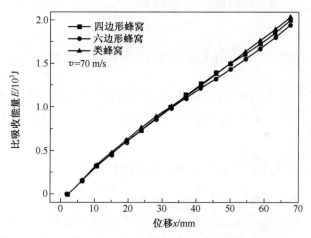

图 5-58　高速（$v=70$ m/s）冲击时比吸收能量对比

芯层的比吸收能量也略强于四边形蜂窝夹芯层的比吸收能量。从图 5-58 中可以看出，在高速冲击下，三种蜂窝的比吸收能量差距在压缩开始阶段很小，在压缩过程的后半部分才逐渐有所区别，且此时类蜂窝比吸收能量略大于四边形蜂窝比吸收能量，四边形蜂窝夹芯层异面比吸收能量略大于六边形蜂窝夹芯层异面比吸收能量。

图 5-59 给出了不同冲击速度作用下各蜂窝总比吸收能量对比。可以看出四边形蜂窝在低速、中速及高速冲击中的总比吸收能量均为最优，类蜂窝在低

速冲击时的比吸收能量与六边形蜂窝的接近，而在中速冲击时其吸收能力远大于六边形蜂窝的，在中速冲击时其总比吸收能量与四边形蜂窝的接近，在高速冲击过程中的类蜂窝总比吸收能量与四边形蜂窝总比吸收能量接近，且远大于六边形蜂窝总吸收能量。

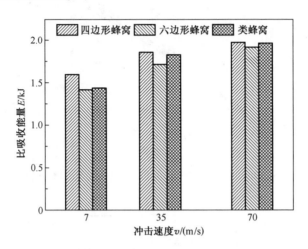

图 5-59 不同冲击速度作用下各蜂窝总比吸收能量对比

综上可知，由四边形和六边形构成的类蜂窝夹芯层在受异面冲击载荷作用下能量吸收能力结合了两种蜂窝的优势，在不同冲击速度作用下均能展现出很强的能量吸收能力。

▌5.3.3 泡沫填充类蜂窝结构面内耐撞性研究

1. 泡沫填充类蜂窝夹芯面内耐撞性模型

（1）类蜂窝胞元及泡沫填充结构。类蜂窝胞元结构示意图如图 5-60 所示，其中 l、h、t 和 θ 分别为蜂窝胞元的斜边、直角边长、蜂窝壁厚以及斜边与水平方向的夹角。本小节计算的所有算例中取 $l = 7.07$ mm，$h = 1.414l$，$\theta = 45°$，且蜂窝结构均是采用单壁厚，蜂窝壁厚 t 分别选用了 0.3 mm、0.5 mm 和 1 mm。当胞元结构分别沿水平和竖直两个方向延展开来，再向类蜂窝孔隙中充入聚氨酯泡沫可得如图 5-61 所示的宏观结构。

（2）有限元计算模型。采用有限元分析软件 LS-DYNA 建立聚氨酯泡沫填充类蜂窝结构的面内冲击加载有限元计算模型[203]，如图 5-62 所示。将蜂窝结构试件置于下端固定板和上端冲击板之间，上端冲击板为刚性材质，质量为 1t（1000kg）。蜂窝结构中的基体材料为铝合金，一种双线性硬化材料。蜂窝

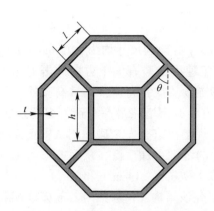

图 5-60　类蜂窝胞元结构示意图

图 5-61　泡沫填充类蜂窝结构示意图

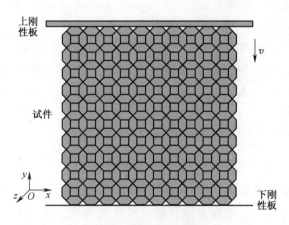

图 5-62　耐撞性模型

中的填充物为一种可压缩泡沫材料聚氨酯。该结构中，蜂窝基体材料的参数为：弹性模量 $E_s = 69000$ MPa，泊松比 $v_s = 0.3$，密度 $\rho_s = 2720$ kg/m³，屈服应力 $\sigma_{vs} = 195$ MPa。填充物聚氨酯的材料模型采用一种非线性低密度泡沫，材料参数：$\rho_s = 50$ kg/m³，弹性模量 $E_s = 52$ MPa，拉伸截止应力为 40 MPa，滞后卸载因子为 1（无能量耗散），延迟常数为 0.4，黏性系数为 0.12，形状卸载因子为 1，截止应力失效选择为 0，体积黏性作用标志为 0（无体积黏性）。计算中蜂窝胞壁采用 shell163 壳单元，泡沫材料采用 solid164 体单元，蜂窝与泡沫的网格大小均为 1.5 mm；仿真计算中蜂窝结构模型采用单面自动接触算法，蜂窝结构表面与泡沫表面之间采用面面绑定接触算法，刚性冲击块表面与蜂窝结构表面之间采用自动面面接触算法，刚体冲击块表面与蜂窝结构表面视为光滑，二者接触无摩擦。算例中类蜂窝结构模型在 x、y 两个方向上均采用 10 个重复胞元，且 x、y 方向的尺寸均为 210 mm，如图 5-62 所示。计算中上端刚性板以某一恒定速度沿竖直向下方向冲击泡沫填充类蜂窝试件，参考《道路交通安全法实施条例》，高速公路最高车速不得超过 120 km/h，同方向只有一条机动车道的城市道路最高车速不得超过 50 km/h。《C-NCAP 管理规则》（2021 版）规定在汽车安全碰撞测试中正面碰撞速度为 50 km/h。为保证冲击速度涵盖的范围更加广泛，从而能够为工程实践提供参考，本小节算例冲击速度选取了 7 m/s、14 m/s 和 33 m/s，在文中统一将其称为低速、中速和高速。为研究该结构几何参数对其耐撞性能和变形机制的影响，分别取其蜂窝壁厚 t 为 0.3 mm、0.5 mm 和 1 mm 建立冲击模型。另外，冲击计算过程中，对下端固定面采取全约束，并约束所有蜂窝胞壁的面外位移，以保证蜂窝试件整体不发生弯曲扭转变形，其中所有模型的面外厚度（沿 z 方向）均为 $b = 10$ mm。

（3）耐撞性评价指标的确定。为更好地评估泡沫填充蜂窝结构的耐撞性，必须首先定义耐撞性评价指标，通常用总吸能（E_a）、比吸能（E_{sa}）、平均碰撞力（F_{avg}）、初始峰值力（F_{max}）、碰撞力效率（η_{cl}）和吸能效率（η）来评估结构的耐撞性。

E_a 是材料发生变形吸收的总应变能，其方程为

$$E_a = \int_0^d F(\delta)\,\mathrm{d}\delta \tag{5-23}$$

式中，$F(\delta)$ 为瞬态冲击力；d 为压缩位移。

E_{sa} 为结构单位质量的能量吸收量，可定义为 $E_{sa} = E_a/m$，其中 m 为结构的总质量。可见，E_{sa} 越高，结构的吸能特性越好。

F_{avg} 为在力学加载过程中的平均值，其大小可以间接地反映结构的吸能能力，其数学表达式为

$$F_{avg} = \frac{1}{d}\int_0^d F(\delta)\,\mathrm{d}\delta \tag{5-24}$$

F_{max} 为在力学加载时，结构的初始碰撞力峰值，也就是弹性阶段碰撞力的最大值，是结构耐撞性指标中反映结构防护性能的重要参数，体现了碰撞安全性优劣。当材料作为吸能构件时，初始峰值力越小，耐撞性能越优。

η_{cl} 表示结构载荷作用下的稳定性，其表达式为

$$\eta_{cl} = F_{avg}/F_{max} \tag{5-25}$$

可知 η_{cl} 越大，则结构的载荷稳定性越好。

η 表示结构的吸能效率，定义为 E_{a} 与 $F_{\max}$ 的比值，其表达式为

$$\eta = \frac{E_{\mathrm{a}}}{F_{\max}} \tag{5-26}$$

其中，E_{a} 越大、$F_{\max}$ 越小，则 η 越大，结构的吸能特性越好。

2. 泡沫填充类蜂窝夹芯的面内冲击仿真试验

（1）溃缩模式。图 5-63～图 5-65 分别列出了泡沫填充类蜂窝结构在低速、中速和高速冲击载荷下面内溃缩变形图。泡沫填充类蜂窝结构由水平放置与竖直放置的六边形胞元周期性排列，再向蜂窝的孔隙中填入泡沫组合而成，本小节算例一共考虑了 0.3 mm、0.5 mm 和 1 mm 三种蜂窝壁厚，蜂窝壁厚不同导致结构的动态压缩模式存在明显的差异。图中，ε 为冲击过程中结构的压缩应变，即蜂窝结构上端面的压缩位移与模型在冲击方向上的初始长度之比。

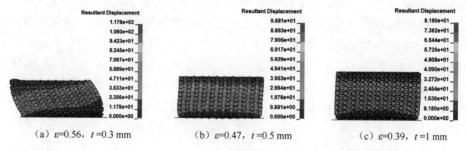

（a）$\varepsilon = 0.56$，$t = 0.3$ mm （b）$\varepsilon = 0.47$，$t = 0.5$ mm （c）$\varepsilon = 0.39$，$t = 1$ mm

图 5-63 冲击速度为 7 m/s 时泡沫填充类蜂窝结构的溃缩变形

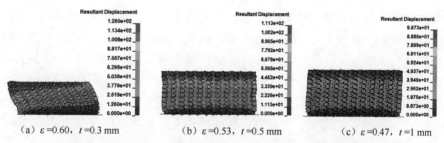

（a）$\varepsilon = 0.60$，$t = 0.3$ mm （b）$\varepsilon = 0.53$，$t = 0.5$ mm （c）$\varepsilon = 0.47$，$t = 1$ mm

图 5-64 冲击速度为 14 m/s 时泡沫填充类蜂窝结构的溃缩变形

当上端刚性冲击板以初始速度 7 m/s 的低速分别冲击蜂窝壁厚为 0.3 mm、0.5 mm 和 1 mm 的泡沫填充类蜂窝结构试件，试件分别呈现出不同的损伤变形，从变形图中可看出蜂窝壁厚越小，可被压缩的空间越大，且越容易被压溃。当试件的蜂窝壁厚为 0.3 mm 时，变形模式呈现出向左侧倾倒的现象，整

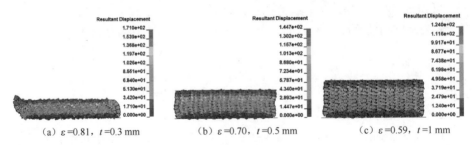

(a) $\varepsilon=0.81$, $t=0.3$ mm (b) $\varepsilon=0.70$, $t=0.5$ mm (c) $\varepsilon=0.59$, $t=1$ mm

图 5-65　冲击速度为 33 m/s 时泡沫填充类蜂窝结构的溃缩变形

个结构对角线方向上的蜂窝材料与泡沫被压实，但其他部位的泡沫并没有完全密实化，有效压缩行程为 117.6 mm，占试件原始高度的 56%；当试件的蜂窝壁厚为 5 mm 时，有效压缩行程减少为 98.7 mm，占试件原始高度的 47%，损伤变形较壁厚为 0.3 mm 的试件程度小，且变形较为规则，没有出现类似 0.3 mm 蜂窝壁厚试件的"一边倒"压溃模式。蜂窝壁厚为 1 mm 时，蜂窝材料的强度明显提升，其承载能力更强，有效压缩行程只有 81.9 mm，占试件原始高度的 39%。

当上端刚性板以初始速度 14 m/s 的中速冲击三种蜂窝壁厚的泡沫填充类蜂窝试件，试件分别表现出的变形模式与低速时相似，但有效压缩行程分别有提升，分别为 126 mm、111.3 mm 和 98.7 mm，占试件原始高度的 60%、53% 和 47%。

当刚性冲击板的初始冲击速度升高到 33 m/s 的高速，刚性板的动能也随之飙升，变形还是依照低速与中速冲击时的模式，只是结构的变形更加严重，蜂窝与泡沫完全被压溃，蜂窝壁厚为 0.3 mm、0.5 mm 和 1 mm 的试件，有效压缩行程分别上升到 170.1 mm、147 mm 和 124 mm，分别占试件原始高度的 81%、70% 和 59%。从分析结果也可看出，当类蜂窝的蜂窝壁厚只有 0.3 mm 时，三种冲击速度作用下的试件都表现出向左侧倾倒的变形模式，其缘由为类蜂窝的蜂窝壁厚太小，导致类蜂窝结构的承载能力变差，而泡沫的屈服强度只有 4.7 MPa，极易发生变形，故在刚性板的冲击下，蜂窝壁厚为 0.3 mm 的试件呈现出不均匀、不稳定的变形。

（2）冲击载荷作用下的动力响应。蜂窝材料具有良好的缓冲和吸能特性，主要原因在于这种材料在动态冲击载荷作用下会表现出三个不同的变形阶段，其中的第二个阶段材料屈服后发生塑性坍塌，其在压缩反力-位移曲线上呈现的应力平台区为吸能的主要区间，泡沫填充蜂窝材料在面内冲击载荷作用下的压缩变形也由三个不同阶段组成。

图 5-66 所示是蜂窝壁厚分别为 0.3 mm、0.5 mm 和 1 mm 的泡沫填充类蜂窝结构材料在不同冲击速度下刚性板的压缩反力-位移曲线。从图 5-66 中可以看出，首先是瞬态响应的弹性变形阶段，冲击载荷从 0 飙升到峰值，再快速地回落到稳定值附近。由图 5-66 可知，高速冲击的初始峰值力明显高于低速冲击的初始峰值力，且蜂窝壁厚较大的结构受冲击时的初始峰值力明显高于壁厚较小的。值得强调的是，与未填充的类蜂窝不同，泡沫填充类蜂窝的平台区较短，且平台区的长度受刚性板冲击速度的影响，冲击速度越高，平台区越长，原因是在这个阶段材料屈服后发生塑性变形，但泡沫填充类蜂窝没有类似于非填充的结构有足够大的压缩空间。紧接着塑性变形进入强化阶段，泡沫填充类蜂窝开始逐渐被压实，压缩反力-位移曲线平缓上升。从图 5-66 中可以看出，在低速与中速冲击载荷作用下，蜂窝壁厚为 0.3 mm 和 0.5 mm 的试件压缩反力-位移曲线相似，曲线的整体波动较为平稳，后者初始峰值力更高，但前者的有效压缩行程更大。在高速冲击载荷作用下，三种蜂窝壁厚的试件压缩反力-位移曲线受材料强度的影响，初始峰值力、有效压缩行程相差较大，但在材料屈服后的塑性变形阶段与强化阶段表现出很高的拟合度。此外，在低速和中速冲击下，蜂窝壁厚为 1 mm 的试件压缩力远高于壁厚为 0.3 mm 和 0.5 mm 的，表明在低速、中速冲击下，蜂窝壁厚为 1 mm 的试件承载能力远大于另外两组。但在高速冲击下，三组蜂窝壁厚的试件承载能力区别很小，但整体的载荷稳定性则是蜂窝壁厚为 0.3 mm 的试件表现更优。

3. 结构尺寸参数对耐撞性的影响

泡沫填充类蜂窝在承载低速、中速和高速面内冲击载荷下，蜂窝壁厚为 0.3 mm、0.5 mm 和 1 mm 的试件分别表现出各不相同的面内抗冲击能力。

图 5-67 所示为不同速度面内冲击载荷作用下的比吸能曲线。从图 5-67 中可以看出，在低速、中速、高速冲击载荷下，不同蜂窝壁厚的试件比吸能显著不同，且比吸能都随着蜂窝壁厚的降低而升高，随着有效压缩行程的增加，比吸能逐渐变大，原因是随着压缩行程的增加，泡沫材料逐渐被压缩，蜂窝的塑性变形也越来越明显。从图 5-67（a）可以看出，在低速冲击作用下，比吸能曲线在压缩行程为 22 mm 之前呈线性上升，而在 22 mm 的压缩行程之后比吸能上升速度越来越快，这主要是由于低速冲击下泡沫填充类蜂窝在弹性变形之后进入塑性变形的开始阶段，材料发生屈服经历短暂的平台区即比吸能的线性增长阶段，随后进入塑性变形的强化阶段，泡沫逐渐被压密，蜂窝的塑性变形也越来越明显，压缩力越来越大，因此比吸能增长速度越来越快。在中速和高速冲击下的比吸能曲线表现也是如此，对应的压缩行程分别是 28 mm 和 40 mm。

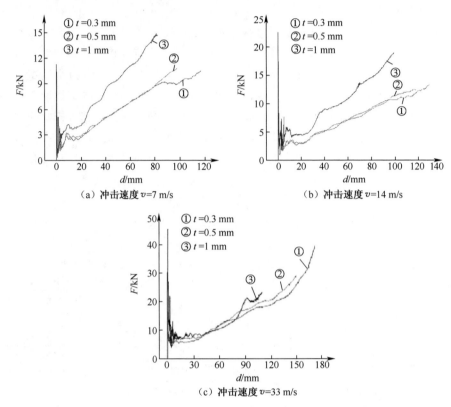

（a）冲击速度 v=7 m/s （b）冲击速度 v=14 m/s

（c）冲击速度 v=33 m/s

图 5-66　泡沫填充类蜂窝结构材料的压缩反力-位移曲线

不同壁厚的泡沫填充类蜂窝面内耐撞性指标见表 5-5。可以看出，在低速和高速冲击时，壁厚为 0.3 mm 的泡沫填充类蜂窝的 E_a 分别比蜂窝壁厚为 0.5 mm 和 1 mm 的高出 0.16 kJ、0.04 kJ 和 0.49 kJ、1.3 kJ，分别提高了 27.6%、5.7% 和 22.2%、92.9%。但在中速冲击时，蜂窝壁厚为 1 mm 的填充结构 E_a 最大，为 1.00 kJ，高于壁厚为 0.3 mm 和 0.5 mm 时的 0.97 kJ 和 0.84 kJ。并且在低速和中速冲击下，蜂窝壁厚为 1 mm 的泡沫填充类蜂窝结构的 E_a 要高于壁厚为 0.5 mm 的 E_a，表明结构质量的升高，可能会提高其 E_a，但其 E_{sa} 不一定提高。蜂窝壁厚增大的同时导致泡沫填充类蜂窝结构的 F_{max} 显著升高，然而 F_{avg} 没有明显提升，所以随着蜂窝壁厚的增加，η_{cl} 和 η 呈下降趋势。在蜂窝壁厚相同的情况下，低速冲击时的 η_{cl} 和 η 要高于中速和高速冲击。结合各项耐撞性评价指标，发现类蜂窝壁厚为 0.3 mm 的填充结构，无论在低速、中速还是高速冲击下，其结构的耐撞性都要优于蜂窝壁厚为 0.5 mm 和 1 mm 的结构，其中蜂窝壁厚为 0.5 mm 的次之。

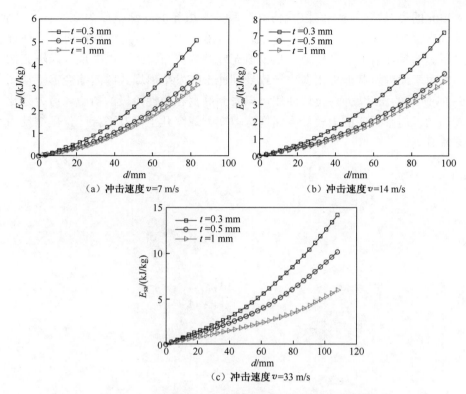

（a）冲击速度 $v=7$ m/s　　　　　　　（b）冲击速度 $v=14$ m/s

（c）冲击速度 $v=33$ m/s

图 5-67　不同速度面内冲击载荷作用下的比吸能曲线

表 5-5　不同壁厚的泡沫填充类蜂窝面内耐撞性指标

速度 $v/(m/s)$	试件	t/mm	m/kg	E_a/kJ	$E_{sa}/(kJ/kg)$	F_{max}/kN	F_{avg}/kN	η_{cl}	η
7	1	0.3	0.083	0.74	8.95	2.06	6.34	3.09	0.36
	2	0.5	0.124	0.58	4.69	2.59	5.93	2.29	0.22
	3	1	0.222	0.70	3.14	11.27	8.34	0.74	0.06
14	1	0.3	0.083	0.97	11.72	4.69	7.51	1.6	0.21
	2	0.5	0.124	0.84	6.73	6.55	7.09	1.08	0.13
	3	1	0.222	1.00	4.51	22.55	10.06	0.45	0.04
33	1	0.3	0.083	2.70	32.52	11.07	15.84	1.43	0.24
	2	0.5	0.124	2.21	17.82	17.69	14.84	0.84	0.12
	3	1	0.222	1.40	6.12	45.48	12.42	0.27	0.03

4. 泡沫填充与非填充类蜂窝的面内耐撞性比较

为了分析泡沫的填充对类蜂窝夹层结构芯层面内耐撞性的影响，本节对未填充的类蜂窝进行了有限元仿真试验，未填充的蜂窝壁厚为 0.5 mm，刚性冲击板冲击速度为 7 m/s，并得到了压缩反力-位移曲线与各项耐撞性评价指标的具体数值。同样地，从未填充蜂窝的溃缩模式可以发现，未填充的蜂窝由于面内承载能力太弱，导致受到冲击时发生坍塌式的溃缩变形。从图 5-68 所示的压缩反力-位移曲线可以看到蜂窝在弹性阶段的初始峰值力是比较高的，但平台区的力较低，而泡沫填充类蜂窝几乎没有平台区，压缩反力逐步升高。

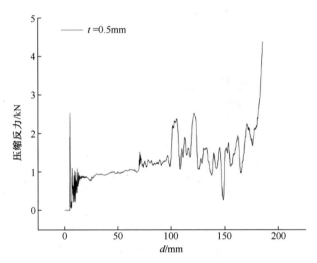

图 5-68　未填充类蜂窝面内压缩反力-位移曲线

　　从表 5-6 列出的泡沫填充与未填充类蜂窝的各项耐撞性指标对比情况可以看出，填充泡沫之后的类蜂窝在面内冲击中，较未填充的初始峰值力上升 2.4%，平均碰撞力增加了 3.49 倍，总吸能增加 1.42 倍，比吸能增加 1.03 倍，载荷稳定性提升 3.4 倍，吸能效率提升 1.44 倍。故其面内方向的耐撞性较未填充的类蜂窝有非常显著的提升。

表 5-6　泡沫填充与未填充类蜂窝面内耐撞性指标对比

耐撞性指标	F_{max}/kN	F_{avg}/kN	E_a/kJ	E_{sa}/(kJ/kg)	η_{cl}	η
未填充泡沫	2.53	1.32	0.24	2.31	0.52	0.09
填充泡沫	2.59	5.93	0.58	4.69	2.29	0.22
变化量	+2.4%	+349%	+142%	+103%	340%	+144%

▓ 5.3.4　泡沫填充类蜂窝夹层结构面外耐撞性研究

1. 泡沫填充类蜂窝夹芯面外耐撞性模型

（1）面外冲击试件模型建立。为了进一步地了解泡沫填充类蜂窝夹芯的耐撞性能，以至于该结构在吸能防护领域更好地被工程界所采纳，有必要对其进行面外方向的研究。类蜂窝胞元的平面结构与第 2 章所提到的未发生改变，为了更好地观察其变形模式和动态峰应力水平，本次数值模拟仿真试验试件的面外厚度 b 为 50 mm，试件的蜂窝壁厚 t 分别为 0.1 mm、0.3 mm、0.5 mm、0.7 mm、1 mm。同样地，由 4 个六边形胞元优化组合排列成类蜂窝胞元之后，分别向胞元的水平和竖直方向延伸，本章研究工作中，三维试件模型水平与竖直方向分别为 4 个类蜂窝胞元，再向其孔隙中填充聚氨酯泡沫可得如图 5-69 所示的试件宏观模型，试件模型在 x 与 y 方向的尺寸均为 90 mm，在 z 方向（面外厚度方向）的尺寸为 50 mm。

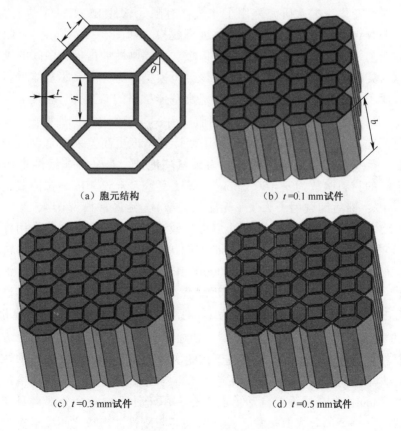

（a）胞元结构　　　　　　　　　　（b）t=0.1 mm试件

（c）t=0.3 mm试件　　　　　　　　（d）t=0.5 mm试件

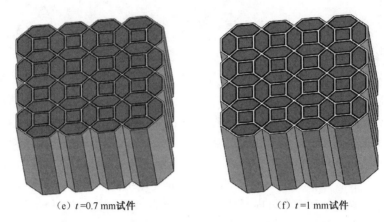

（e）*t*=0.7 mm**试件**　　　　　　　　（f）*t*=1 mm**试件**

图 5-69　类蜂窝胞元及泡沫填充类蜂窝夹芯各个壁厚试件模型

　　（2）有限元计算模型。考虑到试件在受到冲击过程中会出现大变形，且都为非线性变化，本次研究采用了非线性有限元软件 LS-DYNA 进行分析，在 LS-DYNA 中自下而上对分析试件进行建模，如图 5-70 所示，有限元模型分为四个部分，分别为下端固定支撑板、上端刚性冲击板、中间的类蜂窝夹芯以及类蜂窝孔隙中填充的泡沫。该分析模型中类蜂窝夹芯基体材料为铝合金，属于一种双线性硬化材料，类蜂窝基体材料的参数为：密度 ρ_s = 2720 kg/m^3，弹性模量 E_s = 69000 MPa，屈服应力 σ_{ys} = 195 MPa，泊松比 v_s = 0.3，材料单元选用 shell163 单元模型，为了使计算精度更高，采用单点积分壳单元算法；类蜂窝孔隙中填充的材料为聚氨酯泡沫，是一种非线性低密度泡沫，泡沫的材料参数为 ρ_s = 50 kg/m^3，弹性模量 E_s = 52 MPa，拉伸截止应力为 40 MPa，滞后卸载因子为 1（无能量耗散），延迟常数为 0.4，黏性系数为 0.12，形状卸载因子为 1，截止应力失效选择为 0，体积黏性作用标志为 0（无体积黏性），材料单元采用 solid164 单元模型；固定支撑板材料为钢板，其材料参数为弹性模量 E_s = 210000 MPa，密度 ρ_s = 7850 kg/m^3，泊松比 v_s = 0.3，材料单元采用 solid164 单元模型；上端刚性冲击板置于距离试件竖直高度 5 mm，上端冲击板为质量为 1 t 的刚性板，材料参数为弹性模量 E_s = 210000 MPa，密度 ρ_s = 9×10^6 kg/m^3，泊松比 v_s = 0.3，限制其只在 z 方向运动，材料单元为 solid164 单元模型。在此次模拟中，类蜂窝夹芯与泡沫的网格尺寸大小控制在 1 mm，下端固定支撑板与上端刚性冲击板的网格尺寸控制在 2.5 mm，在全局设置自动单面接触，用于计算中各个分部自身与自身接触或与另一个部分表面接触，类蜂窝夹芯与刚性冲击板之间接触类型选用面面接触，泡沫与刚性冲击板之间接触类型为面面接触，类蜂窝夹芯与泡沫之间接触类型为面面接触，泡沫与下端固定支撑板之间接触类型为面面接触，类蜂窝夹芯与下端固定支撑板之间为面面绑定接触，计算中下端固定支撑板底面约束所有自由度，上端刚性冲击板分别赋予低速 7 m/s、中速 14 m/s、高速 33 m/s 的初速度在 z 轴负方向对蜂窝壁厚分别为 0.1 mm、0.3 mm、0.5 mm、0.7 mm、1 mm 的泡沫填充类蜂窝试件进行冲击，计算中时间步长缩放因子设置为 0.7，低速、中速、高速模拟中计算时长分别为 $7×10^{-3}$ s、$4×10^{-3}$ s、$1.5×10^{-3}$ s，时间步均为 1000，沙漏能设置为 5%。

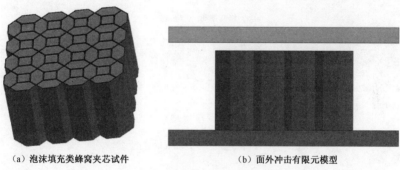

（a）泡沫填充类蜂窝夹芯试件　　　　　　（b）面外冲击有限元模型

图 5-70　泡沫填充类蜂窝夹芯面外耐撞性模型

2. 泡沫填充类蜂窝夹芯面外冲击仿真试验

（1）面外溃缩模式。图 5-71~图 5-73 分别列出了泡沫填充类蜂窝夹芯在低速、中速、高速冲击载荷作用下的溃缩变形图，蜂窝壁厚不同导致结构的动态压缩模式存在明显差异。在仿真模拟中，当上端刚性冲击板的速度为 7 m/s 时，蜂窝壁厚分别为 0.1 mm、0.3 mm、0.5 mm、0.7 mm、1 mm 的泡沫填充类蜂窝夹芯分别呈现出不同的溃缩模式。

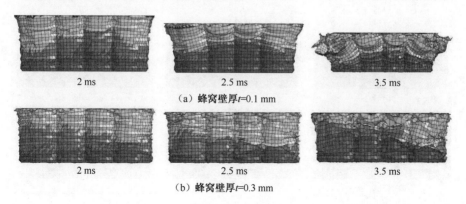

2 ms　　　　　　　　2.5 ms　　　　　　　　3.5 ms

（a）蜂窝壁厚 t=0.1 mm

2 ms　　　　　　　　2.5 ms　　　　　　　　3.5 ms

（b）蜂窝壁厚 t=0.3 mm

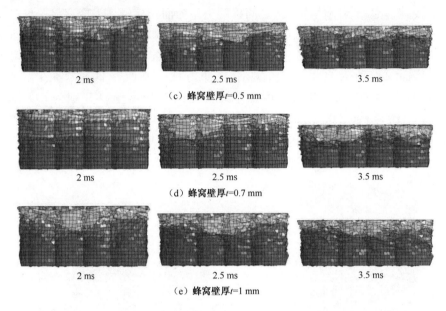

2 ms　　　　　　2.5 ms　　　　　　3.5 ms

（c）蜂窝壁厚*t*=0.5 mm

2 ms　　　　　　2.5 ms　　　　　　3.5 ms

（d）蜂窝壁厚*t*=0.7 mm

2 ms　　　　　　2.5 ms　　　　　　3.5 ms

（e）蜂窝壁厚*t*=1 mm

图 5-71　冲击速度 *v*=7 m/s 时的溃缩模式

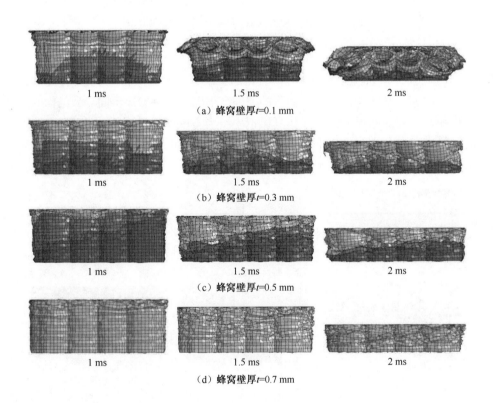

1 ms　　　　　　1.5 ms　　　　　　2 ms

（a）蜂窝壁厚*t*=0.1 mm

1 ms　　　　　　1.5 ms　　　　　　2 ms

（b）蜂窝壁厚*t*=0.3 mm

1 ms　　　　　　1.5 ms　　　　　　2 ms

（c）蜂窝壁厚*t*=0.5 mm

1 ms　　　　　　1.5 ms　　　　　　2 ms

（d）蜂窝壁厚*t*=0.7 mm

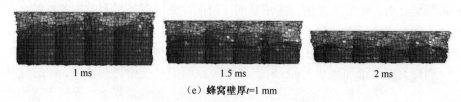

（e）**蜂窝壁厚** t=1 mm

图 5-72　冲击速度 v=14m/s 时的溃缩模式

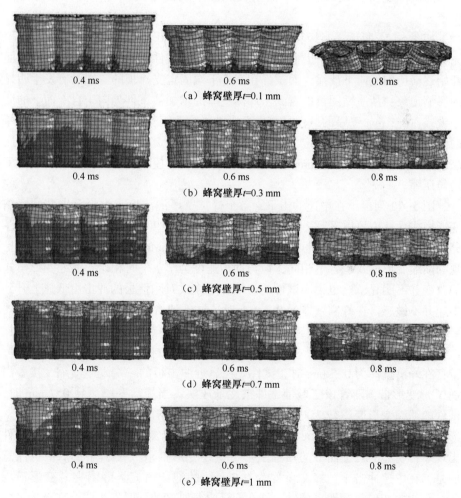

图 5-73　冲击速度 v=33 m/s 时的溃缩模式

　　如图 5-71 所示，蜂窝壁厚为 0.1 mm 时，泡沫填充类蜂窝试件的溃缩模式表现为当刚性冲击板冲击试件的一瞬间发生弹性变形，紧接着试件从与刚性冲击板接触面开始发生溃缩，逐渐呈现接触面端慢慢朝外扩大的现象，接着是试件中间出现比较大的拱形皱褶变形带，在 2.5 ms 之后，填充的泡沫朝外挤压的力大于类蜂窝夹芯抵抗朝外变形的力，导致一种结构失稳的变形现象。

当蜂窝壁厚增加到 0.3 mm 时，溃缩现象明显要比壁厚为 0.1 mm 的试件稳定一些，但该试件的溃缩模式是先两端再中间，也就是当试件受到上端刚性板的冲击时，试件与冲击板接触的端面以及与固定支撑板接触的端面分别发生均匀的溃缩变形，最后变形带汇集在试件中间高度处，这种变形较为均匀稳定。

如图 5-71 所示，当蜂窝壁厚增加到 0.5 mm、0.7 mm、1 mm 后，泡沫填充类蜂窝试件开始发生由上而下的溃缩变形，即试件从与刚性冲击板接触的面开始逐渐均匀地向下溃缩，而试件在靠近下端固定支撑板的一端没有发生明显的溃缩现象；从溃缩图可以看到，蜂窝壁厚的增加使试件趋向于自上而下的溃缩模式，0.1 mm 壁厚的试件受壁厚太小的影响溃缩变形不稳定；0.3 mm 壁厚的试件溃缩变形最均匀稳定，受冲击时，整个试件上、中、下部位一起均匀压缩；0.5 mm、0.7 mm、1 mm 壁厚的试件溃缩变形模式较为相似，为自上而下均匀压缩。

图 5-72 列出了在中速冲击下，各个蜂窝壁厚泡沫填充类蜂窝夹芯的溃缩变形模式。从中可以看到，当上端刚性冲击板的速度为 14 m/s 时，蜂窝壁厚分别为 0.1 mm、0.3 mm、0.5 mm、0.7 mm、1 mm 的泡沫填充类蜂窝夹芯呈现的溃缩变形模式也各不相同，但与冲击速度为 7 m/s 时相比，溃缩变形模式的改变并不明显，这也说明试件的溃缩变形模式对刚性板的冲击由低速上升到中速并不敏感。在蜂窝壁厚为 0.1 mm 时，试件的溃缩变形模式受壁厚太小的影响，表现出的溃缩变形与低速冲击时非常相似。在蜂窝壁厚为 0.3 mm 时，试件先上下两端均匀溃缩，再汇集到中间，呈现向右倾斜的 "一" 字形变形带；在蜂窝壁厚为 0.5 mm 时，试件先在靠近冲击板的一端发生溃缩，接着出现 Y 形变形带，随着该变形带试件被逐渐压实；当蜂窝壁厚达到 0.7 mm 时，试件的溃缩变形变得较为对称且均匀，先是在冲击端发生溃缩，接着呈现 X 形变形带，试件随着 X 形变形带被均匀压实；当蜂窝壁厚达到 1 mm 时，试件出现非常明显的自上而下的溃缩变形，最终变形带呈 "一" 字形。值得注意的是，在中速冲击下，蜂窝壁厚为 0.7 mm 的泡沫填充类蜂窝夹芯变形最均匀，结构的变形稳定性也最好，能在保证自身刚度的同时发生溃缩变形带来内能的消耗来吸收冲击的动能。但是具体的能量吸收量以及载荷的稳定性尚需在本章后续的内容中做出分析。

图 5-73 列出了在高速冲击下，各个蜂窝壁厚泡沫填充类蜂窝夹芯的溃

缩变形模式。从中可以看到，当上端刚性冲击板的速度达到 33 m/s 时，各个蜂窝壁厚试件的溃缩模式与低速和中速冲击时没有非常显著的区别，但在个别试件中的溃缩表现差别明显。在蜂窝壁厚为 0.1 mm 时，试件的溃缩模式与低速和中速冲击时相似，发生由试件中间位置向四周扩张式的变形。在蜂窝壁厚为 0.3 mm 时，试件发生先两端再中间的溃缩变形，最后严重变形叠缩形成向右倾斜的"一"字形变形带。在蜂窝壁厚为 0.5 mm 时，试件的溃缩变形模式非常稳定、均匀，试件各个部位几乎都在发生溃缩，试件随着呈"二"字形的变形带被压实。当蜂窝壁厚达到 0.7 mm 时，试件的溃缩分为两个阶段：在应变 ε 达到 27% 之前为明显的自上而下溃缩模式；而在此之后，试件底部发生溃缩直至试件被压实。当蜂窝壁厚达到 1 mm 时，整个试件呈现非常明显的自上而下溃缩模式。通过比较可以知道，泡沫填充类蜂窝夹芯的溃缩变形对刚性板冲击速度的变化似乎不太敏感，但壁厚的改变对泡沫填充类蜂窝夹芯的溃缩模式有着显著的影响；在高速冲击下，0.5 mm 蜂窝壁厚的试件溃缩模式最为理想，具体表现为试件上下两端同时压缩，变形带呈"二"字形。

（2）面外冲击载荷作用下的动力响应。图 5-74 列出了 5 种壁厚泡沫填充类蜂窝中各自的蜂窝和泡沫对应的时间-载荷曲线，可以分别观察到各个试件在低速、中速、高速冲击作用下类蜂窝夹芯与泡沫的压缩反力随冲击时间的变化情况。当冲击速度为 7 m/s，在蜂窝壁厚为 0.1 mm 时，由于壁厚太小，类蜂窝夹芯的压缩反力整体处于比较低的水平，在冲击时间达到 2.5 ms 时，蜂窝壁发生巨大的变形导致泡沫向外挤压，泡沫的压缩反力骤降，类蜂窝的压缩反力少量下降；可以观察到，除蜂窝壁厚为 0.1 mm 时试件的强度与刚度较低、结构变形不稳定导致压缩反力在冲击过程中有突变之外，0.3 mm、0.5 mm、0.7 mm、1 mm 蜂窝壁厚的泡沫填充类蜂窝试件中泡沫的压缩反力是几乎相同的；但是，值得注意的是类蜂窝夹芯的壁厚对其压缩反力的影响非常显著，尤其对初始碰撞力峰值，类蜂窝夹芯壁厚的增加会导致初始碰撞力峰值的急剧增加；在图 5-74 中可以看到，除 0.1 mm 蜂窝壁厚的泡沫填充类蜂窝夹芯外，其他四种蜂窝壁厚的试件的类蜂窝夹芯部分所承受的压缩反力在初始碰撞力峰值之后迅速回到稳定值附近，压缩反力经历一段平台区，这时正是类蜂窝夹芯的坍塌变形阶段；同时我们又可以观察到整个泡沫填充类蜂窝夹芯的泡沫部分的压缩反力从 0 开始缓慢升高，能够既不增加整个结构的初始碰撞力峰值，同时又带来了压缩反力水平的提升。所以在低速冲击下，泡沫的填充对此类蜂窝夹芯而言，带来了碰撞安全性与吸能能力的提升。

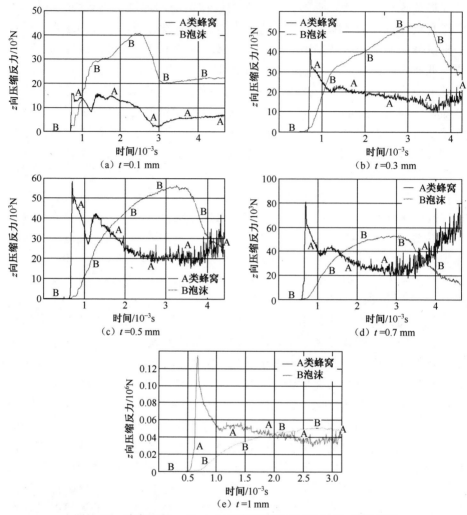

图 5-74　冲击速度 $v=7\text{m/s}$ 时蜂窝与泡沫对应的时间-载荷曲线

当冲击速度为 14 m/s，如图 5-75 所示，蜂窝壁厚为 0.1 mm 时，整体的压缩反力都处于比较低的水平且比较平稳，泡沫的压缩力始终高于蜂窝夹芯；蜂窝壁厚为 0.3 mm、0.5 mm、0.7 mm 时的压缩力表现形式非常相似，分别在 1.5 ms、0.8 ms、1 ms 之前蜂窝夹芯的压缩力高于泡沫，在此之后蜂窝夹芯的压缩反力逐渐下降且趋于平稳再上升，泡沫的压缩反力逐渐上升；随着蜂窝壁厚的增加，当蜂窝壁厚达到 1 mm，蜂窝夹芯的压缩反力水平也随之上升，在蜂窝夹芯完成弹性阶段的瞬态响应过程，压缩反力回落到稳定值趋于平稳，同时，泡沫的压缩力随压缩位移的增加逐渐上升，在 1 ms 之后，蜂窝夹芯与泡沫的压缩反力水平相差很小。

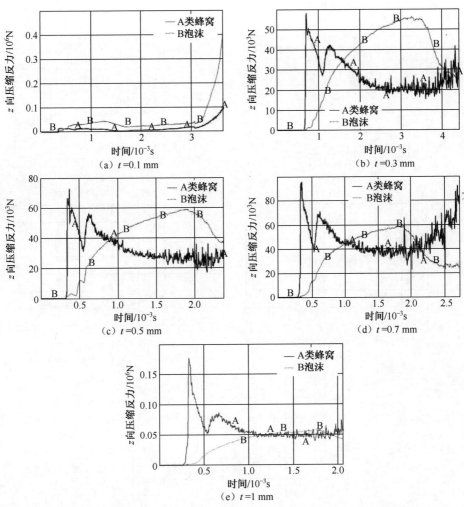

图 5-75　冲击速度 v = 14 m/s 时蜂窝与泡沫对应的时间-载荷曲线

　　当冲击速度为 33 m/s，如图 5-76 所示，蜂窝壁厚为 0.1 mm 时，压缩反力与低速、中速冲击时相似，泡沫的压缩反力一直高于蜂窝夹芯；随着蜂窝壁厚的增加，对应的是蜂窝夹芯的压缩反力逐渐增加，泡沫的压缩反力变化并不显著。直到蜂窝壁厚增加到 1 mm，蜂窝夹芯的压缩反力水平始终高于泡沫。由填充结构的动力响应曲线可以观察到，横向对比，在相同速度冲击作用下，蜂窝夹芯的压缩反力整体都随着蜂窝壁厚的增加而上升，泡沫的压缩反力水平几乎不受蜂窝壁厚的影响；纵向对比，在蜂窝壁厚相同、冲击速度不同时，蜂窝夹芯的压缩反力水平随冲击速度的增加而上升，泡沫的压缩反力水平也随冲击速度的增加而上升但并不明显。

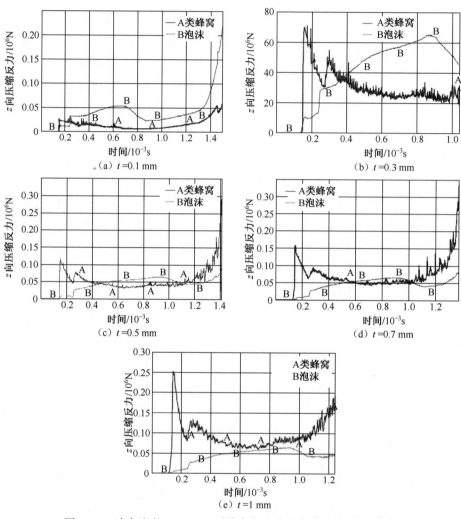

图 5-76 冲击速度 v = 33 m/s 时蜂窝与泡沫对应的时间-载荷曲线

　　如图 5-77（a）、（b）、（c）分别列出了 5 种壁厚的泡沫填充类蜂窝在低速、中速以及高速冲击载荷作用下的压缩反力-位移曲线，体现整个压缩过程中填充结构的压缩反力随位移的变化情况。由压缩反力-位移曲线的变化情况可以观察到，在低速、中速和高速冲击中，压缩反力总是随着蜂窝壁厚的增加而上升，包括初始峰值力、压缩反力平台区也是如此，并且当蜂窝壁厚为

1 mm时，初始峰值力几乎达到平台力的 1.5~1.7 倍。在低速与中速冲击中，除蜂窝壁厚为 1 mm 时的初始峰值力明显高于平台力，另外，蜂窝壁厚为 0.7 mm时的初始峰值力略高于平台力，其他 3 种蜂窝壁厚（0.1 mm、0.3 mm、0.5 mm）时的初始峰值力都低于平台力；在高速冲击中，蜂窝壁厚为 0.7 mm 和 0.5 mm 时的初始峰值力高于平台力，蜂窝壁厚为 0.3 mm 和 0.1 mm的初始峰值力低于平台力。

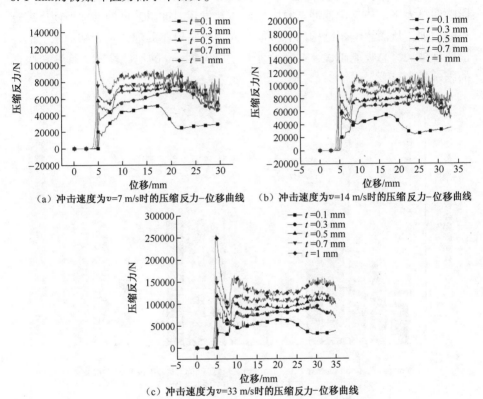

（a）冲击速度为 v=7 m/s时的压缩反力-位移曲线　　（b）冲击速度为 v=14 m/s时的压缩反力-位移曲线

（c）冲击速度为 v=33 m/s时的压缩反力-位移曲线

图 5-77　泡沫填充类蜂窝的面外压缩反力-位移曲线

3. 结构尺寸对面外耐撞性的影响

（1）能量吸收特性。图 5-78 所示是蜂窝壁厚分别为 0.1 mm、0.3 mm、0.5 mm、0.7 mm 以及1 mm的泡沫填充类蜂窝在不同冲击速度作用下的面外总能量吸收情况，体现了蜂窝壁厚对结构能量吸收特性的影响。结合总吸能图，经过横向对比可以看出，蜂窝壁厚对总吸能影响显著，在低速冲击时，除蜂窝壁厚为 1 mm 时的泡沫填充结构强度较高，导致压缩行程显著减少而影响总能量吸收，其他 4 种壁厚的泡沫填充类蜂窝总吸能随着壁厚的增加而增加，总吸能最大的是壁厚为 0.7 mm 的泡沫填充类蜂窝；在中速冲击时，泡沫填充类蜂窝的总吸能随着蜂窝壁厚的增加而增加，但壁厚为 0.7 mm 与 1 mm 的泡沫填充类蜂窝总吸能几乎持平；在高速冲击时，蜂窝壁厚对总吸能影响最大，泡沫填充类蜂窝的总吸能随着壁厚的增加显著上升，壁厚为 1 mm 的结构总吸能最大。可见，在低速与中速冲击时，蜂窝壁厚越大，结构的总吸能不一定越大；但在高速冲击中，蜂窝壁厚越大，结构的总吸能越大，并且蜂窝壁厚对总吸能影响明显大于低速与中速冲击时。纵向对比发现，冲击速度的增加促使压缩行程的增加，从而影响了结构的总吸能，同种蜂窝壁厚的泡沫填充结构承受的冲击速度越大，总吸能越大，冲击速度对壁厚为 1 mm 的泡沫填充类蜂窝总吸能的影响最为显著。

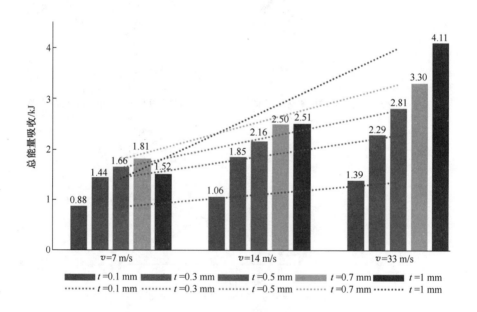

图 5-78　泡沫填充类蜂窝面外总能量吸收情况

　　图 5-79 (a)、(b)、(c) 分别是泡沫填充类蜂窝在低速、中速、高速冲击作用下的比吸能-位移曲线，显而易见的是不管哪种冲击速度下，在整个压缩行程中任一压缩行程，比吸能总是随着蜂窝壁厚的增加而降低。值得注意的是，蜂窝壁厚为 0.1 mm 的泡沫填充类蜂窝比吸能上升速度先快后慢。

　　(2) 平均碰撞力。图 5-80 所示是泡沫填充类蜂窝在低速、中速和高速冲击作用下面外方向的平均碰撞力，可以观察到 5 种蜂窝壁厚的泡沫填充类蜂窝结构在不同冲击速度作用下的平均碰撞力分布情况。横向观察，数据显示，在

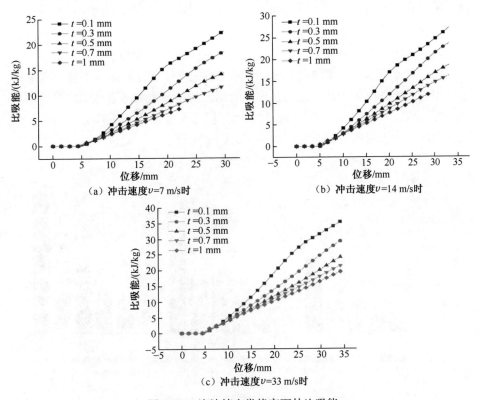

（a）冲击速度v=7 m/s时　　　　（b）冲击速度v=14 m/s时

（c）冲击速度v=33 m/s时

图 5-79　泡沫填充类蜂窝面外比吸能

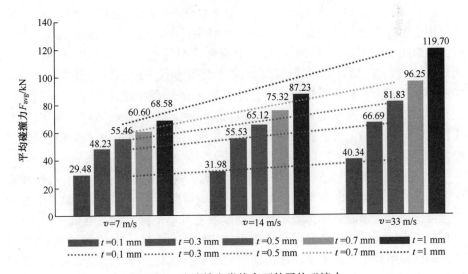

图 5-80　泡沫填充类蜂窝面外平均碰撞力

低、中、高冲击速度下，平均碰撞力都随着蜂窝壁厚的增加而增加，在高速冲击中，蜂窝壁厚的增加对平均碰撞力上升幅度的影响最大。纵向观察，相同蜂窝壁厚的泡沫填充类蜂窝的平均碰撞力随冲击速度的增大而上升。

（3）初始峰值力。图5-81所示是泡沫填充类蜂窝在低速、中速、高速冲击作用下面外方向的初始峰值力，可以看到，初始峰值力随着蜂窝壁厚的增加而上升，当蜂窝壁厚增加到1 mm时，泡沫填充类蜂窝的初始峰值力猛增；也能观察到，冲击速度的提升使初始峰值力明显上升。

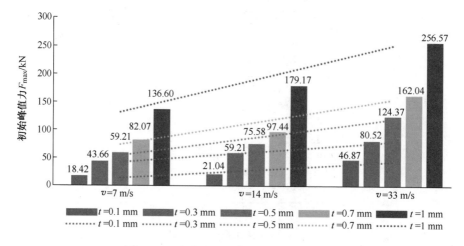

图5-81　泡沫填充类蜂窝面外初始峰值力

（4）载荷稳定性。图5-82所示为泡沫填充类蜂窝在低速、中速、高速冲击作用下面外方向的载荷稳定性，载荷稳定性变化情况与平均碰撞力或初始峰值力恰恰相反，随着蜂窝壁厚的增加而降低。在低速与中速冲击中，0.1 mm到0.3 mm蜂窝壁厚这一段的载荷稳定性相比其他段下降幅度大很多；在高速冲击中，各段的下降幅度较为均匀；除0.7 mm蜂窝壁厚结构外，在相同蜂窝壁厚情况下，冲击速度的上升会降低载荷稳定性，在0.7 mm蜂窝壁厚时，载荷稳定性随速度的上升而先升后降。也可发现，在高速冲击中，载荷稳定性受蜂窝壁厚的影响不大。

（5）吸能效率。图5-83所示为泡沫填充类蜂窝在低速、中速、高速冲击作用下面外方向的吸能效率受蜂窝壁厚的影响情况。泡沫填充类蜂窝在3种冲击速度作用下的吸能效率都随着蜂窝壁厚的上升而下降，并且在低速冲击中，蜂窝壁厚为1 mm的泡沫填充类蜂窝吸能效率很低，在一共3种冲击速度15个冲击试验中处于最低水平，冲击速度的改变会影响结构吸能效率随蜂窝壁厚增加而增加或减少的幅度，但对这种增加或减少的趋势几乎没有影响。

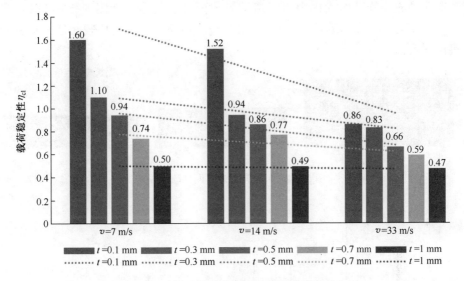

图 5-82　泡沫填充类蜂窝面外载荷稳定性

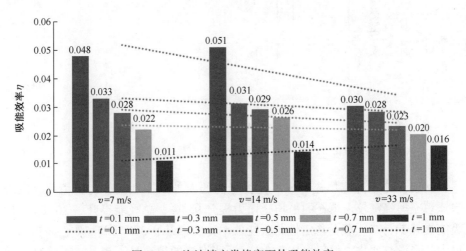

图 5-83　泡沫填充类蜂窝面外吸能效率

4. 泡沫填充与未填充类蜂窝的面外耐撞性比较

为了探究泡沫填充与未填充的类蜂窝在面外方向的耐撞性差异，本节对未填充的类蜂窝进行了面外方向的有冲击仿真试验，类蜂窝的壁厚为 0.5 mm，刚性冲击板的质量为 1 t，冲击速度为 7 m/s，并与同等载荷下的泡沫填充类蜂窝的溃缩模式以及各项耐撞性指标进行了对比。发现未填充的类蜂窝溃缩模式与填充的类蜂窝不同，发生了自下而上均匀的溃缩变形，如图 5-84 所示，但比起未填充类蜂窝的面内坍塌式溃缩模式要理想得多。从图 5-85 可以观察到，未填充类蜂窝压缩反力-位移曲线与泡沫填充类蜂窝的比较相似，有着较高的平台力。

图 5-84　未填充类蜂窝面外溃缩模式

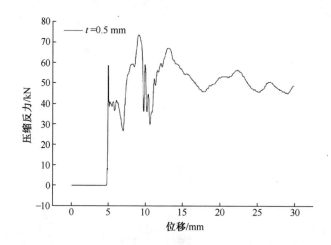

图 5-85　未填充类蜂窝面外压缩反力-位移曲线

从表 5-7 中泡沫填充与未填充类蜂窝的面外耐撞性指标对比情况，发现泡沫填充类蜂窝较未填充的平均碰撞力提升 9.4%，总吸能提升了 30.7%，比吸能提升 11.5%，载荷稳定性与吸能效率分别提升 9.3% 与 27.3%，而初始峰值力几乎没有变化，仅仅增加 0.8%，证明泡沫的填充显著提升了类蜂窝的面外耐撞性。

表 5-7　泡沫填充与未填充类蜂窝面外耐撞性指标对比情况

耐撞性指标	F_{max}/kN	F_{avg}/kN	E_a/kJ	E_{sa}/(kJ/kg)	η_{cl}	η
未填充泡沫	58.76	50.69	1.27	12.83	0.86	0.022
填充泡沫	59.21	55.46	1.66	14.3	0.94	0.028
变化量	+0.8%	+9.4%	+30.7%	+11.5%	+9.3%	+27.3%

5.4　本　章　小　结

本章以类方形蜂窝和类蜂窝夹芯结构为研究基础，采用理论分析、数值模拟方法，对其动态冲击特性进行研究，分析了不同载荷形式下类蜂窝夹层结构的冲击性能，为后续类蜂窝夹层结构材料的一体化设计及应用提供充实的理论基础。主要研究工作总结如下。

（1）采用有限元分析的方法研究了泡沫填充类方形蜂窝夹芯结构面内及面外冲击吸能特性，同时建立了类方形蜂窝夹芯受轴向载荷吸能评价指标。

研究类方形蜂窝在填充泡沫塑料和未填充类方形蜂窝夹芯结构面内冲击吸能特性，对比了聚氨酯泡沫填充类方形蜂窝夹芯受不同速度面内冲击载荷作用变形情况、接触反力与位移关系及能量吸收能力，同时对未填充类方形蜂窝在不同速度面内冲击载荷作用下的三项指标进行了横向对比分析，发现未填充类蜂窝夹芯层中更容易被压溃，在填充泡沫塑料后，类方形蜂窝夹芯在面外冲击载荷作用下容易发生屈曲失效且其能量吸收能力与冲击速度并无太大关联度，但其比能量吸收相对未填充类方形蜂窝夹芯得到了较大提升，且能量吸收过程相对稳定。

从面外冲击的角度，研究了受到不同速度冲击载荷时泡沫填充类方形蜂窝夹芯层变形模式、动态响应及能量吸收能力，并与未填充类方形蜂窝夹芯受到不同速度冲击载荷时的变形模式、动态响应和能量吸收能力进行了对比。发现泡沫填充类方形蜂窝夹芯的能量吸收能力相比未填充类方形蜂窝夹芯得到极大程度提高，其变形模式在不同冲击速度作用下出现规则变形剪切带，但其峰值应力也相应增加，而未填充类方形蜂窝夹芯变形模式在不同冲击速度作用下，变形基本遵循自上而下的规律。同时利用仿真数据建立了类方形蜂窝夹芯面外冲击吸能特性评价指标函数——比吸能，由比吸能推导出能量吸收效率计算公式，并与仿真分析结果对比，验证了其有效性。

（2）以等壁厚类蜂窝夹芯层为主要研究对象，讨论了不同冲击速度作用下类蜂窝夹芯层的共面冲击力学性能及能量吸收能力，并与传统的六边形蜂窝在不同方向冲击作用下的变形模式、能量吸收能力进行了对比分析，发现类蜂窝夹芯层中的六边形蜂窝较四边形蜂窝更容易被压溃，进一步说明了六边形蜂窝较类蜂窝更容易被压溃；在等效质量相等条件下，类蜂窝夹芯层能量吸收能力介于水平六边形蜂窝与竖直六边形蜂窝之间，但其能量吸收能力不因冲击方向变化而发生变化，保证了类蜂窝夹芯层能量吸收过程的整体稳定性。

从蜂窝夹芯层的异面冲击特性角度，讨论了不同冲击速度作用下类蜂窝夹芯层的异面冲击力学性能及比能量吸收能力，并与传统的六边形蜂窝、四边形蜂窝在不同冲击速度作用下的变形模式、比能量吸收能力进行了对比。发现类蜂窝夹芯层的初始峰值力受冲击速度的影响较其他两种蜂窝更小，可知类蜂窝夹芯在不同冲击速度作用下的结构稳定性比六边形蜂窝和四边形蜂窝更好；在等效质量相等条件下，不同冲击速度作用时，四边形蜂窝的异面总比能量吸收能力均为最优，类蜂窝的总比能量吸收能力随着冲击速度增大而增大，且均比六边形蜂窝强，在高速冲击时其总比能量吸收能力与四边形蜂窝基本持平。

从蜂窝夹芯层的共面动态冲击特性以及异面动态冲击特性等角度，分别对常见四边形蜂窝、六边形蜂窝及类蜂窝展开对比讨论，发现不论从结构稳定性还是能量吸收能力上，类蜂窝夹芯层较另外两种蜂窝夹芯层均具有较大优势。因此，根据类蜂窝夹芯层在受载状态下的力学响应特性为优化目标，对夹芯结构的结构参数进行设计，采用正交试验设计方法对类蜂窝夹芯层的共面比能量吸收能力及异面比能量吸收能力等试验指标进行分析，发现影响类蜂窝夹芯层力学特性的主要因素为蜂窝壁厚和蜂窝壁板斜边长度。

（3）研究了泡沫填充类蜂窝的面内耐撞性，对结构在面内方向不同冲击速度作用下的耐撞性评价指标进行了分析与比较，发现在低速、中速和高速冲击载荷作用下，蜂窝壁厚与泡沫填充类蜂窝的比吸能都呈负相关。同时蜂窝壁厚的减少会降低初始峰值力，从而提升碰撞安全性。在相同冲击速度及碰撞时间内，蜂窝壁厚减少使泡沫填充类蜂窝的压缩位移变大，带来吸能效率的提升；冲击速度降低，结构的载荷稳定性与吸能效率提高。整体结果表明，在合理的取值范围内，适当降低蜂窝壁厚能够提升泡沫填充类蜂窝在面内方向的耐撞性。此外，发现泡沫的填充使结构较未填充时在面内的平均碰撞力、总吸能、比吸能、载荷稳定性以及吸能效率分别增加了 3.49 倍、1.42 倍、1.03 倍、3.4 倍和 1.44 倍，而初始峰值力仅仅上升 2.4%，泡沫的填充显著提升类蜂窝的面内耐撞性。

对泡沫填充类蜂窝的面外方向的耐撞性进行了研究，并讨论了该结构在面外方向的溃缩变形模式以及各项耐撞性指标，同时分析了在低速、中速、高速面外冲击作用下蜂窝壁厚对耐撞性指标的影响。发现泡沫填充类蜂窝的面外压缩力水平随蜂窝壁厚或冲击速度的增加而上升。在低速与中速冲击时，蜂窝壁厚越大，结构的总吸能不一定越大，但在高速冲击中，蜂窝壁厚越大，结构的总吸能越大，并且高速冲击时蜂窝壁厚对总吸能的影响明显大于低速与中速冲击时，比吸能在低速、中速、高速冲击中都随蜂窝壁厚的增加而增加，而平均碰撞力和初始峰值力均与蜂窝壁厚或冲击速度呈正相关，载荷稳定性与吸能效率均随蜂窝壁厚的增加而降低。因此，当在一定取值范围内（0.1~1 mm）适当降低蜂窝壁厚，能够改善泡沫填充类蜂窝在面外方向的耐撞性。还发现泡沫填充较未填充的类蜂窝在面外方向的平均碰撞力、总吸能、比吸能、载荷稳定性以及吸能效率方面分别提升了 9.4%、30.7%、11.5%、9.3% 和 27.3%，而初始峰值力几乎没有变化，耐撞性得到提升。

对数值模拟中所得到的耐撞性评价指标（F_{avg}、E_{sa}、F_{max}）进行了曲面拟合，获得了耐撞性指标关于蜂窝壁厚与冲击速度的函数，并建立了以蜂窝壁厚和冲击速度作为设计变量、以平均碰撞力和比吸能来评价吸能特性、以初始峰值力来评价碰撞安全性、以实际工程工况中对结构的限制作为约束条件于一体的泡沫填充类蜂窝夹层结构耐撞性的多目标优化方法。优化问题的整体敏感性从高到低依次为初始峰值力、比吸能、平均碰撞力，其中比吸能与平均碰撞力的整体敏感性相差较小，且各优化目标对蜂窝壁厚的单一敏感性表现为初始峰值力最高、平均碰撞力次之、比吸能最低，各优化目标对冲击速度的单一敏感性表现为比吸能最高、平均碰撞力次之、初始峰值力最低。

参 考 文 献

［1］ GIBSON L J, ASHBY M F. Cellular solids: structure and properties ［M］. Cambridge: Cambridge University Press, 1997.

［2］ HE W T, LIU J X, WANG S Q. Low-velocity impact response and post-impact flexural behaviour of composite sandwich structures with corrugated cores ［J］. Composite structure, 2018, 189: 37-53.

［3］ VAMJA D G, TEJANI G G. Experimental test on sandwich panel composite material ［J］. . IJIRSET, 2013, 2（7）: 3047-3054.

［4］ BOTELHO E C, PARDINI L C, Rezende M C. Hydrothermal, effects on damping behavior of metal/glass fiber/epoxy hybrid composites ［J］. Mater. Sci. Eng. A 2005, 399: 190-198.

［5］ ICARDI U, FERRERO L. Optimization of sandwich panels with functionally graded core and faces ［J］. Compos. Sci. Technol. , 2009, 69: 575-585.

［6］ ZHOU D, STRONGE W. Mechanical properties of fibrous core sandwich panels. Int ［J］ . Mech. Sci. , 2005, 47: 775-798.

［7］ ARBAOUI J, SCHMITT Y, PIERROT J L, et al. Effect of core thickness and intermediate layers on mechanical properties of polypropylene honey comb multilayer sandwich structures ［J］. Arch. Metall. Mater. , 2014, 59: 11-16.

［8］ HAO J X, WU X F, LIU W J. Modeling and verification of sandwich beam with wooden skin and honeycomb core subjected to transverse loading ［J］. Sci. Silv. Sin. , 2014, 50: 128-137.

［9］ WU X F, XU J Y, HAO J X. Calculating elastic constants of binderless bamboo-wood sandwich composite ［J］. BioResources, 2015, 10: 4473-4484.

［10］ LI Z B, CHEN X G, JIANG B H, et al. Local indentation of aluminum foam core sandwich beams at elevated temperatures ［J］. Composite Structure, 2016, 145: 142-148.

［11］ CAPRINO G, DURANTE M, LEONE C, et al. The effect of shear on the local indentation and failure of sandwich beams with polymeric foam core loaded in flexure ［J］. Compos. Part B Eng. , 2015, 71: 45-51.

［12］ HAO J X, WU X F, LIU W J. Bending property of sandwich beam based on layer-wise first-order theory ［J］ . Build. Mater. , 2014, 17: 1049-1053.

［13］ WANG D M, BAI Z Y. Mechnical property of paper honeycomb structure under dynamic compression ［J］. Mater. Des. , 2015, 77: 59-64.

［14］ QIAO J X, CHEN C Q. In-plane crushing of a hierarchical honeycomb ［J］ . International Journal of Solids and Structures, 2016, 85-86: 57-66.

［15］ 卢子兴, 王欢, 杨振宇, 等. 星型-箭头蜂窝结构的面内动态压溃行为 ［J］ . 复合材料学报, 2019, 36（8）: 1893-1900.

［16］ IVAÑEZ I, FERNANDEZ-CAÑADAS L M, SANCHEZ-SAEZ S. Compressive deformation and energy-absorption capability of aluminium honeycomb core ［J］ . Composite Structures, 2017, 174: 123-133.

［17］ YIN H, HUANG X, SCARPA F, et al. In－plane crashworthiness of bio－inspired hierarchical honeycombs ［J］. Composite Structures, 2018, 192: 516-527.

［18］ 卢子兴, 武文博. 基于旋转三角形模型的负泊松比蜂窝材料面内动态压溃行为数值模拟 ［J］. 兵工学报, 2018 (1).

［19］ ZHANG Y, LU M, WANG C H, et al. Out-of-plane crashworthiness of bio-inspired self-similar regular hierarchical honeycombs ［J］. Composite Structures, 2016, 144: 1-13.

［20］ ZHANG Y, CHEN T, XU X, et al. Out-of-plane mechanical behaviors of a side hierarchical honeycomb ［J］. Mechanics of Materials, 2020, 140: 103227.

［21］ ASHAB A, DONG R, LU G, et al. Quasi-static and dynamic experiments of aluminum honeycombs under combined compression-shear loading ［J］. Materials & Design, 2016, 97: 183-194.

［22］ 樊喜刚, 尹西岳, 陶勇, 等. 梯度蜂窝面外动态压缩力学行为与吸能特性研究 ［J］. 固体力学学报, 2015, 36 (2): 114-122.

［23］ ZHANG P, WANG Y F, DING Y L, et al. A novel sandwich structure for the flexible photonic device to meet the biosensing requirements ［J］. Journal of Micromechanics and Microengineering, 2018, 28 (9).

［24］ KIM B J. Study on applicability of ultimate strength design formula for sandwich panels－application cases of double hull tanker bottom structures ［J］. Journal of Ocean Engineering and Technology, 2020, 34 (2): 97-109.

［25］ 黄华, 李源, 郭润兰. 类蜂窝复合夹层结构的力学特性及其在精密机床上的应用 ［J］. 西安交通大学学报, 2019, 53 (5): 123-131.

［26］ SHOJA S, BERBYUK V, BOSTRÖM A, et al. Guided Wave Energy Transfer in Composite Sandwich Structures and Application to Defect Detection ［J］. Shock and Vibration, 2018, 2018 (PT.10): 1-10.

［27］ 张醒, 冀宾, 唐杰. 新一代运载火箭全透波卫星整流罩结构设计分析与试验验证 ［J］. 上海航天, 2016, 33 (S1): 50-54.

［28］ 王显会, 师晨光, 周云波, 等. 车辆底部防护蜂窝夹层结构抗冲击性能分析 ［J］. 北京理工大学学报, 2016, 36 (11): 1122-1126.

［29］ 严银, 王锴, 苏永章, 等. 复合材料夹层结构在200 km/h 磁浮车体中的应用 ［J］. 技术与市场, 2019, 26 (12).

［30］ ZAINI E S, AZAMAN M D, JAMALI M S, et al. Synthesis and characterization of natural fiber reinforced polymer composites as core for honeycomb core structure: a review ［J］. Sandw. Struct. Mater., 2020, 22: 525-550.

［31］ MONALDO E, NERILLI F, VAIRO G. Basalt－based fiber－reinforced materials and structural applications in civil engineering ［J］. Compos. Struct., 2019, 214: 246-263.

［32］ ALLEN H G. Analysis and design of structural sandwich panels ［M］. Oxford: Pergamon Press, 1969.

［33］ ZENKERT D. The handbook of sandwich construction ［M］. London: EMAS Publishing, 1997.

［34］ 李威. 多类蜂窝芯夹层板的振动与隔声特性研究 ［D］. 南昌: 南昌航空大学, 2019.

［35］ 李响, 王阳, 杨祉豪, 等. 新型类方形蜂窝夹芯结构泊松比研究 ［J］. 三峡大学学报 (自然科学版), 2019, 41 (3): 94-99.

［36］ 李响, 周幼辉, 童冠, 等. 超轻多孔类蜂窝夹心结构创新构型及其力学性能 ［J］. 西安交通大

学学报，2014，48（9）：88-94.

[37] 任丽丽. 蜂窝夹层板的抗撞性优化设计［D］. 长沙：湖南大学，2012.

[38] LIN D K J, TU W Z. Dual response surface optimization［J］. Journal of Quality Technology, 1995, 27 (1): 34-39.

[39] 于辉，白兆宏，姚熊亮. 蜂窝夹层板的优化设计分析［J］. 中国舰船研究，2012，7（2）：60-64.

[40] GEERS T L, HUNTER K S. An integrated wave-effects model for an underwater explosion bubble［J］. Journal of the Acoustical Society of America, 2002, 111 (4): 1584-1601.

[41] MOURITZA P, GELLERT E, BURCHILL P, et al. Review of advanced composite structures for naval ships and submarines［J］. Composite Structures, 2001, 53 (1): 21-42.

[42] 吴振，陈万吉. 夹层板结构层间应力数值分析［J］. 大连理工大学学报，2006，46（3）：313-318.

[43] 汪俊，刘建湖，李玉节. 加筋圆柱壳水下爆炸动响应数值模拟［J］. 船舶力学，2006，10（2）：126-137.

[44] 谌勇，张志谊，华宏星. 三维格架芯层夹芯板爆炸载荷时的响应分析［J］. 振动与冲击，2007，26（10）：23-26.

[45] PENG X N, NIE W, YAN B. Capacity of surface warship's protective bulkhead subjected to blast loading［J］. Journal of Marine Science and Application, 2009, 8 (1): 13-17.

[46] SUNJ W, LIANGS X, SUN Z C, et al. Simulation of wave impact on a horizontal deck based on SPH method［J］. Journal of Marine Science and Application, 2010, 9 (4): 372-378.

[47] 赵桂平，卢天健. 多孔金属夹层板在冲击载荷作用下的动态响应［J］. 力学学报，2008，40（2）：194-206.

[48] 曹舒蒙. 蜂窝夹芯热防护系统的热分析及结构优化设计［D］. 大连：大连理工大学，2016.

[49] 白兆宏，尹绪超，苏罗青，等. 四边形蜂窝夹层板的优化设计分析［J］. 船舶，2012，23（2）：30-34.

[50] LI M, DENG Z Q, GUO H W, et al. Optimizing crashworthiness design of square honeycomb structure［J］. Journal of Central South University, 2014, 21 (3): 912-919.

[51] 王创. 非均匀类蜂窝结构设计方法：中国，201711081269.7［P］. 2018.

[52] 肖密. 一种具有梯度多孔夹芯的夹层结构拓扑优化方法：中国，201911078172.X［P］. 2020.

[53] 李响. 承载夹层复合材料的轻量化设计方法及其应用研究［D］. 武汉：武汉理工大学，2011.

[54] 李响. 一种改进类蜂窝夹层结构及加工方法：中国，201610139317.2［P］. 2016.

[55] 李响，张友锋，彭琦，等. 一种类蜂窝夹层汽车A柱［P］. CN110481643A，2019-11-22.

[56] 彭琦，李响，王阳，等. 一种六边形蜂窝夹芯填充的汽车吸能盒［P］. CN208593358U，2019-03-12.

[57] 李响，喻里程，周幼辉，等. 一种类蜂窝夹层结构［P］. CN103559343A，2014-02-05.

[58] 李响，周幼辉，童冠. 一种改进类蜂窝夹层结构［P］. CN205405511U，2016-07-27.

[59] 张佳佳，何景武. 蜂窝夹层结构中胶粘剂的模拟和研究［J］. 飞机设计，2008，28（6）：27-30.

[60] DA P S, SA K. Experiments and full-scale numerical simulations of in-plane crushing of a honeycomb［J］. Acta Materialia, 1998, 46 (5): 2765-2776.

[61] ALLEN H G. Analysis and design of structural panels［M］. Oxford：Pergamon Press, 1969.

[62] KIM H S, AL-HASSANI S T S. A morphological elastic model hexagonal columnar structure［J］.Interna-

tional Journal of Mechanical Sciences, 2001, 43: 1027-1060.

［63］ 中国科学院北京力学研究所. 夹层板壳的弯曲、稳定和振动［M］. 北京：科学出版社, 1977.

［64］ GIBSON L J. Modelling the mechanical behavior of cellular materials［J］. Elsevier, 1989, 110.

［65］ SANDIFER R H. Analysis and design of structural sandwich panels［J］. Aeronautical Journal, 1969, 73 (707).

［66］ 富明慧, 尹久仁. 蜂窝芯层的等效弹性参数［J］. 力学学报, 1999 (1): 113-118.

［67］ XU G D, WANG Z H, ZENG T, et al. Mechanical response of carbon/epoxy composite sandwich structures with three-dimensional corrugated cores［J］. Composites Science and Technology, 2018, 156: 296-304.

［68］ SUN G, ZHANG J, LI S, et al. Dynamic response of sandwich panel with hierarchical honeycomb cores subject to blast loading［J］. Thin-walled structures, 2019, 142: 499-515.

［69］ SUN Y, GUO L C, WANG T S, et al. Bending strength and failure of single-layer and double-layer sandwich structure with graded truss core［J］. Composite Structures, 2019, 226 (OCT.): 111204.1—111204.9.

［70］ GIBSON L J, ASHBY M F. Cellular solids: structure and properties［M］. Cambridge: Cambridge Univ. Press, 1999.

［71］ YU G C, FENG L J, WU L Z. Thermal and mechanical properties of a multifunctional composite square honeycomb sandwich structure［J］. Materials & Design, 2016, 102: 238-246.

［72］ LI X, LI G, WANG C H. Optimisation of composite sandwich structures subjected to combined torsion and bending stiffness requirements［J］. Applied Composite Materials, 2012, 19 (3): 689-704.

［73］ ZELENIAKIENE D, LEISIS V, GRISKEVICIUS P. A numerical study to analyse the strength and stiffness of hollow cylindrical structures comprising sandwich fibre reinforced plastic composites［J］. Journal of Composite Materials, 2015, 49 (28).

［74］ SUN Y, PUGNO N M. In plane stiffness of multifunctional hierarchical honeycombs with negative Poisson's ratio sub-structures［J］. Composite structures, 2013: 681-689.

［75］ LI X, ZHOU Y H, TONG G, et al. Innovating configuration and mechanic properties of ultralight and porous quasi-square-honeycomb sandwich structure's core［J］. American Journal of Mechanical and Industrial Engineering, 2017, 2 (5): 198-204.

［76］ XIE H, DU Y, LI X, et al. Mechanics performance analysis of new quasi-honeycomb sandwich structure core［C］// Asia-pacific Energy Equipment Engineering Research Conference, 2015.

［77］ LI X, YU L C, ZHOU Y H, et al. Numerical simulation of new class-honeycomb sandwich structure's core［J］. Advanced Materials Research, 2014, 834-836: 1601-1606.

［78］ 李响, 杨祉豪, 陈波文. 类蜂窝和六边形蜂窝夹芯等效力学参数对比与仿真［J］. 三峡大学学报 (自然科学版), 2019, 41 (2): 88-92.

［79］ LI X, LI G, WANG C H. Optimisation of composite sandwich structures subjected to combined torsion and bending stiffness requirements［J］. Applied Composite Materials, 2012, 19 (3-4): 689-704.

［80］ LI X, LI G, WANG C H, et al. Optimum design of composite sandwich structures subjected to combined torsion and bending loads［J］. Applied Composite Materials, 2012, 19 (3-4): 315-331.

［81］ LI X, LI G, WANG C H, et al. Minimum-weight sandwich structure optimum design subjected to torsional loading［J］. Applied Composite Materials, 2012, 19 (2): 117-126.

[82] 李响, 游敏, 陈方玉, 等. 单约束复合材料夹层结构轻量化设计及应用 [J]. 湖北理工学院学报, 2012, 28 (1): 5-8.

[83] 李响, 李刚炎, 游敏, 等. 多载荷约束夹层结构轻量化设计及应用 [J]. 武汉理工大学学报, 2011 (8): 138-141.

[84] LI X, TONG G, ZHOU Y H. The lightweight design and simulation of hydraulic steel gate with metal sandwich construction [J]. Advanced Materials Research, 2015, 1095: 539-544.

[85] 冯俊华. 正方形金属蜂窝共面力学性能的研究 [D]. 西安: 西安理工大学, 2009.

[86] WANG A J, MCDOWELL D L. In-plane stiffness and yield strength of periodic metal honeycombs [J]. Journal of Engineering Materials & Technology, 2004, 126 (2): 137-156.

[87] 李庆明. 蜂窝材料应力平台区的塑性屈曲变形模式 [J]. 复合材料学报, 1994 (4): 89-94.

[88] LI X, YOU M. Mechanical property analysis and numerical simulation of honeycomb sandwich structure's core [J]. Advanced Materials Research, 2013, 631-632: 518-523.

[89] 富明慧, 尹久仁. 蜂窝芯层的等效弹性参数 [J]. 力学学报, 1999, 31 (1).

[90] GIBSON L J, ASHBY M F, SCHAJER G S. The mechanics of two-dimensional cellular materials [J]. Proceedings the Royal Society of London (A), 1982, 382: 25-42.

[91] 李响, 游敏. 卫星夹层结构夹芯层力学性能分析与数值模拟 [J]. 三峡大学学报 (自然科学版), 2012 (4): 77-80.

[92] WARREN W E, KRAYNIK A, M. Foam mechanics: the linear elastic response of two-dimensional spatially periodic cellular materials [J]. Elsevier, 1987, 6 (1).

[93] 童冠, 李响, 梅月媛, 等. 类方形蜂窝夹芯结构力学性能研究 [J]. 河北科技大学学报, 2017, 38 (6): 522-529.

[94] 蔡四维. 复合材料结构力学 [M]. 北京: 人民交通出版社, 1987.

[95] 杨智春, 邓庆田. 负泊松比材料与结构的力学性能研究及应用 [J]. 力学进展, 2011, 41 (3): 335-350.

[96] 赵金森. 铝蜂窝夹层板的力学性能等效模型研究 [D]. 南京: 南京航空航天大学, 2006.

[97] 刘敏, 等. 蜂窝晶胞角度对芯层材料力学性能的影响 [J]. 声学技术, 2014, 33 (4): 65-68.

[98] 张新春, 刘颖, 李娜. 具有负泊松比效应蜂窝材料的面内冲击动力学性能 [J]. 爆炸与冲击, 2012, 32 (5): 475-482.

[99] 颜芳芳, 徐晓东. 负泊松比柔性蜂窝结构在变体机翼中的应用 [J]. 中国机械工程, 2012 (5): 542.

[100] 李响, 童冠, 周幼辉. 超轻多孔 "类蜂窝" 夹层结构材料设计方法研究综述 [J]. 河北科技大学学报, 2015, 36 (1): 16-22.

[101] 李响, 周幼辉, 王阳, 等. 基于能量法不同壁厚类蜂窝共面力学性能研究 [J]. 三峡大学学报 (自然科学版), 2017 (3): 79-83.

[102] LI Z M, SHEN H S. Postbuckling analysis of 3D braided composite cylindrical shells under torsion in thermal environments [J]. Composite Structures, 2009, 87 (3): 242-256.

[103] FERRERO J F, et al. Torsion of thin-walled composite beams with midplane symmetry [J]. Composite Structures, 2001, 54: 111-120.

[104] MIZUKAWA K, FUJII T, ITAMI K, et al. Impact strength of thin-walled composite structures under combined bending and torsion [J]. Composite Structures, 1985, 4: 179-192.

［105］ DAVALOS J F, QIAO P, et al. Torsion of honeycomb FRP sandwich beams with a sinusoidal core configuration ［J］. Composite Structures, 2009, 88: 97-111.

［106］ XU X F, QIAO P, DAVALOS J F. Transverse shear stiffness of composite honeycomb core with general configuration ［J］. J Eng Mech, 2001, 127 (11): 44-51.

［107］ HUI S S, XIANG Y. Buckling and postbuckling of anisotropic laminated cylindrical shells under combined axial compression and torsion ［J］. Composite Structures, 2008, 84: 375-386.

［108］ QIAO P. Refined analysis of torsion and in-plane shear of honeycomb sandwich structures ［J］. Journal of Sandwich Structures and Materials, 2005, 7 (4): 289-305.

［109］ CHENG S. A formula for torsional stiffness of rectangular sandwich plates ［J］. Journal of Applied Mechanics, 1961, 83.

［110］ CHENG S. Elasticity solution of torsion of sandwich plates ［J］. Journal of the Engineering Mechanics Division, 1968, 94 (EM2): 605-620.

［111］ WHITNEY J M. Stress analysis of laminated, anisotropic plates subjected to torsional loading, ［C］ // Proc. 32nd AIAA/ASME/ASCE/AHS/ASC/ Structures, Structural Dynamics, and Materials Conf., Part 2, Structures and Design, AIAA Paper No. 91-0956, AIAA, Washington, DC: 956-962.

［112］ SHI G, TONG P. Equivalent transverse shear Stiffness of honeycomb cores ［J］. Solids Structures, 1995, 32 (10): 1383-1393.

［113］ CHEN J X, TUO W Y, ZHANG X M, et al. Compressive failure modes and parameter optimization of the trabecular structure of biomimetic fully integrated honeycomb plates ［J］. Materials Science and Engineering: C, 2016, 69 (1): 255-261.

［114］ SEIDE P. On the torsion of rectangular sandwich plates ［J］. Journal of Applied Mechanics, 1956, 3 (2): 191-194.

［115］ GIBSON L J, ASHBY M F. Cellular solids: structure and properties ［M］. Cambridge: Cambridge University Press, 1999.

［116］ ZENKERT D. An Introduction to sandwich construction ［J］. Engineering Materials Advisory Services, 1995, 35 (8): 264-272.

［117］ VINSON J R. The behaviour of sandwich structures of isotropic and composite. materials ［M］. London: Routledge, 2018.

［118］ 李响. 承载夹层结构的轻量化设计方法及其应用研究 ［M］. 德国: 金琅学术出版社, 2015.

［119］ 李响, 周幼辉, 童冠. 一种类方形蜂窝夹层结构 ［P］. CN204537129U, 2015-08-05.

［120］ CHENG Q H, LEE H P, LU C. A numerical analysis approach for evaluating elastic constants of sandwidi structures with various cores ［J］. Composite Structures, 2006, 74: 226-236.

［121］ BUANNIC N, CARTRAUD R, QUESNEL T. Homogenization of corrugated core sandwich panels ［J］. Composite Structures, 2003, 59 (3): 299-312.

［122］ 王展光, 单建, 何德坪. 金字塔栅格夹心夹层板动力响应分析 ［J］. 力学季刊, 2006, 27 (4): 707-713.

［123］ 吴晖, 俞焕然. 四边简支正交各向异性波纹型央心矩形央层板的固有频率 ［J］. 应用数学与力学, 2001, 22 (9): 919-926.

［124］ LOK T S, CHENG Q H. Free and forced vibration of simply supported, orthotropic sandwich panel ［J］. Computers and Structures, 2001, 79 (3): 301-312.

［125］ NOOR A K, PETERS J M, BURTON W S. Three-dimensional solutions for initially stressed structural sandwiches ［J］. Journal of Engineering Mechanics, 1994, 120 (2): 284-303.

［126］ LOK T S, CHENG Q H. Bending and forced vibration response of a clamped orthotropic thick plate and sandwich panel ［J］. Journal of Sound and Vibration, 2001, 245 (1): 63-78.

［127］ LOK T S, CHENG Q H. Free vibration of clamped orthotropic sandwich panel ［J］. Journal of Sound and Vibration, 2000, 229 (2): 311-327.

［128］ KANT T, SWAMINATHAN K. Analytical solutions for free vibration of laminated composite and sandwich plates based on a higher-order refined theory ［J］. Composite Structures, 2001, 53 (1): 73-85.

［129］ KANT T, SWA MINATHAN K. Analytical solutions for the static analysis of laminated composite and sandwich plates based on a higher order refined theory ［J］. Composite Structures, 2002, 56 (4): 329-344.

［130］ LUCCIONI L X, DONG S B. Laminated composite rectangular plates ［J］. Composites Part B, 1998, 29: 459-475.

［131］ 师俊平, 刘协会, 赵巨才. 任意铺设复合材料层合板的自由振动 ［J］. 西安理工大学学报, 1997, (2): 146-151.

［132］ THAI H T, CHOI D H. A simple first-order shear deformation theory for laminated composite plates ［J］. Composite Structures, 2013, 106: 754-763.

［133］ 夏传友, 闻立洲. 各种边界条件对称正交复合材料层板自由振动的解析法 ［J］. 复合材料学报, 1991, (4): 89-99.

［134］ REDDY J N, PHAN N D. Stability and vibration of isotropic and laminated plates according to higher order shear deformation theory ［J］. Journal of Sound and Vibration, 1985, 98: 157-170.

［135］ NAYAK A K, SHENOI R A. Assumed strain finite element for buckling and vibration analysis of initially stressed damped composite sandwich plates ［J］. Journal of Sandwich Structures and Materials, 2005, 7: 307-334.

［136］ LEE S J, KIM H R. FE analysis of laminated composite plates using a higher order shear deformation theory with assumed strains ［J］. Journal of Solids and Structures, 2013, 10: 523-547.

［137］ FERREIRA A J M, ROQUE C M C, JORGE R M N, et al. Static deformations and vibration analysis of composite and sandwich plates using a layerwise theory and multiquadrics discretizations ［J］. Eng anal Boundary Elem, 2005, 29: 1104-1114.

［138］ MARJANOVIC M, VUKSANOVIC D. Layerwise solution of free vibrations and buckling of laminated composite and sandwich plates with embedded delaminations ［J］. Composite Structures, 2014, 108: 9-20.

［139］ CHALAK H D, CHAKRABARTI A, SHEIKH A H, ASHRAF IQBAL M. COFE model based on HOZT for the analysis of laminated soft core skew sandwich plates: Bending and vibration ［J］. Applied Mathematical Modelling, 2014, 38: 1211-1223.

［140］ LIU J, CHENG Y S, LIRF, et al. A semi-analytical method for bending, bucking, and free vibration analyses of sandwich panels with square-honeycomb cores ［J］. International Journal of Structural Stability and Dynamics, 2010, 10 (1): 127-151.

［141］ 任树伟, 孟晗, 辛锋先, 等. 方形蜂窝夹层曲板的振动特性研究 ［J］. 西安交通大学学报, 2015, 49 (3): 129-135.

［142］邸旭，茅献彪. 对边简支负泊松比蜂窝夹层板的弯曲自由振动［J］. 复合材料学报，2016，33（4）：910-920.

［143］李永强，金志强，王薇，等. 四边简支条件下对称蜂窝夹层板的弯曲振动分析［J］. 机械工程学报，2008（5）：165-169.

［144］黄须强，吕朝阳，蔡明晖，等. 四边简支条件下对称蜂窝夹层板的弯曲振动分析［J］. 东北大学学报（自然科学版），2007（11）：1616-1619.

［145］王盛春，邓兆祥，沈卫东，等. 四边简支条件下正交各向异性蜂窝夹层板的固有特性分析［J］. 振动与冲击，2012，31（9）：73-77，89.

［146］李永强，李锋，何永亮. 四边固支铝基蜂窝夹层板弯曲自由振动分析［J］. 复合材料学报，2011，28（3）：210-216.

［147］LI Y Q, LI F, ZHU D W. Geometrically nonlinear free vibrations of the symmetric rectangular honeycomb sandwich panels with simply supported boundaries［J］. Composite Structures, 2009, 92（5）.

［148］BURLAYENKO V N, SADOWSKI T. Analysis of structural performance of sandwich plates with foam-filled aluminum hexagonal honeycomb core［J］. Computational Materials Science, 2009, 45（3）: 658-662.

［149］ZHAO X Q, WANG G, YU D L. Experiment verification of equivalent model for vibration analysis of honeycomb sandwich structure［J］. Applied Mechanics & Materials, 2014, 624: 280-284.

［150］LI Y Q, ZHOU M, WANG T, et al. Nonlinear primary resonance with internal resonances of the symmetric rectangular honeycomb sandwich panels with simply supported along all four edges［J］. Thin-walled structures, 2020, 147.

［151］LI Y Q, ZHOU M, WANG T, et al. Nonlinear primary resonance with 1∶3∶6 internal resonances of the symmetric rectangular honeycomb sandwich panels［J］. European Journal of Mechanics-A/Solids, 2019, 80: 103908.

［152］WANG Y J, ZHANG Z J, XUE X M, et al. Free vibration analysis of composite sandwich panels with hierarchical honeycomb sandwich core［J］. Thin-Walled Structures, 2019: 145（Dec.）: 106525.1-106425.10.

［153］UPRETI S, SINGH V K, KAMAL S K, et al. Modelling and analysis of honeycomb sandwich structure using finite element method［J］. Materials Today: Proceedings, 2019.

［154］ZHANG Z J, ZHANG Q C, LI F C, et al. Modal characteristics of micro-perforated sandwich beams with square honeycomb-corrugation hybrid cores: a mixed experimental-numerical study［J］. Thin-Walled Structures, 2019: 137: 185-196.

［155］李威. 多类蜂窝芯夹层板的振动与隔声特性研究［D］. 南昌：南昌航空大学，2019.

［156］YANG R, WANG D M, LIANG N, et al. Maximum vibration transmissibility of paper honeycomb sandwich structures［J］. International Journal of Structural Stability & Dynamics, 2019, 19（6）: 1971003.

［157］董宝娟，张君华. 功能梯度负泊松比蜂窝夹层板的振动特性［J］. 科学技术与工程，2019，19（21）：110-116.

［158］何彬，李响. 蜂窝夹层结构夹芯层的近似设计方法［J］. 机械设计与制造，2015（1）：56-58.

［159］何彬，李响. 一种新型组合蜂窝结构的轴向承载性能研究［J］. 机械强度，2016，38（2）：

328-332.

[160] 何彬，李响. 新型组合蜂窝夹芯结构振动特性研究［J］. 机械设计与制造，2016（1）：33-35.

[161] 卢翔，杨玖月，王瑞鹏，等. 双层蜂窝夹芯结构自由振动特性分析研究［J］. 机械强度，2018，40（5）：1030-1036.

[162] 朱秀芳，张君华. 负泊松比蜂窝夹层板的振动特性研究［J］. 应用力学学报，2018，35（2）：309-315.

[163] 李响，王阳，童冠，等. 四边简支新型类方形蜂窝夹层结构振动特性研究［J］. 工程设计学报，2018，25（6）：725-734.

[164] 赵金森. 铝蜂窝夹层板的力学性能等效模型研究［D］. 南京：南京航空航天大学，2007.

[165] 富明慧，徐欧腾. 关于蜂窝芯体面外等效剪切模量的讨论［J］. 固体力学学报，2014，35(4)：334-340.

[166] 中国科学院北京力学研究所. 夹层板壳的弯曲、稳定和振动［M］. 北京：科学出版社，1977.

[167] RAVILLE M E，VENG C E S. Determination of natural frequencies of vibration of sandwich plates［J］. Exp Meeh，1967，7：490-493.

[168] 刘均. 方形蜂窝夹层结构振动与冲击响应分析［D］. 武汉：华中科技大学，2009.

[169] 富明慧，徐欧腾，陈誉. 蜂窝芯层等效参数研究综述［J］. 材料导报，2015，29（5）：127-134.

[170] 胡玉琴. 铝蜂窝夹层板等效模型研究及数值分析［D］. 南京：南京航空航天大学，2008.

[171] 周星驰. CFRP 圆形胞元蜂窝芯层面外剪切模量［J］. 复合材料学报，2018，35（10）：2777-2785.

[172] 王兴业，杨孚标，曾竟成. 夹层结构复合材料设计原理及其应用［M］. 北京：化学工业出版社，2006.

[173] WANG A J，WELL D L. In-plane stiffness and yield strength of periodic metal honeycombs［J］. Journal of Engineering Materials & Technology，2004，126（2）：137-156.

[174] ZHU H X，MILLS N J. The In-plane non-linear compression of regular honeycombs［J］. International Journal of Solids & Structures，2000，37（13）：1931-1949.

[175] PAPKA S D，KYRIAKIDES S. In-plane compressive response and crushing of honeycomb［J］. Journal of the Mechanics & Physics of Solids，1994，42（10）：1499-1532.

[176] PAPKA S D，KYRIAKIDES S. Experiments and full-scale numerical simulations of in-plane crushing of a honeycomb［J］. Acta Materialia，1998，46（8）：2765-2776.

[177] PAPKA S D，KYRIAKIDES S. In-plane crushing of a polycarbonate honeycomb［J］. International Journal of Solids & Structures，1998，35（97）：239-267.

[178] 卢文浩，鲍荣浩. 动态冲击下蜂窝材料的力学行为［J］. 振动与冲击，2005，24（1）：49-52.

[179] ZHU F，ZHAO L，GUOXING L U. Finite element analysis for in-plane crushing behaviour of aluminium honeycombs［J］. Transactions of Tianjin University，2006（B09）：142-146.

[180] LI K，GAO X L，WANG J. Dynamic crushing behavior of honeycomb structures with irregular cell shapes and non-uniform cell wall thickness［J］. International Journal of Solids & Structures，2007，44（s14-15）：5003-5026.

[181] RUAN D，LU G，WANG B，et al. In-plane dynamic crushing of honeycombs—a finite element study［J］. International Journal of Impact Engineering，2003，28（2）：161-182.

[182] 孙德强,张卫红.双壁厚蜂窝铝芯的共面冲击力学性能 [J].振动与冲击,2008,27 (7):69-74.

[183] 孙德强,宫凯,李国志,等.三角形蜂窝的共面冲击动力学 [J].陕西科技大学学报(自然科学版),2013,31 (1):98-105.

[184] 孙德强,孙玉瑾,郑波波,等.正方形蜂窝芯材共面冲击力学性能 [J].包装工程,2014 (3):1-5.

[185] LIU Y, ZHANG X C. The influence of cell micro-topology on the in-plane dynamic crushing of honeycombs [J]. International Journal of Impact Engineering, 2009, 36 (1):98-109.

[186] 张新春,刘颖,章梓茂.组合蜂窝材料面内冲击性能的研究 [J].工程力学,2009,26 (6):220-225.

[187] 卢子兴,李康.四边手性蜂窝动态压溃行为的数值模拟 [J].爆炸与冲击,2014,34 (2):181-187.

[188] 胡玲玲,陈依骊.三角形蜂窝在面内冲击荷载下的力学性能 [J].振动与冲击,2011,30 (5):226-229.

[189] QIAO J X, CHEN C Q. In-plane crushing of a hierarchical honeycomb [J]. International Journal of Solids and Structures, 2016, 85-86 (50):57-66.

[190] 何彬,李响.一种新型组合蜂窝的抗冲击性能研究 [J].机械设计与制造,2015 (6):49-51.

[191] 侯秀慧,尹冠生.负泊松比蜂窝抗冲击性能分析 [J].机械强度,2016,38 (5):905-910.

[192] 邓小林.分层梯变负泊松比蜂窝结构的面内冲击动力学分析 [J].机械设计与制造,2016 (4):219-223.

[193] 何强,马大为,张震东,等.功能梯度蜂窝材料的面内冲击性能研究 [J].工程力学,2016,33 (2):172-178.

[194] 张健,赵桂平,卢天健.泡沫金属在冲击载荷下的能量吸收特性 [J].西安交通大学学报,2013,47 (11):105-112.

[195] KHAN M K, BAIG T, MIRZA S. Experimental investigation of in-plane and out-of-plane crushing of aluminum honeycomb [J]. Materials Science and Engineering, 2012, 539:135-142.

[196] XU S, BEYNON J H, DONG R, et al. Experimental study of the out-of-plane dynamic compression of hexagonal honeycombs [J]. Composite Structures, 2012, 94 (8):2326-2336.

[197] ZHANG Y, LU M, WANG C H, et al. Out-of-plane crashworthiness of bio-inspired self-similar regular hierarchical honeycombs [J]. Composite Structures, 2016, 144:1-13.

[198] 徐天娇.六边形铝蜂窝力学行为的尺寸效应研究 [D].太原:太原理工大学,2013.

[199] 王堃,孙勇,彭明军,等.基于 ANSYS 的铝蜂窝夹芯板低速冲击仿真模拟研究 [J].材料导报,2012,26 (4):157-160.

[200] 李响,周幼辉,童冠.类蜂窝结构的面内冲击特性研究 [J].西安交通大学学报,2017,51 (3):80-86,110.

[201] 王阳.泡沫填充类方形蜂窝夹芯结构吸能特性及其仿真研究 [D].宜昌:三峡大学,2019.

[202] 周幼辉.新型"类蜂窝"夹层结构动态冲击特性分析及优化设计 [D].宜昌:三峡大学,2017.

[203] 彭琦.泡沫填充类蜂窝夹层结构耐撞性分析 [D].宜昌:三峡大学,2020.